普通高等教育"十二五"规划教材

CAXC

AutoCAD
机械制图
基础及应用

U0262321

全国计算机辅助技术认证管理办公室 ◎ 组编

陆学斌 李永强 ◎ 主编

教育部CAXC项目指定教材

人民邮电出版社

北　京

图书在版编目（C I P）数据

AutoCAD机械制图基础及应用 / 陆学斌，李永强主编
. -- 北京：人民邮电出版社，2013.9
教育部CAXC项目指定教材
ISBN 978-7-115-32583-9

Ⅰ. ①A… Ⅱ. ①陆… ②李… Ⅲ. ①机械制图—
AutoCAD软件—教材 Ⅳ. ①TH126

中国版本图书馆CIP数据核字(2013)第202670号

内 容 提 要

本书充分汲取院校的 AutoCAD 教学经验与成果，精心筛选 AutoCAD 的知识内容，合理严密地组织全书的结构体系，系统地介绍了 AutoCAD 二维机械制图的相关知识。全书突出"精"、"透"、"详"的特点，尤其对机械及相近专业技术图样，给出了较为完备的解决方案。

本书分为 2 个部分，共有 13 章。第一部分 AutoCAD 二维绘图知识，包括：第 1 章 AutoCAD 绘图基础、第 2 章绘制与编辑二维图形对象、第 3 章图层与对象特性管理、第 4 章精确绘图、第 5 章文字、表格及尺寸标注、第 6 章图块与外部参照、第 7 章图形输出与打印，共 7 章；第二部分 AutoCAD 绘制机械图样，包括第 8 章制作机械样板文件、第 9 章绘制零件工作图、第 10 章典型机械零件图的绘制、第 11 章绘制装配图、第 12 章典型机械部件装配图的绘制、第 13 章绘制轴测图，共 6 章。

本书可供高等院校机械类及相关专业的师生使用，也可供其他层次院校的师生和从事计算机绘图研究与应用的工程技术人员参考。

◆ 组　　编　全国计算机辅助技术认证管理办公室
　主　　编　陆学斌　李永强
　责任编辑　吴宏伟
　执行编辑　刘　佳
　责任印制　张佳莹　杨林杰

◆ 人民邮电出版社出版发行　　北京市丰台区成寿寺路 11 号
　邮编　100164　电子邮件　315@ptpress.com.cn
　网址　http://www.ptpress.com.cn
　北京天宇星印刷厂印刷

◆ 开本：787×1092　1/16
　印张：19.25　　　　　　　　2013 年 9 月第 1 版
　字数：463 千字　　　　　　2024 年 8 月北京第 21 次印刷

定价：49.80 元

读者服务热线：(010)81055256　印装质量热线：(010)81055316
反盗版热线：(010)81055315
广告经营许可证：京东市监广登字 20170147 号

全国计算机辅助技术认证项目专家委员会

主任委员

侯洪生	吉林大学	教授

副主任委员

张鸿志	天津工业大学	教授
张启光	山东职业学院	教授

委　　员（排名不分先后）

杨树国	清华大学	教授
姚玉麟	上海交通大学	教授
尚凤武	北京航空航天大学	教授
王丹虹	大连理工大学	教授
彭志忠	山东大学	教授
窦忠强	北京科技大学	教授
江晓红	中国矿业大学	教授
殷佩生	河海大学	教授
张顺心	河北工业大学	教授
黄星梅	湖南大学	教授
连峰	大连海事大学	教授
黄翔	南京航空航天大学	教授
王清辉	华南理工大学	教授
王广俊	西南交通大学	教授
高满屯	西安工业大学	教授
胡志勇	内蒙古工业大学	教授
崔振勇	河北科技大学	教授
赵鸣	吉林建筑大学	教授
巩绮	河南理工大学	教授

王金敏	天津职业技术师范大学	教授
关丽杰	东北石油大学	教授
马广涛	沈阳建筑大学	教授
张克义	东华理工大学	教授
罗敏雪	安徽建筑大学	教授
胡曼华	福建工程学院	教授
刘万锋	陇东学院	教授
丁玉兴	江苏信息职业技术学院	教授
徐跃增	浙江同济科技职业学院	教授
姚新兆	平顶山工业职业技术学院	教授
黄平	北京技术交易中心	高级工程师
徐居仁	西门子全球研发中心主任	高级工程师
陈卫东	北京数码大方科技有限公司	副总裁
林莉	哈尔滨理工大学	副教授
马麟	太原理工大学	副教授

执行主编

薛玉梅（教育部教育管理信息中心　处长　高级工程师）

执行副主编

于　泓（教育部教育管理信息中心）

徐守峰（教育部教育管理信息中心）

执行编辑

王济胜（教育部教育管理信息中心）

孔　盼（教育部教育管理信息中心）

刘　娇（教育部教育管理信息中心）

王　菲（教育部教育管理信息中心）

党的十八大报告明确提出："坚持走中国特色新型工业化、信息化、城镇化、农业现代化道路，推动信息化和工业化深度融合、工业化和城镇化良性互动、城镇化和农业现代化相互协调，促进工业化、信息化、城镇化、农业现代化同步发展"。

在我国经济发展处于由"工业经济模式"向"信息经济模式"快速转变时期的今天，计算机辅助技术（CAX）已经成为工业化和信息化深度融合的重要基础技术。对众多工业企业来说，以技术创新为核心，以工业信息化为手段，提高产品附加值已成为塑造企业核心竞争力的重要方式。

围绕提高产品创新能力，三维 CAD、并行工程与协同管理等技术迅速得到推广；柔性制造、异地制造与网络企业成为新的生产组织形态；基于网络的产品全生命周期管理（PLM）和电子商务（EC）成为重要发展方向。计算机辅助技术越来越深入地影响到工业企业的产品研发、设计、生产和管理等环节。

2010 年 3 月，为了满足国民经济和社会信息化发展对工业信息化人才的需求，教育部教育管理信息中心立项开展了"全国计算机辅助技术认证"项目，简称 CAXC 项目。该项目面向机械、建筑、服装等专业的在校学生和社会在职人员，旨在通过系统、规范的培训认证和实习实训等工作，培养学员系统化、工程化、标准化的理念，和解决问题、分析问题的能力，使学员掌握CAD/CAE/CAM/CAPP/PDM 等专业化的技术、技能，提升就业能力，培养适合社会发展需求的应用型工业信息化技术人才。

立项 3 年来，CAXC 项目得到了众多计算机辅助技术领域软硬件厂商的大力支持，合作院校的积极响应，也得到了用人企业的热情赞誉，以及院校师生的广泛好评，对促进合作院校相关专业教学改革，培养学生的创新意识和自主学习能力起到了积极的作用。CAXC 证书正在逐步成为用人企业选聘人才的重要参考依据。

目前，CAXC 项目已经建立了涵盖机械、建筑、服装等专业的完整的人才培训与评价体系，课程内容涉及计算机辅助设计（CAD）、计算机辅助工程（CAE）、计算机辅助制造（CAM）、计算机辅助工艺计划（CAPP）、产品数据管理（PDM)等相关技术，并开发了与之配套的教学资源，本套教材就是其中的一项重要成果。

本套教材聘请了长期从事相关专业课程教学，并具有丰富项目工作经历的老师进行编写，案例素材大多来自支持厂商和用人企业提供的实际项目，力求科学系统地归纳学科知识点的相互联系与发展规律，并理论联系实际。

在设定本套教材的目标读者时，没有按照本科、高职的层次来进行区分，而是从企业的实际用人需要出发，突出实际工作中的必备技能，并保留必要的理论知识。结构的组织既反映企业的实际工作流程和技术的最新进展，又与教学实践相结合。体例的设计强调启发性、针对性和实用性，强调有利于激发学生的学习兴趣，有利于培养学生的学习能力、实践能力和创新能力。

　　希望广大读者多提宝贵意见，以便对本套教材不断改进和完善。也希望各院校老师能够通过本套教材了解并参与 CAXC 项目，与我们一起，为国家培养更多的实用型、创新型、技能型工业信息化人才！

教育部教育管理信息中心处长

高级工程师　薛玉梅

2013 年 6 月

前言　PREFACE

　　AutoCAD 是一款深受广大工程技术人员青睐的工程基础软件，广泛应用于机械、建筑、电子、航天、造船、石油化工、土木工程、冶金、农业、气象、纺织及轻工等多个领域，在设计、生产过程中发挥着重要作用。对于从事机械、近机械类技术工作的技术人员来说，AutoCAD 更是一种不可或缺的工具软件。

　　通过仔细分析研究，悉心总结、归纳和汲取了我校及其他院校的 AutoCAD 教学经验与成果，本书精心筛选 AutoCAD 的知识内容，合理严密地组织了知识结构体系，全书突出"精"、"透"、"详"的特点，内容凸显精炼，知识点分析透彻，实例制作步骤详细。

　　本书尤其对机械方向专业技术图样，给出了较为完备的解决方案，从设计思路、基本方法、绘图流程到基本技能和常用技巧，均给出了详尽的阐述，使读者能在较短时间内掌握 AutoCAD 基本知识，并能快速独立完成机械图样的绘制。

　　本书由陆学斌、李永强任主编。参加本书编写的有：陆学斌（第 8 章、第 10 章、第 13 章）、李永强（第 9 章、第 11 章、第 12 章）、吴素珍（第 1 章、第 2 章、第 3 章）、孙晓燕（第 4 章、第 5 章）、邓伟刚（第 6 章、第 7 章）。

　　本书承蒙大连理工大学王丹虹教授指导和审阅，并对全书提出了宝贵的意见和建议。在此谨对王丹虹教授表达我们最诚挚的谢意！

　　在本书的编写过程中，得到了教育部信息管理中心、兰州理工大学技术工程学院、内蒙古农业大学、河南工程学院、烟台工程职业技术学院的大力帮助和支持。对此，我们表示衷心的感谢。

　　本书在编写过程中参考了较多相关的同类著作，特向有关作者致谢。

　　由于编者水平有限，加之编写时间仓促，书中难免有疏漏之处，恳请读者批评指正。

编者

2013 年 6 月

CONTENTS 目录

第一部分　AutoCAD 二维绘图知识

第 1 章　AutoCAD 绘图基础 ················· 1

1.1　AutoCAD 2012 的主要特点 ·········· 2
1.2　Auto CAD 2012 的主要功能 ·········· 2
1.3　AutoCAD 的用户界面 ················ 3
1.4　AutoCAD 经典界面 ··················· 4
　　1.4.1　标题栏 ···························· 6
　　1.4.2　菜单栏与快捷菜单 ············ 6
　　1.4.3　工具栏 ···························· 7
　　1.4.4　绘图窗口 ······················· 8
　　1.4.5　命令窗口与文本窗口 ········ 8
　　1.4.6　状态栏 ···························· 9
1.5　基本操作指令 ·························· 10
　　1.5.1　新建和打开图形文件 ······· 10
　　1.5.2　保存图形文件 ················ 14
　　1.5.3　加密图形文件 ················ 15
　　1.5.4　使用鼠标执行命令 ·········· 15
　　1.5.5　使用命令行 ··················· 16
　　1.5.6　命令的重复、撤销与重做 ·· 16
1.6　设置绘图环境 ·························· 17
　　1.6.1　设置参数选项 ················ 17
　　1.6.2　设置图形单位 ················ 18
　　1.6.3　设置绘图界限 ················ 19
1.7　控制图形显示 ·························· 20
　　1.7.1　缩放视图 ······················ 20
　　1.7.2　平移视图 ······················ 21
　　1.7.3　使用命名视图 ················ 21
　　1.7.4　控制可见元素的显示 ········ 23
1.8　思考练习 ······························· 25

第 2 章　绘制与编辑二维图形对象 ······· 26

2.1　绘制二维图形对象 ···················· 26
　　2.1.1　绘图方法 ······················ 27
　　2.1.2　绘制点 ·························· 27
　　2.1.3　绘制直线、射线和构造线 ···· 29
　　2.1.4　绘制矩形、正多边形 ········ 30
　　2.1.5　绘制圆、圆弧、椭圆和椭圆弧 ·· 31
2.2　编辑二维图形对象 ···················· 34
　　2.2.1　选择对象 ······················ 34
　　2.2.2　编辑对象的方法 ·············· 37
　　2.2.3　使用夹点编辑对象 ·········· 37
　　2.2.4　修改工具 ······················ 40
　　2.2.5　图案填充的使用和编辑 ····· 52
2.3　思考练习 ······························· 57

第 3 章　图层与对象特性管理 ············· 58

3.1　设置与管理图层 ······················ 58
　　3.1.1　创建新图层 ··················· 58
　　3.1.2　设置图层颜色 ················ 59
　　3.1.3　使用与管理线型 ·············· 59
　　3.1.4　设置图层线宽 ················ 60
　　3.1.5　设置图层特性 ················ 60
　　3.1.6　删除图层 ······················ 61
　　3.1.7　切换当前层 ··················· 61
　　3.1.8　改变对象所在图层 ·········· 62
　　3.1.9　使用图层工具管理图层 ····· 62
3.2　管理对象特性 ·························· 63
　　3.2.1　通过图层管理对象 ·········· 63
　　3.2.2　通过特性选项板管理对象 ···· 64

3.3　思考练习 ················· 65

第4章　精确绘图 ················· 66

4.1　捕捉、栅格和正交功能 ········· 66

　　4.1.1　捕捉 ················· 66

　　4.1.2　栅格 ················· 67

　　4.1.3　正交 ················· 68

4.2　对象捕捉 ················· 68

　　4.2.1　自动对象捕捉 ··········· 68

　　4.2.2　临时对象捕捉 ··········· 68

　　4.2.3　三维对象捕捉 ··········· 70

4.3　自动追踪 ················· 71

　　4.3.1　极轴追踪 ············· 71

　　4.3.2　对象捕捉追踪 ··········· 72

　　4.3.3　自动追踪实例 ··········· 73

4.4　动态输入 ················· 75

4.5　思考练习 ················· 76

第5章　文字、表格及尺寸标注 ····· 78

5.1　文字 ··················· 78

　　5.1.1　创建文字样式 ··········· 78

　　5.1.2　创建与编辑单行文字 ······· 79

　　5.1.3　创建与编辑多行文字 ······· 80

　　5.1.4　多行文字编辑 ··········· 83

5.2　表格 ··················· 84

　　5.2.1　创建表格样式 ··········· 84

　　5.2.2　管理表格样式 ··········· 87

　　5.2.3　创建表格 ············· 87

　　5.2.4　编辑表格和表格单元 ······· 89

　　5.2.5　表格创建与编辑实例 ······· 90

5.3　尺寸标注 ················· 94

　　5.3.1　创建设置标注样式 ········· 94

　　5.3.2　线性尺寸标注 ·········· 105

5.3.3　半径、直径和圆心标注 ······· 107

5.3.4　角度标注与其他类型标注

　　　　　（引线、坐标和快速标注） ··· 108

5.3.5　形位公差标注 ··········· 112

5.3.6　编辑标注对象 ··········· 114

5.3.7　尺寸标注实例 ··········· 116

5.4　思考练习 ················ 122

第6章　图块和外部参照 ········· 123

6.1　图块 ·················· 123

　　6.1.1　创建与编辑块 ·········· 123

　　6.1.2　编辑与管理块属性 ······· 126

6.2　外部参照 ················ 132

　　6.2.1　附着外部参照 ·········· 132

　　6.2.2　插入参考底图 ·········· 133

　　6.2.3　管理外部参照 ·········· 135

6.3　思考练习 ················ 138

第7章　图形输出与打印 ········· 139

7.1　图形的输入与输出 ··········· 139

　　7.1.1　图形的输入 ··········· 139

　　7.1.2　图形的输出 ··········· 140

7.2　创建与管理布局 ············· 144

　　7.2.1　创建布局 ············ 145

　　7.2.2　管理布局 ············ 148

7.3　使用浮动视口 ·············· 149

　　7.3.1　创建浮动视口 ·········· 149

　　7.3.2　剪裁视口 ············ 151

　　7.3.3　调整视口 ············ 153

7.4　打印图形 ················ 154

　　7.4.1　打印预览 ············ 154

　　7.4.2　打印输出 ············ 156

7.5　思考练习 ················ 158

第二部分　AutoCAD 绘图机械图样

第8章　制作机械样板文件 ······· 160

8.1　制作机械样板文件的准则 ······· 160

　　8.1.1　基本准则 ············ 160

8.1.2　其他说明 ············· 160

8.2　机械制图的基本规定 ········· 160

　　8.2.1　图纸幅面和格式 ········· 161

　　8.2.2　比例 ··············· 162

8.2.3　字体 ································ 162
8.2.4　图线 ································ 163
8.2.5　尺寸标注 ························ 163
8.3　制作机械样板文件的步骤 ········ 165
8.3.1　新建文件 ························ 165
8.3.2　定制工具栏 ···················· 166
8.3.3　设置绘图单位与精度 ········ 166
8.3.4　设置图层 ························ 167
8.3.5　创建文字样式 ················· 168
8.3.6　设置标注样式 ················· 169
8.3.7　绘制图框 ························ 174
8.3.8　设计常用图块 ················· 175
8.3.9　保存样板文件 ················· 178
8.4　机械样板文件的应用 ············· 179
8.4.1　利用机械样板创建"空白"零件
　　　工作图 ························ 179
8.4.2　利用机械样板创建"空白"
　　　装配图 ························ 181
8.5　思考练习 ····························· 181

第9章　绘制零件工作图 ········ 182
9.1　零件图绘制的思路 ················· 182
9.1.1　分视图绘制零件视图 ········ 182
9.1.2　分形体绘制零件视图 ········ 182
9.2　零件图绘制的原则 ················· 185
9.3　零件图绘制的方法与技巧 ········ 185
9.3.1　连续线性绘图时辅助（精确）
　　　绘图命令的使用 ············ 185
9.3.2　关于偏移命令的使用 ········ 187
9.3.3　镜像、阵列命令的使用 ····· 187
9.3.4　修剪、延伸命令的使用 ····· 187
9.3.5　复制命令的使用 ·············· 187
9.3.6　灵活使用视图中的对应和
　　　相等关系 ····················· 187
9.3.7　对局部结构的处理 ··········· 188
9.4　零件图上特殊的尺寸和技术要求
　　标注 ································· 188
9.4.1　加前后缀的线性标注 ········· 188
9.4.2　不完整的尺寸标注 ··········· 189

9.4.3　尺寸公差的标注 ·············· 189
9.4.4　块命令在特殊标注中的应用 ··· 189
9.4.5　不同比例图样的标注设置 ··· 189
9.4.6　尺寸数字优势的处理 ········· 189
9.5　零件图绘制过程 ···················· 190
9.5.1　分析零件并确定绘图思路 ··· 190
9.5.2　利用机械样板文件新建图形
　　　文件 ···························· 190
9.5.3　中心线与主要轮廓线构建视图
　　　布局 ···························· 190
9.5.4　绘制零件视图 ················· 190
9.5.5　剖面与断面填充 ·············· 195
9.5.6　尺寸标注与技术要求注写 ··· 195
9.5.7　添加注释文字、填写标题栏 ··· 195
9.6　思考练习 ···························· 199

第10章　典型机械零件图的绘制 ···200
10.1　绘制螺纹连接件 ·················· 200
10.1.1　绘制螺纹连接件的方法 ····· 200
10.1.2　比例画法绘制螺纹连接件 ··· 200
10.1.3　简化画法绘制螺纹连接件 ··· 202
10.2　绘制轴套类零件 ·················· 202
10.2.1　轴套类零件的结构特点 ····· 202
10.2.2　轴套类零件的一般表达
　　　 方案 ·························· 202
10.2.3　绘制轴零件图 ················ 202
10.3　绘制盘盖类零件 ·················· 209
10.3.1　盘盖类零件的结构特点 ····· 209
10.3.2　盘盖类零件的一般表达
　　　 方案 ·························· 209
10.3.3　绘制传动箱盖零件图 ········ 209
10.4　绘制叉架类零件 ·················· 214
10.4.1　叉架类零件的结构特点 ····· 214
10.4.2　叉架类零件的一般表达
　　　 方案 ·························· 214
10.4.3　绘制托脚零件图 ·············· 215
10.5　绘制箱体类零件 ·················· 219
10.5.1　箱体类零件的结构特点 ····· 219
10.5.2　箱体类零件的一般表达方案 ···219

10.5.3 绘制涡轮箱零件图·········219

10.6 思考练习·····················225

第11章 绘制装配图·············228

11.1 绘制装配图的基本思路·····228

11.1.1 按设计意图绘制装配图·······228

11.1.2 由零件图拼画装配图·········228

11.2 由零件图拼画装配图的一些
注意事项·····················229

11.2.1 零件图中多余信息的处理····229

11.2.2 零件视图的修整···········229

11.2.3 标准件及填充材料的处理····229

11.3 由零件图拼画装配图的基本
方法·························231

11.3.1 复制组合相关视图·········231

11.3.2 利用"颜色"区分零件······231

11.3.3 利用"图块"定位图形······231

11.3.4 利用"图块"编辑图形······231

11.4 由零件图拼画装配图的主要
过程·························232

11.4.1 分析部件并确定绘图思路····232

11.4.2 利用机械样板文件新建图形
文件·······················232

11.4.3 修整并复制主体零件所需
视图·······················232

11.4.4 逐个引入其他零件所需视图,
并逐一修整·················232

11.4.5 完善表达并补充其他视图····235

11.4.6 填充各零件的剖面及断面····239

11.4.7 标注尺寸···············239

11.4.8 注写零件编号、技术要求并
填写明细表和标题栏·········239

11.5 思考练习·····················242

第12章 典型机械部件装配图的
绘制·····················243

12.1 手压阀装配图的绘制·········243

12.1.1 手压阀结构分析与绘图思路
确定·······················243

12.1.2 利用机械样板文件新建图形
文件·······················243

12.1.3 修整并复制"阀体"零件所需
视图·······················243

12.1.4 沿竖直方向装配主线装配零件
并修整视图·················249

12.1.5 沿水平方向装配主线装配零件
并修整视图·················249

12.1.6 填充各零件的剖面及断面····254

12.1.7 标注尺寸···············254

12.1.8 注写零件序号、技术要求并
填写明细表和标题栏·········258

12.2 平口虎钳装配图的绘制·······258

12.2.1 平口虎钳结构分析与绘图
思路确定···················258

12.2.2 利用机械样板文件新建图形
文件·······················258

12.2.3 修整并复制"钳座"零件
所需视图···················258

12.2.4 沿竖直方向装配主线装配零件
并修整视图·················258

12.2.5 沿水平(左右)方向装配
主线装配零件并修整视图·····264

12.2.6 装配其他零件并修整视图····264

12.2.7 填充各零件的剖面及断面····265

12.2.8 标注尺寸···············265

12.2.9 注写零件序号、技术要求并
填写明细表和标题栏·········265

12.3 思考练习·····················265

第13章 绘制轴测图·············277

13.1 轴测图的基础知识···········277

13.1.1 轴测图的形成···········277

13.1.2 轴间角与轴向伸缩系数·····277

13.1.3 轴测图的分类···········278

13.2 绘制正等轴测图·············278

13.2.1 正等轴测图的基本参数·····278

13.2.2 正等轴测面·············279

13.2.3 设置正等轴测投影模式·····279

13.2.4 平面立体的正等测画法……… 281

13.2.5 曲面立体的正等测画法……… 284

13.2.6 正等轴测图的尺寸标注……… 287

13.2.7 正等轴测图综合实例……… 287

13.3 绘制斜二轴测图 …………………… 293

13.3.1 斜二轴测图的基本参数……… 293

13.3.2 斜二轴测图绘制实例……… 293

13.4 思考练习 ………………………… 295

第一部分
AutoCAD 二维绘图知识

第1章 AutoCAD 绘图基础

随着计算机技术的快速发展，计算机辅助绘图与辅助设计已在我国设计单位、工厂、学校普遍使用，应用最广泛的二维 CAD 系统当属 AutoCAD 软件。AutoCAD 是美国 Autodesk 软件公司的主导产品，具有强大的二维绘图功能，如绘图、编辑、剖面线和图案绘制、尺寸标注等，同时具有三维功能。该软件自 1982 年推出至今，随着版本的不断升级改进，功能日渐完善，应用于机械、建筑、电子等工程设计领域，已成为重要的计算机辅助绘图与设计软件之一。

1.1 AutoCAD 2012 的主要特点

1．使用方便

AutoCAD 软件采用交互式绘图，操作者每输入一个指令，系统会在命令行中提示下一步的操作，利于初学者的学习掌握。

2．功能强大

AutoCAD 是目前功能最强大的二维绘图软件，可以绘制复杂形状机件的工程图形，并且具有强大的编辑修改和尺寸标注等功能，可以通过各种点的捕捉实现精确绘图。同时还具有三维造型功能。

3．系统开放

操作者可以根据自己的需要对菜单、工具栏和可固定窗口进行调整，同时可以自定义绘图的线型、填充图案等内容，使其在一个自定义的、面向任务的绘图环境中工作。

系统可以通过 AutoLISP 等程序语言进行二次开发，满足用户的不同需求。

Auto CAD 还可以通过 DXF 等标准存储格式实现与其他软件之间的数据交换。

1.2 Auto CAD 2012 的主要功能

1．绘制二维图

AutoCAD 可绘制各种不同颜色、线型及线宽的图线和图案，可以通过绘图工具栏中的线、圆、多边形等绘图命令绘制各种形状的平面图形，并可用图层的设置命令为各种线型设置不同的颜色和线宽。

通过图案填充命令可以为封闭的图形填充各种图案，例如绘制金属剖切面的剖切符号。

2．图形的编辑和修改

可以通过修改工具栏中的删除、复制、镜像、移动、修剪、拉伸等命令实现图形的编辑和修改。

3．文字及尺寸标注

AutoCAD 具有较为完善的尺寸及文字标注功能，标注时不仅能够自动测量图形的尺寸，而且可以方便地编辑尺寸或修改标注样式，以符合行业或项目标准的要求。标注的对象可以是二维图形或三维图形。

AutoCAD 可以插入各种数学符号，实现多种中文字体的书写。AutoCAD 2006 版以后的版本还新增加了表格的绘制功能，方便了操作者的使用。

4．通过辅助工具实现精确绘图

AutoCAD 提供了丰富的辅助绘图工具，通过极轴、对象捕捉、对象追踪、栅格显示等功能使绘图过程更加方便和精确。

5．图形的窗口显示

可以通过窗口缩放、实时平移、视口的设置等功能改变图形在窗口的显示情况，也可使用鼠标滚轮调整 CAD 图形的显示。

6．三维绘图功能

AutoCAD 的主要优势是它强大的二维绘图功能，同时它也具有三维造型功能。其布尔运算等三维编辑功能使得三维复杂实体的生成变得简单易用，生成的三维实体可投影为二维视图，还可运用雾化、光源和材质，将模型渲染为具有真实感的图像。

AutoCAD 的绘图功能还提供轴测图的绘制方法。这和机械制图中轴测图的绘制相似，是在一个平面上绘制的具有立体效果的图形，不是真正的三维实体，因而不具备实体的投影、布尔运算等特点。

7．输出与打印图形

AutoCAD 不仅允许将所绘图形以不同样式通过绘图仪或打印机输出，还能够将不同格式的图形导入到 AutoCAD 或将 AutoCAD 图形以其他格式输出。因此，当图形绘制完成之后，可以使用多种方法将其输出。例如，可以将图形打印在图纸上，或创建成文件供其他应用程序使用。

1.3 AutoCAD 的用户界面

双击桌面上 AutoCAD 2012 图标，或者在"开始"→"程序"→"Autodesk"中找到并运行 AutoCAD 2012 程序，即可进入如图 1-1 所示的 AutoCAD 2012 界面。在新功能专题研习中，包括一系列交互式动画、教程和简短说明，可以帮助用户了解 AutoCAD 2012 的新增功能。

单击新功能专题研习窗口中的"以后再说"，单击"确定"，进入 AutoCAD 2012 的绘图界面，如图 1-2 所示。

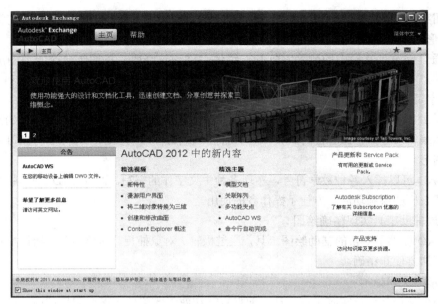

图 1-1　AutoCAD 2012 的界面

图 1-2　AutoCAD 2012 的绘图经典界面

1.4　AutoCAD 经典界面

对于熟悉 AutoCAD 2006 之前版本的用户来说，习惯于采用"AutoCAD 经典"工作空间，该工作空间的界面如图 1-3 所示，本书以经典界面讲解。

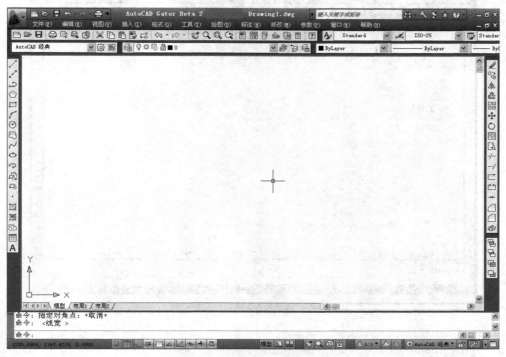

图 1-3 "AutoCAD 经典"工作空间

在"工作空间"工具栏中，单击"AutoCAD 经典"，如图 1-4 所示，即进入"AutoCAD 经典"工作界面。

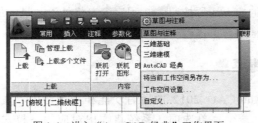

图 1-4 进入"AutoCAD 经典"工作界面

在"AutoCAD 经典"工作界面中，绘图窗口的左下角有"模型"、"布局 1"、"布局 2"的选项，用户可以在模型空间和图纸空间进行切换。而在"二维草图绘制与注释"工作界面中，"模型"与"布局"的选项按钮集成在状态栏中。

该界面主要由标题栏、菜单栏、工具栏、命令行、状态栏、绘图区等元素组成，如图 1-5 所示。

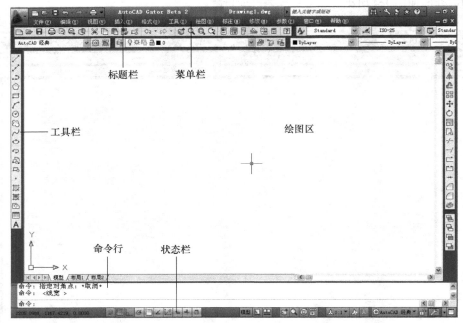

图 1-5 "AutoCAD 经典"工作界面

1.4.1 标题栏

标题栏位于程序窗口的上方,显示程序的名称 AutoCAD 2012 及当前正在绘制的文件的名称。标题栏最左边是应用程序的小图标![icon],单击它将会弹出一个下拉菜单,可以执行最小化或最大化窗口、恢复窗口、移动窗口、关闭 AutoCAD 等操作。

如果单击标题栏右侧的向下还原按钮![btn],程序窗口将处于非最大最小状态,此时将光标放在标题栏上,按下鼠标左键拖动,可以改变程序窗口的位置。

1.4.2 菜单栏与快捷菜单

菜单栏几乎包括了 AutoCAD 2012 的所有功能和命令,由"文件"、"编辑"、"视图"等 11 个项目组成。单击任意一个菜单选项,系统将弹出对应的下拉式菜单,每一下拉菜单内都包含了多条命令。若命令的右边出现了向右的小实心三角形" ▸ ",说明该菜单项下还有下一级菜单,如图 1-6 所示;若命令的右边出现了省略符号"…",单击该命令时将出现一个对话框。

单击右键,可以使用 AutoCAD 非常方便的快捷菜单。快捷菜单也称为上下文相关菜单。在绘图区、工具栏、状态栏、"模型"与"布局"选项卡以及一些对话框上单击鼠标右键,将弹出内容不同的快捷菜单,该菜单中的命令与 AutoCAD 当前状态相关。使用它们可以在不启动菜单栏的情况下快速、高效地进行操作,图 1-7 所示为当系统提示指定一个点时,鼠标置于绘图区域,按住 Shift 或 Ctrl 键,并单击右键时弹出的快捷菜单。

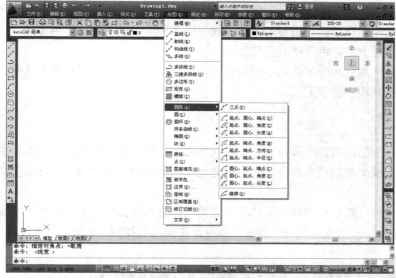

图 1-6 下拉式菜单   图 1-7 快捷菜单

1.4.3 工具栏

工具栏是由许多用命令图标表示的工具组成。如果把光标放在某个图标上停留一会儿，在图标的下方将会显示该工具的命令名称，同时，在状态栏中显示对该命令的简单描述。

工具栏是调用命令的另一种方式，单击其上的命令按钮，即可执行相应的命令。比如，单击右侧面板上的"直线"按钮，即开始执行绘制直线的命令。使用工具栏是初学者常用的方法。

绘图时，用户可以根据自己的需要打开或关闭任意工具栏，将光标放在任意一个工具栏的某个位置单击鼠标右键，将打开工具栏的选项菜单框，如图 1-8 所示，此时单击其中的任意选项将打开或关闭相应的工具栏。其中，已勾选的工具栏将在屏幕中显示。

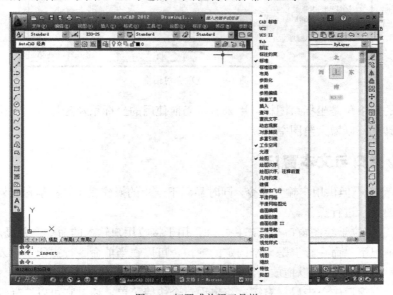

图 1-8 打开或关闭工具栏

工具栏可以用鼠标拖动的方式改变其位置，因此也被称为浮动工具栏。当工具栏位于绘图区域的上端或左、右端时，用鼠标拖动工具栏端部的两条直线可以改变工具栏的位置；当工具栏位于绘图区域内时，可拖动工具栏上的蓝色条框改变其位置。

工具栏中，某些工具在右下角有一个黑色的小三角符号，为弹出式工具栏，用户单击这些工具并按住鼠标左键不放，将打开相应的子工具。

1.4.4　绘图窗口

绘图窗口是绘制、编辑图形的区域。一般情况下，在模型空间进行设计，在布局（图纸）空间创建布局输出图形。要进入模型空间或布局空间，可以通过单击状态栏中的"模型"按钮▣或"布局"按钮▣来实现。

绘图窗口内有一个十字光标，随鼠标的移动而移动，它的功能是选择操作对象。光标十字线的长度可以通过菜单栏："工具"→"选项"→"显示"命令，在弹出的如图 1-9 所示的"选项"对话框中进行调整。

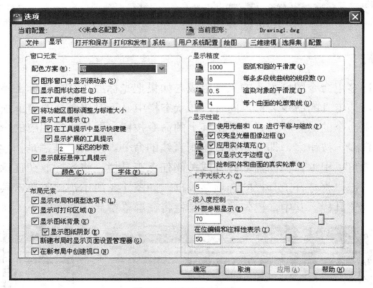

图 1-9　"选项"对话框

绘图窗口的左下角是坐标系图标，用来显示当前使用的坐标系及坐标方向。用户可以根据需要关闭某些工具栏，以增大绘图空间。

1.4.5　命令窗口与文本窗口

"命令行"窗口不但供用户输入命令，同时显示下一步的操作提示。初学者应该随时观察命令行，按照系统的提示进行操作。

"命令行"窗口位于绘图窗口与状态栏之间，用于接收用户输入的命令，并显示 AutoCAD 提示信息。默认情况下"命令行"是一个固定的窗口，可以在当前命令行提示下输入命令、对象参数等内容。"命令行"窗口可以拖放为浮动窗口，如图 1-10 所示。

在"命令行"窗口中单击鼠标右键，将出现一个快捷菜单。通过它可以选择近期使用过的 6

个命令、复制选定的文字或全部命令历史记录、粘贴文字，以及打开“选项”对话框。

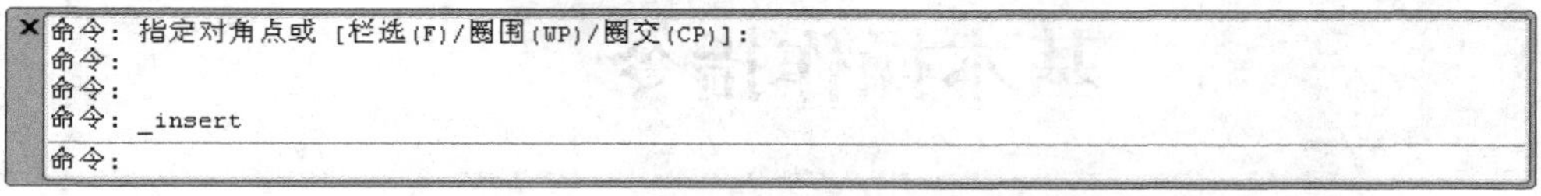

```
✕ 命令: 指定对角点或 [栏选(F)/圈围(WP)/圈交(CP)]:
命令:
命令:
命令: _insert

命令:
```

图 1-10 “命令行”窗口

如果要查询系统近期执行命令的情况，可打开文本窗口。文本窗口是记录 AutoCAD 命令的窗口，是放大的“命令行”窗口，它记录了已执行的命令，也可以用来输入新命令。可以选择“视图→显示→文本窗口”命令，打开 AutoCAD 文本窗口，如图 1-11 所示。也可以通过输入执行 TEXTSCR 命令或利用 F2 键打开文本窗口。

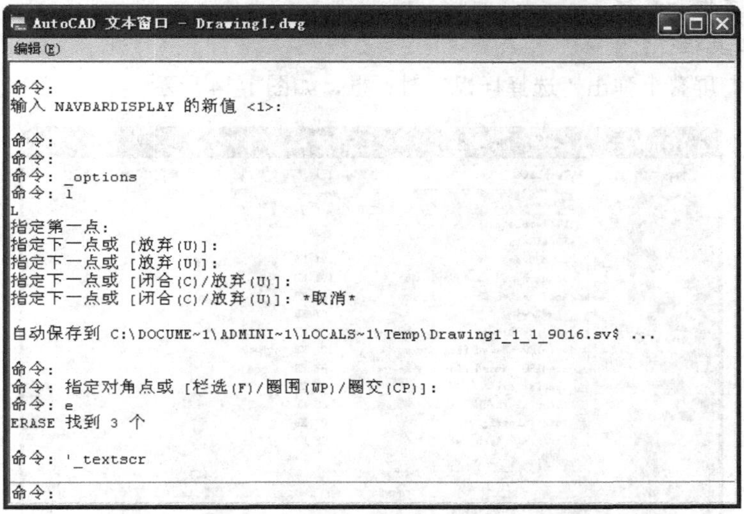

```
AutoCAD 文本窗口 - Drawing1.dwg
编辑(E)

命令:
输入 NAVBARDISPLAY 的新值 <1>:

命令:
命令:
命令: _options
命令: l
L
指定第一点:
指定下一点或 [放弃(U)]:
指定下一点或 [放弃(U)]:
指定下一点或 [闭合(C)/放弃(U)]:
指定下一点或 [闭合(C)/放弃(U)]: *取消*

自动保存到 C:\DOCUME~1\ADMINI~1\LOCALS~1\Temp\Drawing1_1_1_9016.sv$ ...

命令:
命令: 指定对角点或 [栏选(F)/圈围(WP)/圈交(CP)]:
命令: e
ERASE 找到 3 个

命令: '_textscr

命令:
```

图 1-11 文本窗口

1.4.6 状态栏

AutoCAD 2012 界面的最下方是状态栏，用来显示 AutoCAD 当前的状态，如图 1-12 所示。状态栏左端数值显示的是当前十字光标所处位置的坐标值。

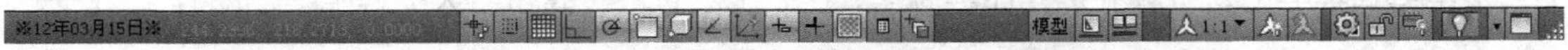

2012年03月15日 ... 模型

图 1-12 状态栏

状态栏中部是绘图辅助工具的切换按钮，包括“捕捉”、“栅格”、“正交”等 11 个按钮。鼠标左键单击某个按钮，可在系统设置的打开和关闭状态之间切换；鼠标右键单击切换按钮，AutoCAD 将弹出快捷菜单，如图 1-13 所示，选择其中的“设置”命令，就可以修改绘图辅助工具的相关设置。

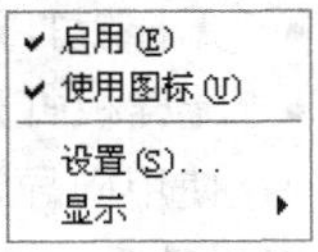

状态栏右端包括注释比例选择按钮、工具栏/窗口位置锁定按钮、全屏显示按钮等。

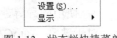
图 1-13 状态栏快捷菜单

1.5 基本操作指令

1.5.1 新建和打开图形文件

1．建立新图形

（1）命令激活方式

命令行：NEW✓

菜单栏：文件→新建

"标准"工具栏：

激活命令后，屏幕上弹出"选择样板"对话框，如图 1-14 所示。

图 1-14 "选择样板"对话框

在"选择样板"对话框中，用户可以在样板列表框中选中某一个样板文件，这时在右侧的"预览"框中将显示出该样板的预览图像，单击"打开"按钮，可以将选中的样板文件作为样板来创建新图形。

单击对话框右下角"打开"按钮右侧的小三角形符号，将弹出一个选项卡，如图 1-15 所示。各选项的功能如下。

（2）操作步骤

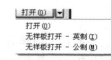

- 打开：新建一个由样板打开的绘图文件。

- 无样板打开—英制（I）：新建一个英制的无样板打开的绘图文件。

图 1-15 "打开"选项卡

- 无样板打开—公制（M）：新建一个公制的无样板打开的绘图文件。

2．使用向导等建立新图形

对于熟悉 AutoCAD 旧版本的用户，可能习惯于利用向导建立绘图环境，此时需要将系统变量 "startup" 设置为 1。

操作步骤

（1）改变系统变量"startup"设置

　　命令行：startup↙

　　输入 STARTUP 的新值 <0>: 1↙

（2）建立新图形

　　命令行：NEW↙

　　菜单栏：文件→新建

　　"标准"工具栏：🗋

此时将弹出如图 1-16 所示的"创建新图形"对话框，该对话框中新建图形有 3 种方法，分别为"从草图开始"、"使用样板"和"使用向导"，下面分别介绍。

① "从草图开始"创建图形

按照系统原有的默认设置绘图，仅仅改变绘图单位。

图 1-16 "创建新图形"对话框

单击图 1-16 所示的"创建新图形"对话框中的"默认设置"按钮🗋，选择适当的单位后，单击"确定"按钮，完成新图形的创建。

② "使用样板"创建图形

利用系统中已有的样板图来创建图形。

单击图 1-16 所示的"创建新图形"对话框中的"使用样板"按钮🗋，打开图 1-17 所示选项卡，在样板列表框中选中某一个样板文件，单击"确定"按钮，可以将选中的样板文件作为样板来创建新图形。如果样板不在列表框中，可以单击"浏览"按钮进行选择。

③ "使用向导"创建图形

通过"使用向导"这种方式来创建新图形，可以对图形的单位、绘图区域等参数进行设置。

单击图 1-16 所示的"创建新图形"对话框中的"使用向导"按钮🗋，打开图 1-18 所示的选项卡，选取"快速设置"或"高级设置"，按向导提示完成绘图环境的设置。

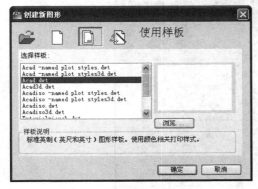

图 1-17 使用样板建立新图形

图 1-18 使用向导建立新图形

　　"快速设置"和"高级设置"向导均可完成绘图环境的设置（见图 1-19 及图 1-20），但"高级设置"比"快速设置"更详细。下面以"高级设置"为例介绍绘图环境的设置。

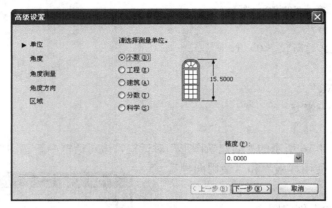

图 1-19　快速设置

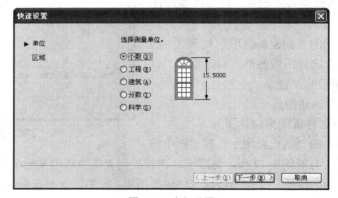

图 1-20　高级设置

- 单位：指设置绘图单位，机械制图常选用小数单位，并可在"精度"下拉选框中选择保留小数的位数。
- 角度：指设置角度单位。图 1-20 中，单击下一步，进入图 1-21 所示的"角度"设置选项框，机械制图常选用"十进制度数"作为角度单位。

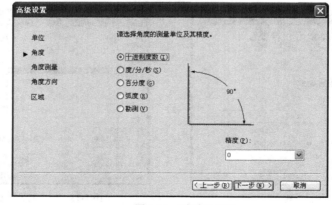

图 1-21　"角度"设置

- 角度测量：指设置测量角度的起始方向，如图 1-22 所示，通常设置东为 0 度方向。

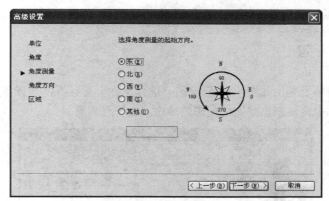

图 1-22 "角度测量"设置

- 角度方向：指设置测量角度的正方向，如图 1-23 所示，通常设置逆时针方向旋转为正方向。

图 1-23 "角度方向"设置

- 区域：指设置图纸幅面，如图 1-24 所示，包括图幅的宽度和长度。

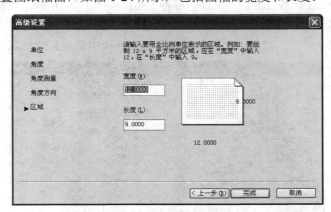

图 1-24 "区域"设置

3．打开已有图形文件

打开已经存在的图形文件，以便于继续绘图、或进行其他操作。

（1）命令激活方式

　　命令行：OPEN✓

　　菜单栏：文件→打开

　　工具栏：标准→📂

（2）操作步骤

激活命令后，屏幕上弹出如图 1-25 所示的"选择文件"对话框，选择需要打开的图形文件，在右侧的"预览"框中将显示出对应的图形，单击"打开"即可。

图 1-25　"选择文件"对话框

1.5.2　保存图形文件

1. 命令激活方式

　　命令行：SAVE✓

　　菜单栏：文件→保存

　　工具栏：标准→💾

2. 操作步骤

命令激活后，对于未保存过的图形文件，屏幕上弹出如图 1-26 所示的"图形另存为"对话框。在该对话框中，可以选择保存路径、为图形文件命名。默认情况下，文件以"AutoCAD 2012 图形（*.dwg）"格式保存，也可以在"文件类型"下拉列表框中选择其他格式。

图 1-26　"图形另存为"对话框

如果用户想为一个已经命名保存的图形创建新的文件名，可以选择"文件→另存为"命令（或命令行输入 SAVE AS），将图形以新的名称另存。此时不影响原命名图形，系统将以新命名的文件作为当前图形文件。

1.5.3 加密图形文件

1．添加密码保护文件

向图形添加密码并保存该图形，图形将被加密，除非输入密码，否则图形将无法重新打开。用户可以在修改文件和保存文件时向文件附加密码。

【操作步骤】

菜单栏：文件→保存（或：另存为），打开如图 1-26 所示的"图形另存为"对话框，单击"工具"按钮，选择"安全选项"，进入如图 1-27 所示的"安全选项"对话框，输入密码。

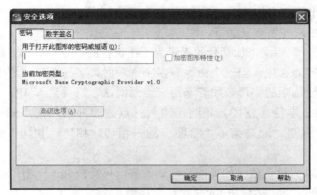

图 1-27 "安全选项"对话框

密码可以是单词、数字或字符等，还可以通过"高级选项"选择高级加密级别保护图形。清除密码设置方法与添加密码相同，只是把设置的原密码删除即可。

2．数字签名保护文件

数字签名与密码保护启动方式相同，进入如图 1-27 所示的"安全选项"对话框后，选择"数字签名"选项，如果用户未获取过数字签名，则弹出如图 1-28 所示的对话框。

用户可以通过自动链接到为 AutoCAD 提供数字签名的网址上获取数字 ID。

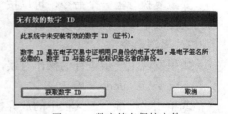

图 1-28 数字签名保护文件

1.5.4 使用鼠标执行命令

在绘图窗口，光标通常显示为"+"字线形式。当光标移至菜单选项、工具或对话框内时，它会变成一个箭头。无论光标是"+"字线形式还是箭头形式，当单击或者按动鼠标键时，都会执行相应的命令或动作。在 AutoCAD 中，鼠标键是按照下述规则定义的。

● 拾取键：通常指鼠标左键，用于指定屏幕上的点，也可以用来选择 Windows 对象、AutoCAD 对象、工具栏按钮和菜单命令等。

- 回车键：指鼠标右键，相当于 Enter 键，用于结束当前使用的命令，此时系统将根据当前绘图状态而弹出不同的快捷菜单。
- 弹出菜单：当使用 Shift 键和鼠标右键的组合时，系统将弹出一个快捷菜单，用于设置捕捉点的方法。对于 3 键鼠标，弹出按钮通常是鼠标的中间按钮。

1.5.5　使用命令行

一般地，初学者应该密切观察命令行，按照系统对下一步操作的提示进行操作。下面以画圆为例说明 AutoCAD 命令执行中提示的意义。

画圆的命令输入方式：

命令行：CIRCLE（或 C）↙

指定圆的圆心或 [三点（3P）/两点（2P）/相切、相切、半径（T）]: 150，150↙

指定圆的半径或 [直径（D）] <577.2932>: 50↙

这时，可完成一个圆心坐标为（150，150），半径为 50 的圆。

在命令提示窗口中，各项意义如下。

（1）紧接在"命令:"后面未加括号的提示为正在执行的命令。比如"指定圆的圆心"。

（2）在 [ ] 中的内容为选项，当一个命令有多个选项时，各选项用"/"隔开。在选择所需的选项时，需要输入对应选项的字母，如若选用三点画圆法，需要输入 3P。AutoCAD 可以通过 5 种方式画圆：输入圆心半径（直径）画圆，输入三点画圆，输入两点画圆，选中两个与圆相切的图形及圆的半径画圆、通过菜单"绘图—圆—相切、相切、相切"选三个与圆相切的图形画圆。

（3）在 < > 中的选项为默认值。如果同意默认数值，只需按 Enter 键或空格键即可；如果不同意默认值，直接输入正确值，然后按 Enter 键或空格键。

1.5.6　命令的重复、撤销与重做

1．重复命令

要重复执行上一个命令，可以按 Enter 键、空格键，也可在绘图区域中单击鼠标右键，从弹出的快捷菜单中选择"重复"命令。

2．撤消命令

如果发现上一步进行的操作有误，可采取以下方式进行撤销。

命令行：undo（或 u）↙

或单击"标准"工具栏中的放弃按钮，如图 1-29 所示。单击放弃按钮右边的黑色的小三角符号，弹出近期的操作，可选择放弃的命令数目。

图 1-29　撤消命令

有些命令在其命令提示中提供了"放弃"选项，可选择"放弃"选项或按"Ctrl+Z"键进行撤消。

3．恢复命令

恢复已撤销的命令可采取以下方式。

命令行：mredo↙

或单击"标准"工具栏中的恢复按钮或按"Ctrl+Y"键。同样的，恢复按钮右边的黑色的小三角符号，可供选择恢复的命令数目。

1.6 设置绘图环境

1.6.1 设置参数选项

1. 设置背景颜色

操作步骤

（1）菜单栏：工具→选项，打开选项对话框。

（2）选择"显示"选项卡，如图 1-9 所示，在"窗口元素"设置区中单击"颜色"按钮，打开如图 1-30 所示的"图形窗口颜色"对话框，在"背景"选项中选择"二维模型空间"，然后在"颜色"下拉框中选择"白色"，单击"应用并关闭"按钮，回到如图 1-9 所示的"选项"对话框，单击"确定"，这时绘图窗口的背景颜色将显示为白色。

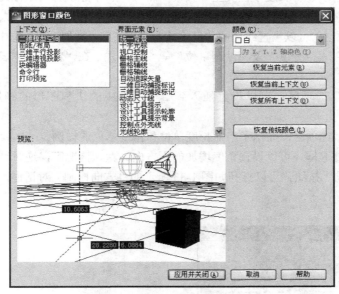

图 1-30 "图形窗口颜色"对话框

2. 自定义工具栏

操作步骤

（1）打开"绘图"工具栏。

（2）单击菜单栏："视图→工具栏"或将鼠标置于工具栏任意位置单击鼠标右键，选择"自定义"，打开"自定义用户界面"对话框。

（3）在对话框的"命令列表"下方的下拉选项框中选中"绘图"，此时系统中所有的绘图命令都出现在对话框下方，找到"单行文字"的图标**A**并将其拖放在"绘图"工具栏中的"多行文字"的右方，结果如图 1-31 所示。

图 1-31 自定义工具栏

1.6.2 设置图形单位

设置绘图时所使用的长度单位、角度单位以及显示单位的格式和精度。

1. 命令激活方式

命令行：UNITS（或 UN）↙

菜单栏：格式→单位

2. 操作步骤

激活命令后，屏幕弹出如图 1-31 所示的"图形单位"对话框。可对该对话框中相应的内容进行设置。

● "长度"选项区：可以设置绘图的长度单位和精度。在"类型"列表框中提供了小数、分数、工程、建筑及科学 5 种长度单位类型。其中"工程"和"建筑"的单位为英制单位，常用的为小数单位。在"精度"列表框中可以设置长度值所采用的小数位数或分数大小。

● "角度"选项区：可以设置绘图的角度格式和精度。在"类型"列表框中提供了"十进制"、"弧度"、"度/分/秒"、"百分度"及"勘测单位"等 5 种格式。在"精度"列表框中可以设置当前角度显示的精度。

● "插入比例"选项区：可以设置插入到当前图形中的块和图形的测量单位，常用毫米单位。

● "输出样例"选项区：显示了当前长度单位和角度单位的样例。

● "顺时针"复选框：可以设置角度增加的正方向。默认情况下，逆时针方向为角度增加的正方向。单击"方向"按钮，可以打开如图 1-33 所示的"方向控制"对话框，设置起始角度（0°角）的方向。

图 1-32 "图形单位"对话框

图 1-33 "方向控制"对话框

1.6.3 设置绘图界限

利用图形界限的命令设置一个矩形的绘图界限。使用该功能，可以控制绘图是否在界限内进行。

1. 命令激活方式

命令行：LIMITS↙

菜单栏：格式→图形界限

2. 操作步骤

激活命令后，在命令提示行将显示：

重新设置模型空间界限：

指定左下角点或 [开（ON）/关（OFF）] <0.0000,0.0000>：（输入左下角点的坐标）↙

指定右上角点 <420.0000,297.0000>：（输入右上角点的坐标）↙

执行结果：设置了一个以左下角点和右上角点为对角点的矩形绘图界限。默认时，设置的是 A3 图幅的绘图界限。

若选择"开（ON）"，则只能在设定的绘图界限内绘图；若选择"关（OFF）"，则绘图没有界限限制。默认状态为"关"。

【例 1-1】 手工绘图时我们首先需要选择图纸幅面，使用 AutoCAD 2008 时，如何设置一个 4 号图纸大的绘图界限并使其全屏显示。

（1）菜单栏：格式→图形界限

或命令栏：LIMITS↙

此时命令行出现：

指定左下角点或 [开（ON）/关（OFF）] <0.0000,0.0000>：↙

指定右上角点 <420.0000,297.0000>：297，210↙

（2）单击状态栏的"栅格"按钮，开启栅格状态。

（3）单击标准工具栏中的弹出式缩放工具栏（如图 1-34 所示），单击"全部缩放"按钮。

图 1-34 弹出式缩放工具栏

此时栅格显示的区域便为横放的 4 号图纸大小的范围，并最大范围的满屏显示。

或输入命令：zoom（或 Z）↙

此时命令行出现：

指定窗口的角点，输入比例因子（nX 或 nXP），或者[全部（A）/中心（C）/动态（D）/范围（E）/上一个（P）/比例（S）/窗口（W）/对象（O）]<实时>：A↙

同样实现栅格的满屏显示。

1.7　控制图形显示

1.7.1　缩放视图

改变图形的屏幕显示大小，但不改变图形的实际尺寸。

1．命令激活方式

（1）命令行：ZOOM（或 Z）↙

命令行提示：

　　指定窗口的角点，输入比例因子（nX 或 nXP），或者[全部（A）/中心（C）/动态（D）/范围（E）/上一个（P）/比例（S）/窗口（W）/对象（O）]<实时>:

（2）菜单栏：视图→缩放，可在弹出的如图 1-35 所示的下一级菜单中进行选择。

（3）工具栏：标准工具栏→ ，其中， 为弹出式工具栏，单击可弹出多个选项 。

2．各选项的意义

（1）实时缩放

激活命令后，十字光标变为放大镜形状 ，按住鼠标左键向上拖动可放大图形，向下拖动可缩小图形。单击 Enter 键、Esc 键、空格键或鼠标右键退出。

图 1-35　"缩放"快捷菜单

（2）上一步

激活命令后，将恢复上一次缩放的视图大小，最多可以恢复此前的 10 个视图。

（3）窗口缩放

激活命令后，框选需要显示的图形，框选图形将充满视口。

（4）动态缩放

用一个矩形框动态改变所选择区域的大小和位置，其步骤如下。

① 激活命令后，图形窗口出现以×为中心的平移视图框。

② 将平移视图框移动到所需的位置，然后单击鼠标左键，框中的×消失，同时出现一个指向框右边的箭头，视图框变为缩放视图框。

③ 左右移动光标调整视图框大小，上下移动光标调整视图框的位置。调整完毕后，如果按 Enter 键确认，可使当前图框中的图形充满视口；如果单击鼠标左键可继续调整图框的位置和大小。

（5）比例缩放

激活命令后，在命令行"输入比例因子（nX 或 nXP）:"提示后输入比例值，可按指定的比例因子进行缩放。

"nX"：在输入的比例值后加上"X"，根据当前视图进行缩放。例如输入"0.5X"，将使屏幕上的每个对象显示为原大小的二分之一。

"nXP"：在输入的比例值后再输入一个"XP"，相对图纸空间进行缩放。例如输入"0.5XP"，将以图形真实大小的二分之一显示图形，在图纸空间布图有实际意义。

（6）中心点缩放🔍

重设图形的显示中心并缩放由中心点和放大比例（或高度）所定义的窗口。

激活命令后，命令行提示：

指定中心点：（指定新的显示中心点）

输入比例或高度<50.0000>:（输入新视图的缩放倍数或高度）

- "比例"：在输入的比例值后再输入一个"X"，例"0.5X"。
- "高度"：直接输入高度值，高度值较小时增加放大比例，高度值较大时减小放大比例。

"< >"内为默认高度值，直接按 Enter 键，则以默认高度缩放。

（7）对象缩放🔍

尽可能大地显示一个或多个选择对象并使其位于绘图区域的中心。

（8）放大🔍

使图形相对于当前图形放大一倍。

（9）缩小🔍

使图形相对于当前图形缩小一半。

（10）全部缩放🔍

缩放显示整个图形。如果图形对象未超出图形界限，则以图形界限显示；如果超出图形界限，则以当前范围显示。

（11）范围缩放🔍

缩放显示所有图形对象，使图形充满屏幕，与图形界限无关。

1.7.2 平移视图

移动整个图形以便于更好观察，但不改变图形对象的实际位置。

1. 命令激活方式

命令行：PAN（或 P）↙

菜单栏：视图→平移

工具栏：标准→实时平移🖐

2. 操作步骤

激活命令后，光标变为手状🖐，按住鼠标左键拖动，可使图形按光标移动方向移动。单击 Enter 键、Esc 键、空格键或鼠标右键退出。

1.7.3 使用命名视图

用户可以在一张工程图纸上创建多个视图，当要查看、修改图纸上的某一部分视图时，将该视图恢复出来即可。

1. 命名视图

选择"视图"→"命名视图"命令（VIEW），或在"视图"工具栏中单击"命名视图"🗔 按钮，打开"视图管理器"对话框，如图 1-36 所示。

在"视图管理器"对话框中，用户可以创建、设置、重命名以及删除命名视图。其中"当前视图"选项后显示了当前视图的名称。此外，对话框中其他主要选项的功能如下。

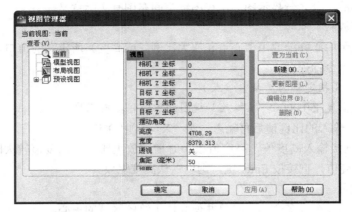

图 1-36　"视图管理器"对话框

- "查看"列表框：列出了已命名的视图和可作为当前视图的类别，例如可选择正交视图和等轴测视图作为当前视图。

- "信息"选项区域：显示指定命名视图的详细信息，包括视图名称、分类、UCS 及透视模式等。

- "置为当前"按钮：将选中的命名视图设置为当前视图。

- "新建"按钮：创建新的命名视图。单击该按钮，打开"新建视图"对话框，如图 1-37 所示。可以在"视图名称"文本框中设置视图名称；在"视图类别"下拉列表框中为命名视图选择或输入一个类别；在"边界"选项区域通过选中"当前显示"或"定义窗口"单选按钮来创建视图的边界区域；在"设置"选项区域中，可以设置是否"将图层快照与视图一起保存"，并可以通过"UCS"下拉列表框设置命名视图的 UCS；在"背景"选项区域中，可以选择新的背景替代默认的背景，且可以预览效果。

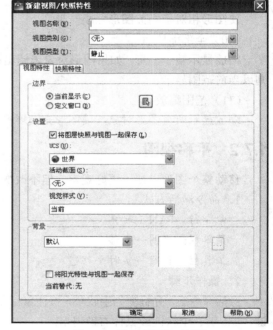

图 1-37　"新建视图"对话框

- "更新图层"按钮：单击该按钮，可以使用选中的命名视图中保存的图层信息更新当前模型空间或布局视口中的图层信息。

- "编辑边界"按钮：单击该按钮，切换到绘图窗口中，可以重新定义视图的边界，如图 1-38 所示。

2．恢复命名视图

在 AutoCAD 中，可以一次命名多个视图，当需要重新使用一个已命名视图时，只需将该视图恢复到当前视口即可。如果绘图窗口中包含多个视口，用户也可以将视图恢复到活动视口中，或将不同的视图恢复到不同的视口中，以同时显示模型的多个视图。

恢复视图时可以恢复视口中的中点、查看方向、缩放比例因子和透视图等设置，如果在命名视图时将当前的 UCS 随视图一起保存起来，当恢复视图时也可以恢复 UCS。

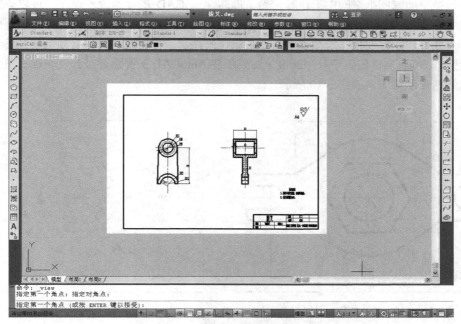

图 1-38　编辑视图边界

1.7.4　控制可见元素的显示

在 AutoCAD 中，图形的复杂程度会直接影响系统刷新屏幕或处理命令的速度。为了提高程序的性能，可以关闭文字、线宽或填充显示。

1．控制填充显示

使用 FILL 变量可以打开或关闭宽线、宽多段线和实体填充。当关闭填充时，可以提高 AutoCAD 的显示处理速度，如图 1-39 所示。

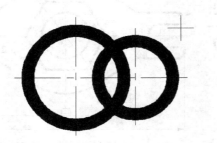
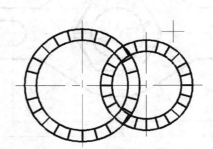

（a）打开填充模式 FILL=ON　　　　　　　（b）关闭填充模式 FILL=OFF

图 1-39　控制填充显示实例

当实体填充模式关闭时，填充不可打印。但是，改变填充模式的设置并不影响显示具有线宽的对象。当修改了实体填充模式后，使用"视图"|"重生成"命令可以查看效果且新对象将自动反映新的设置。

2．控制线宽显示

当在模型空间或图纸空间中工作时，为了提高 AutoCAD 的显示处理速度，可以关闭线宽显示。单击状态栏上的"线宽"按钮或使用"线宽设置"对话框，可以切换线宽显示的开和关。线宽以实际尺寸打印，但在模型选项卡中与像素成比例显示，任何线宽的宽度如果超过了一个像素就有可能降低 AutoCAD 的显示处理速度。如果要使 AutoCAD 的显示性能最优，则在图形中工作时应该把线宽显示关闭，如图 1-40 所示。

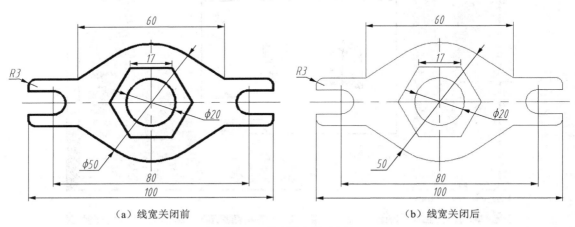

（a）线宽关闭前　　　　　　　　　　　　（b）线宽关闭后

图 1-40　控制线宽显示实例

3．控制文字快速显示

在 AutoCAD 中，可以通过设置系统变量 QTEXT 打开"快速文字"模式或关闭文字的显示，如图 1-41 所示。快速文字模式打开时，只显示定义文字的框架。

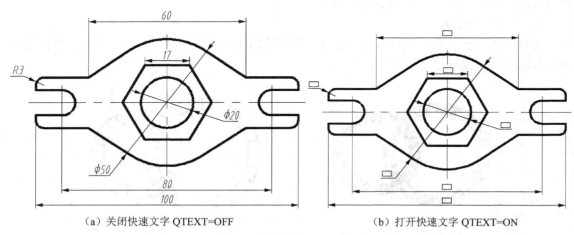

（a）关闭快速文字 QTEXT=OFF　　　　　　（b）打开快速文字 QTEXT=ON

图 1-41　控制文字快速显示实例

与填充模式一样，关闭文字显示可以提高 AutoCAD 的显示处理速度。打开快速文字时，则只打开文字框而不打开文字。无论何时修改了快速文字模式，都可以选择"视图"|"重生成"命令查看现有文字上的改动效果，且新的文字自动反映新的设置。

1.8 思考练习

1. 调用命令的方式有（　　）、（　　）、（　　）。

2. 通过键盘输入命令后，都应按（　　）键或（　　）键，系统才会接受此命令。

3. （　　）命令用于取消绘图中的错误操作。

4. 可以利用（　　）、（　　）等方式来重复执行上一个命令。

5. 如何在窗口中新添加工具栏？

6. 如何在工具栏中新添加命令按钮？

7. 新建文件的方法有哪几种？

8. 保存文件时，如何添加密码？

2 绘制与编辑二维图形对象

机械类的零件图通常包括以下内容。（1）一组视图：表达零件的结构形状和位置。（2）尺寸：确定各部分的大小和位置。（3）技术要求：加工、检验达到的技术指标。（4）标题栏：对零件名称、数量、材料等进行说明。如图 2-1 所示为一个泵盖零件图，包含了以上的内容。

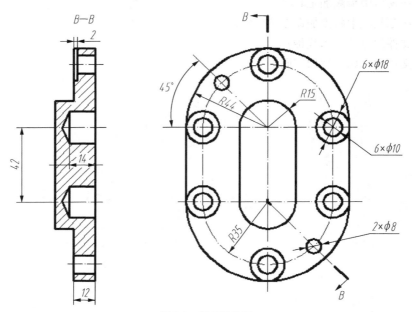

图 2-1 泵盖零件图

制作零件图时需要先绘制图形。要绘制泵盖的零件图，需要用到 AutoCAD 的许多绘图和编辑功能。AutoCAD 的二维绘图编辑功能强大，本章将按照通常的绘图习惯，学习常用的绘图及编辑命令，并通过绘制大量的图形实例巩固和复习所学内容。

2.1 绘制二维图形对象

任何复杂的图形都可以分解成简单的点、线、面等基本图形。使用"绘图"工具栏中的命令，可以方便地绘制出点、直线、圆弧、多边形、椭圆等简单的二维图形。二维图形的形状简单，创建容易，下面就介绍一下二维绘图的一般方法。

2.1.1 绘图方法

AutoCAD 2012 提供了多种方法来实现相同的功能。通常可以使用"绘图"菜单、"绘图"工具栏、和绘图命令三种方法来绘制基本图形对象。

1．绘图菜单

"绘图"菜单是绘制图形最基本、最常用的方法，其中包括了 AutoCAD 2012 的大部分绘图命令，如图 2-2 所示。选择该菜单中的命令或子命令，可绘制出相应的二维图形。

2．绘图工具栏

"绘图"工具栏中的每个工具按钮都与"绘图"菜单中的绘图命令相对应，是图形化的绘图命令，如图 2-3 所示。

3．绘图命令

使用绘图命令也可以绘制图形，在命令提示行中输入绘图命令，按 Enter 键，并根据命令行的提示信息进行绘图操作。这种方法快捷、准确性高，但要求掌握绘图命令及其选择项的具体用法。

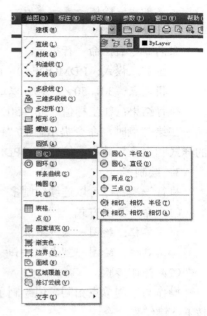

图 2-2 绘图菜单栏

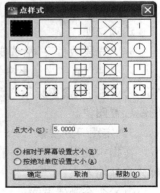

图 2-3 绘图工具栏

2.1.2 绘制点

可以通过"单点"、"多点"、"定数等分"和"定距等分"4 种方法创建点对象。

1．设置点的样式

（1）命令激活方式

命令行：DDPTYPE↙

菜单栏：格式→点样式

（2）操作步骤

激活命令后，屏幕弹出如图 2-4 所示的"点样式"对话框。从中可以对点样式和点大小进行设置。默认情况下，是小圆点样式。

在"点大小"文本框中，如果选择"按绝对单位设置大小"选项，则其值表示的是当前状态下点的绝对大小；如果选择了"相对于屏幕设置大小"选项，则其值代表的是当前状态下点的尺寸相对于绘图窗口高度的百分比。

图 2-4 "点样式"对话框

2．绘制单点

执行一次命令只能绘制一个点。

（1）命令激活方式

命令行：POINT（或 PO）↙

菜单栏：绘图→点→单点

（2）操作步骤

激活命令后，命令行提示：

　　当前点模式：PDMODE=0　PDSIZE=5.0000

　　指定点：30，50↙（也可以通过鼠标指定）

执行结果：在坐标值（30，50）处绘制了一个点，此时命令行将回到 Command 命令状态。

在绘制点时，命令提示行的"PDMODE"和"PDSIZE"两个系统变量显示了当前状态下点的样式和大小。其中系统变量"PDSIZE"的值与图 2-16 中点的绝对大小一致。

3．绘制多点

执行一次命令可以连续绘制多个点。

（1）命令激活方式

　　菜单栏：绘图→点→多点

　　工具栏：绘图→"点"按钮

（2）操作步骤

操作与绘制单点相同，但绘制了一个点后命令行状态保持不变，可以继续绘制多个点，直到按 Esc 键结束命令。

4．绘制"定数等分"点

在指定的对象上按照指定数目绘制等分点或者在等分点处插入块。

（1）命令激活方式

　　命令行：DIVIDE（或 DIV）↙

　　菜单栏：绘图→点→定数等分

（2）操作步骤

激活命令后，命令行提示：

　　选择要定数等分的对象：（选择图 2-5（a）的多段线）

　　输入线段数目或 [块（B）]：（可输入从 2 到 32767 的值或输入选项）5↙

　　执行结果：将所选直线分为 5 等分，如图 2-5（b）。

选项说明：

● "线段数目"：沿选定对象等间距放置点对象。

● "块（B）"：如果在等分点上放置图块，输入"B↙"（块的概念参见第六章内容），将沿选定对象等间距放置图块。

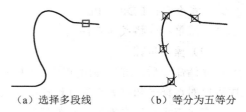

（a）选择多段线　　（b）等分为五等分

图 2-5　用点定数等分对象

5．定距等分对象

在指定的对象上按照指定长度绘制等分点或者在等分点处插入块。

（1）命令激活方式

　　命令行：MEASURE（或 ME）↙

　　菜单栏：绘图→点→定距等分

（2）操作步骤

激活命令后，命令行提示：

选择要定距等分的对象：（选择图 2-6（a）的多段线）

指定线段长度或 [块（B）]:（输入线段长度数值）

执行结果如图 2-6（b）所示。

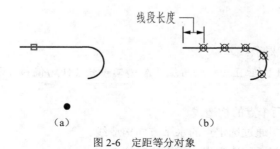

图 2-6   定距等分对象

如果对象总长不能被所选长度整除，则选择要定距等分对象时距离较远的一段小于所选长度，如图 2-6 所示。

2.1.3 绘制直线、射线和构造线

1．绘制直线段

绘制两点确定的直线段。

（1）命令激活方式

    命令行：LINE（或 L）↙

    菜单栏：绘图→直线

    工具栏：绘图→📐

（2）操作步骤

激活命令后，命令行提示：

    line 指定第一点：（指定第一点）↙

    指定下一点或[放弃（U）]:（指定下一点）↙

    指定下一点或[闭合（C）/放弃（U）]:（指定下一点或输入选项）↙

直到输入终止命令。

执行结果：可连续指定任意多个点，绘制连续的直线段。若输入选项"C"，则下一点自动回到起始点，形成封闭图形；若输入选项"U"，则取消上一步操作。

2．绘制射线

绘制一端固定，另一端无限延伸的直线。射线主要用作辅助线。

（1）命令激活方式

    命令行：RAY↙

    菜单栏：绘图→射线

（2）操作步骤

激活命令后，指定射线的起点和通过点即可绘制一条射线。在指定射线的起点后，可指定多个通过点，绘制以起点为端点的多条射线，直到按 Esc 键或 Enter 键退出为止。

3．绘制构造线

绘制经过两个点的无限延伸的直线。构造线主要用作辅助线。

（1）命令激活方式

　　命令行：XLINE（或 XL）↙

　　菜单栏：绘图→构造线

　　工具栏：绘图→

（2）操作步骤

激活命令后，命令行提示：

　　指定点或[水平（H）/垂直（V）/角度（A）/二等分（B）/偏移（O）]:

各选项意义如下：

- "点"：绘制通过两个点的构造线。
- "水平（H）"：绘制通过选定点的水平方向构造线。
- "垂直（V）"：绘制通过选定点的垂直方向构造线。
- "角度（A）"：绘制和水平方向成一定角度的构造线。
- "二等分（B）"：绘制一个角的角平分线。
- "偏移（O）"：绘制平行于另一个直线对象的构造线。

2.1.4　绘制矩形、正多边形

1．绘制矩形

可绘制带有倒角、圆角、厚度及宽度等多种矩形，如图 2-7 所示。

（a）指定两个角点　　　（b）倒角　　　（c）圆角　　　（d）厚度　　　（e）宽度

图 2-7　绘制各种矩形

（1）命令激活方式

　　命令行：RECTANGLE（或 REC）↙

　　菜单栏：绘图→矩形

　　工具栏：绘图→ ▱

（2）操作步骤

激活命令后，命令行提示：

　　指定第一个角点或[倒角（C）/标高（E）/圆角（F）/厚度（T）/宽度（W）]:（输入第一角点）↙

　　　指定另一个角点或[面积（A）/尺寸（D）/旋转（R）]:

　　默认情况下，指定两个点决定矩形对角点的位置，矩形的边平行于当前坐标系的 x 和 y 轴，如图 2-7（a）所示。命令提示中其他选项的功能如下。

- "倒角（C）"：绘制一个带倒角的矩形，此时需要指定矩形的两个倒角距离，如图 2-7（b）所示。
- "标高（E）"：指定矩形所在的平面高度。默认情况下，矩形在 xy 平面内。该选项一般用于三维绘图。

- "圆角（F）"：绘制一个带圆角的矩形，此时需要指定矩形的圆角半径，如图 2-7（c）所示。
- "厚度（T）"：按已设定的厚度绘制矩形，该选项一般用于三维绘图，如图 2-7（d）所示。
- "宽度（W）"：指定矩形的线宽，按设定的线宽绘制矩形，如图 2-7（e）所示。
- "面积（A）"：通过指定矩形的面积和长度（或宽度）绘制矩形。
- "尺寸（D）"：通过指定矩形的长度、宽度和矩形另一角点的方向绘制矩形。
- "旋转（R）"：通过指定旋转的角度和拾取两个参考点绘制矩形。

2．绘制正多边形

在已知内切圆半径、外接圆半径或边长的情况下绘制正多边形。

（1）命令激活方式

命令行：POLYGON（或 POL）✓

菜单栏：绘图→正多边形

工具栏：绘图→

（2）操作步骤

激活命令后，命令行提示：

输入边的数目<当前值>：（输入一个 3 到 1024 之间的数值）✓

指定正多边形的中心点或[边（E）]：

默认情况下，定义正多边形中心点后，可以使用正多边形的外接圆或内切圆来绘制正多边形，此时均需要指定圆的半径。使用内接于圆要指定外接圆的半径，正多边形的所有顶点都在圆周上。使用外切于圆要指定正多边形中心点到各边中点的距离。如图 2-8 所示。

 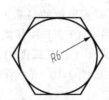 

（a）内接于圆　　　　（b）外切于圆　　　　（c）边

图 2-8　绘制"正多边形"

如果在命令行的提示下选择"边（E）"选项，可以以指定的两个点作为正多边形一条边的两个端点来绘制多边形。

2.1.5　绘制圆、圆弧、椭圆和椭圆弧

1．绘制圆

（1）命令激活方式

命令行：CIRCLE（或 C）✓

菜单栏：绘图→圆

工具栏：绘图→

（2）操作步骤

激活命令后，命令行提示：

指定圆的圆心或[三点（3P）/两点（2P）/相切、相切、半径（T）]：

各选项的功能如下：

- "圆的圆心"：指定圆心和直径（或半径）绘制圆。
- "三点（3P）"：指定圆周上的三点绘制圆。
- "两点（2P）"：指定圆直径上的两个端点绘制圆。
- "相切、相切、半径（T）"：指定两个与圆相切的对象和圆的半径绘制圆，相切对象可以是圆、圆弧或直线。使用该选项时应注意，系统总是在距拾取点最近的部位绘制相切的圆，因此，拾取相切对象时，拾取的位置不同，得到的结果可能也不相同，如图 2-9 所示。

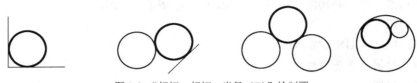

图 2-9 "相切、相切、半径（T）"绘制圆

2．绘制圆弧

（1）命令激活方式

　　命令行：ARC（或 A）↵

　　菜单栏：绘图→圆弧

　　工具栏：绘图→　

（2）操作步骤

激活命令后，命令行提示：

　　指定圆弧的起点或[圆心（C）]：（指定圆弧的起点）↵

　　指定圆弧的第二点或[圆心（C）/端点（E）]：（指定圆弧的第二点）↵

　　指定圆弧的端点：（指定圆弧的端点）：（指定圆弧的第三点）↵

系统默认的是指定 3 个点绘制圆弧，如图 2-10（a）所示。

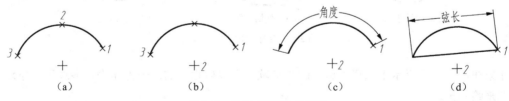

(a)　　　　　　(b)　　　　　　(c)　　　　　　(d)

图 2-10 绘制"圆弧"的情况

若不指定圆弧的第一点，而通过指定圆弧的圆心绘制圆弧，激活命令后，命令行提示：

　　指定圆弧的起点或[圆心（C）]：C↵

　　指定圆弧的圆心：（指定圆弧的圆心）↵

　　指定圆弧的起点：（指定圆弧的起点）↵

　　指定圆弧的端点或 [角度（A）/弦长（L）]：

各选项的功能如下。

- "圆弧的端点"：使用圆心 2，从起点 1 向端点 3 逆时针绘制圆弧，如图 2-10（b）所示。其中的端点将落在圆心到结束点的一条假想辐射线上。
- "角度（A）"：使用圆心 2，从起点 1 按指定包含角逆时针绘制圆弧，如图 2-10（c）所示。

如果弧度为负，将顺时针绘制圆弧。

● "弦长（L）"：指定一个长度值。如果弦长为正，AutoCAD 将使用圆心和弦长计算端点角度，并从起点起逆时针绘制一条劣弧，如图 2-10（d）所示。如果弦长为负，将逆时针绘制一条优弧。

3．绘制椭圆和椭圆弧

（1）命令激活方式：

命令行：ELLIPSE（或 EL）✓

菜单栏：绘图→椭圆

工具栏：绘图→ ⬭ 或 ⬭

AutoCAD 提供了以椭圆（弧）轴的端点、中心点绘制椭圆（弧）的多种方法。

（2）通过指定椭圆的端点绘制椭圆

激活命令后，命令行提示：

指定椭圆轴的端点或[圆弧（A）/中心点（C）]：（指定椭圆轴的端点）✓

指定轴的另一个端点：（指定椭圆轴的另一个端点）✓

指定另一条半轴长度或[旋转（R）]：

各选项的功能如下：

● "另一条半轴长度"：用来定义第二条轴的半径，即从椭圆弧中心点（即第一条轴的中点）到指定点的距离。

● "旋转（R）"：通过绕第一条轴旋转定义椭圆的长轴短轴比例。该值越大，短轴对长轴的缩短就越大。输入 0 则定义了一个圆。

（3）通过指定椭圆的中心点绘制椭圆

激活命令后，命令行提示：

指定椭圆轴的端点或[圆弧（A）/中心点（C）]：C✓

指定椭圆的中心点：（指定椭圆的中心点）✓

指定轴的端点：（指定一个轴的端点）✓

指定另一条半轴长度或 [旋转（R）]：

绘图的椭圆如图 2-11（a）所示。

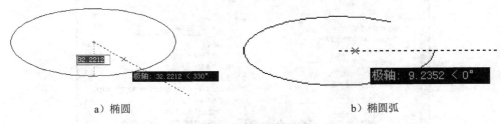

a）椭圆   b）椭圆弧

图 2-11 椭圆和椭圆弧

两个选项的功能同上。

（4）绘制椭圆弧

激活命令后，命令行提示：

指定椭圆轴的端点或[圆弧（A）/中心点（C）]：A✓（或工具栏：绘图→⬭）

指定椭圆弧的轴端点或 [中心点（C）]:

各选项的功能以及操作步骤与绘制椭圆相同，只是增加了以下命令：

指定起始角度或 [参数（P）]:（输入一个角度值）✓

指定终止角度或 [参数（P）/包含角度（I）]:

各选项的功能如下：

- "终止角度"：指定椭圆弧的终止角度。
- "包含角度（I）"：指定椭圆弧的起始角与终止角之间所夹的角度。
- "参数（P）"：指定椭圆弧的终止参数。AutoCAD 使用以下矢量参数方程式创建椭圆弧：

$$P(u) = c + a*\cos(u) + b*\sin(u)$$

其中："c"是椭圆的中心点，"a"和"b"分别是椭圆的半长轴和半短轴。

2.2　编辑二维图形对象

在绘制工程图样时，经常需要用到对象选择、夹点编辑、复制、删除、修剪、图形显示等图形的编辑功能来提高绘图的效率。

2.2.1　选择对象

在对图形进行编辑操作时，首先要选择被编辑的对象。被选择的对象以虚线的方式显示。

1．设置选择集模式

选择菜单"工具→选项"命令，打开如图 2-12 所示的"选项"对话框。单击"选择集"按钮，在"选择集"选项中设置"选项"的模式。

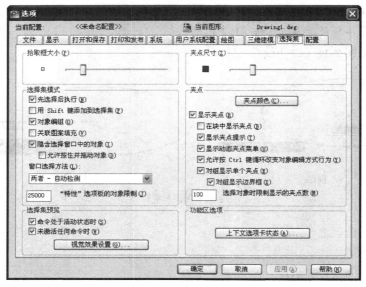

图 2-12　"选项"对话框

- 先选择后执行：允许在启动命令之前选择对象。即可以先选择对象，再选择相应的命令。
- 用 Shift 键添加至选择集：按 Shift 键并选择对象时，可以向选择集中添加对象或从选择集中删除对象。要快速清除选择集，可在图形的空白区域绘制一个选择窗口。
- 允许按住并拖动对象：通过选择一点然后将鼠标拖动至第二点来绘制选择窗口。如果未选择此选项，则可以用鼠标选择两个单独的点来绘制选择窗口。
- 隐含选择窗口中的对象：默认情况下，该复选框被选中，表示可利用窗口选择对象。从左向右绘制选择窗口时，将选择完全处于窗口边界内的对象；从右向左绘制选择窗口时，将选择处于窗口边界内和与边界相交的对象。
- 对象编组：该设置决定对象是否可以成组。默认情况下该复选框选中，表示选择编组中的一个对象就选择了编组中的所有对象。
- 关联图案填充：该设置决定当选择一关联填充时，原对象（即填充边界）是否也被选定。

2．常用的两种选择方法

AutoCAD 2012 选择对象的方式有多种，最常用的是下面两种方法。

（1）单选法

直接用鼠标单击图形对象，被选中的图形变成虚线，并出现几个蓝色的矩形框表示其关键点。可以连续选择多个图形对象进行编辑。

对于误选的对象，可按住 Shift 键同时再次用鼠标单击该对象，将其从当前选择集中排除。

（2）框选法

用鼠标单击矩形框的两个对角点，则在矩形框中的对象被选中。根据选择点的顺序的不同，形成不同的选择方式。若先选择矩形框的左角点，拖出的矩形框为实线，称为窗口方式，此时只有当图形对象完全处于矩形框内才能被选中，如图 2-13（a）所示。若先选择右边角点，拖出的矩形框为虚线，称为交叉方式，此时只要图形对象有一部分在矩形框内即被选中，如图 2-13（b）所示。

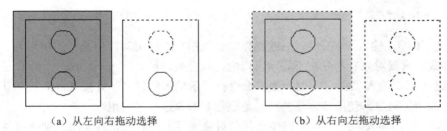

（a）从左向右拖动选择　　　　　　（b）从右向左拖动选择

图 2-13 框选法选择对象

3．其他选择对象的方法

（1）命令激活方式

命令行：SELECT✓

（2）操作步骤

此时，命令行将显示"选择对象"提示，并且十字光标将被替换为拾取框。此时可以用上述单选法和框选法选择。当输入"?✓"时，命令行将显示所有选择方法：

需要点或窗口（W）/上一个（L）/窗交（C）/框（BOX）/全部（ALL）/栏选（F）/圈围（WP）/圈交（CP）/编组（G）/添加（A）/删除（R）/多个（M）/前一个（P）/放弃（U）/自动

（AU）/单个（SI）/子对象/对象

- 窗口（W）：输入"W↙"，任意指定一个矩形窗口，则只有完全在该窗口中的对象才会被选择。
- 上一个（L）：输入"L↙"，则选取最后一次创建的可见对象。但对象必须在当前的模型空间或图纸空间中，并且该对象所在图层不能处于"冻结"或"关闭"状态。
- 窗交（C）：输入"C↙"，然后任意指定一个矩形窗口，则只要选择对象有部分在该窗口中，该对象就会被选择。
- 框（BOX）：输入"BOX↙"，则从左向右拉选择框，只有完全在该选择框中的对象才会被选择；从右向左拉选择框，只要对象有部分在该窗口中，该对象就会被选择。这种方法与前面提到的默认的框选法类似，不同的是当指定的选择框的第一个角点正好压在某个对象上时，这种方法不会直接选择该对象，而会继续执行，要求指定对角点。
- 全部（ALL）：输入"ALL↙"，即可选择解冻的图层上的所有对象。
- 栏选（F）：输入"F↙"，然后指定各点，则所有与栏选点连线相交的对象均会被选取，如图 2-14 所示。栏选可以不闭合，并且可以与自己相交。
- 圈围（WP）：输入"WP↙"，然后指定不规则窗口的各顶点，最后按 Enter 键或单击鼠标右键确认，如果给定的多边形不封闭，系统将自动使其封闭。窗口显示为实线，完全在多边形窗口中的对象将会被选取，如图 2-15 所示。

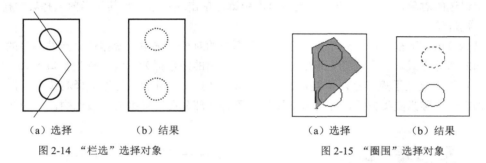

<table>
<tr><td>（a）选择</td><td>（b）结果</td><td>（a）选择</td><td>（b）结果</td></tr>
<tr><td colspan="2">图 2-14　"栏选"选择对象</td><td colspan="2">图 2-15　"圈围"选择对象</td></tr>
</table>

- 圈交（CP）：输入"CP↙"，后续操作与"圈围"方法类似，但执行的结果为，不规则窗口显示为虚线，只要对象有部分在不规则窗口内，就会被选取。
- 编组（G）：输入"G↙"，然后根据命令行提示输入编组名，并按 Enter 键确认，则会选择指定组中的全部对象。使用该方法的前提是已经对对象进行了编组。
- 添加（A）：输入"A↙"，可以使用任何对象选择方法将选定对象添加到选择集。
- 删除（R）：输入"R↙"，可以使用任何对象选择方法从当前选择集中删除对象。
- 多个（M）：输入"M↙"，则指定多次选择而不虚线显示对象，从而加快对复杂对象的选择过程。
- 前一个（P）：输入"P↙"，则选取最近创建的选择集。
- 放弃（U）：输入"U↙"，则放弃选择最近添加到选择集中的对象。
- 自动（AU）：输入"AU↙"，则切换到自动选择，指向一个对象即可选择该对象。指向对象内部或外部的空白区，将形成框选方法定义的选择框的第一个角点。
- 单个（SI）：输入"SI↙"，则切换到单选模式，选择指定的第一个或第一组对象而不继续提示进一步选择。

2.2.2 编辑对象的方法

在 AutoCAD 中，用户可以使用夹点对图形进行简单编辑，或综合使用"修改"菜单和"修改"工具栏中的多种编辑命令对图形进行编辑。

1. 夹点

选择对象时，在对象上将显示出若干个小方框，这些小方框用来标记被选中对象的夹点，夹点就是对象上的控制点，如图 2-16 所示。

默认情况下，夹点始终是打开的。可以通过"选项"对话框的"选择"选项卡设置夹点的显示和大小。对于不同的对象，用来控制夹点的位置和数量也不相同，通过拖动夹点可以对图形进行简单编辑。

2. "修改"菜单

"修改"菜单用于编辑图形，创建复杂的图形对象，如图 2-17 所示。"修改"菜单中包含了 AutoCAD 2012 的大部分图形修改命令，通过选择该菜单中的命令或子命令，可以完成对图形的编辑修改操作。

3. "修改"工具栏

"修改"工具栏的每个工具按钮都与"修改"菜单中相应的绘图命令相对应，单击即可执行相应的修改操作，如图 2-18 所示。

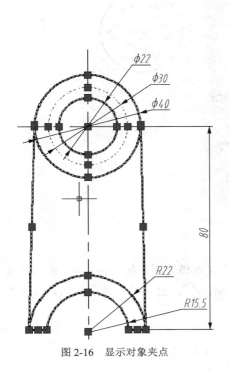

图 2-16 显示对象夹点

图 2-17 "修改"菜单

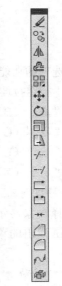

图 2-18 "修改"工具栏

2.2.3 使用夹点编辑对象

夹点编辑是先选取对象，再进行编辑，其夹点功能将几个常用修改命令集合在一起，使用户能更方便地修改对象。

在不执行命令时，直接选择对象，在对象上某些部位会出现实心小方框（默认显示颜色为蓝色），这些实心小方框就是夹点。夹点是对象上的控制点，可以利用夹点来编辑图形对象，快速实现对象的拉伸、移动、旋转、缩放及镜像操作。使用夹点模式编辑对象，必须在不执行任何命令的情况下，选择要编辑的对象。默认情况下，选择后以"蓝色"显示对象的夹点。单击该夹点（或同时按下 Shift 键选择多个夹点），夹点显示为"红色"（默认情况），此时可编辑该对象。下面分别介绍夹点模式中的各种编辑方法。

1. 拉伸对象

选择对象以显示夹点，单击选取一个夹点作为基夹点，将激活默认的"拉伸"夹点模式，命令行提示：

　　** 拉伸 **

　　指定拉伸点或[基点（B）/复制（C）/放弃（U）/退出（X）]:

此时可输入点坐标或拾取一个点作为基夹点拉伸后的位置，即可完成拉伸操作。

如图 2-19 所示，图中的垂直中心线向上需要拉伸至右图长度。单击该直线显示三个蓝色夹点，再单击蓝色夹点，使其变为红色，然后向上移动光标至合适位置，单击鼠标左键完成操作。

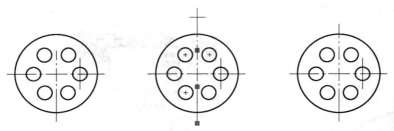

图 2-19　利用夹点功能拉伸对象

各选项的功能如下。

- "指定拉伸点"：默认选项，提示用户输入拉伸的目标点。
- "基点（B）"：提示用户输入一点作为拉伸的基点。
- "复制（C）"：在拉伸实体的同时，可以复制实体。
- "放弃（U）"：取消上一次的操作。
- "退出（X）"：退出当前的操作。

2. 移动对象

选择对象显示夹点并选择一个夹点进入默认"拉伸"夹点模式后，按 Enter 键、或在单击鼠标右键弹出的菜单中选择"移动"、或在命令行输入"MO↙"，进入"移动"模式，命令行将提示：

　　** 移动 **

　　指定移动点或[基点（B）/复制（C）/放弃（U）/退出（X）]:

其操作方法与编辑命令"移动"完全相同。

如图 2-20 所示，要将图中的圆移动到四边形对称中心线的交点处，其操作步骤为：单击该圆形将显示四个蓝色夹点，如图 2-21 所示；再单击圆周圆心夹点，使其变为红色，如图 2-22 所示；直接按 Enter 键（或单击鼠标右键弹出快捷菜单，在快捷菜单中选择"移动"选项），进入移动方式，如图 2-23 所示。此时，在命令行上提示"指定移动点或[基点（B）/复制（C）/放弃（U）/退出（X）]:"时，拾取四边形对称中心线交点，即完成操作。

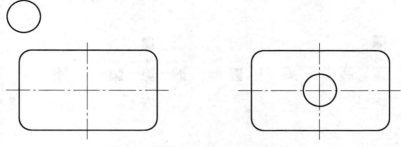

图 2-20　利用夹点功能移动图中的圆形

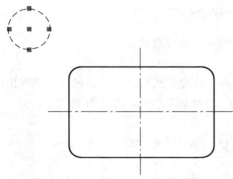

图 2-21　圆形显示四个蓝色夹点

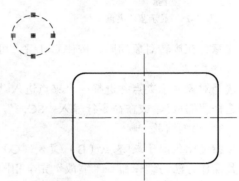

图 2-22　将一处夹点变为红色

该例中，如果将圆心处夹点变为红色可直接进行移动。

注意：在移动对象的同时按住 Ctrl 键，可在移动时复制选择对象。

3．旋转对象

选择对象显示夹点并选择一个夹点进入默认"拉伸"夹点模式后，在单击鼠标右键弹出的菜单中选择"旋转"、或在命令行输入"RO✓"，进入"旋转"模式，命令行将提示：

** 旋转 **

指定旋转角度或[基点（B）/复制（C）/放弃（U）/参照（R）/退出（X）]:

其操作方法与编辑命令"旋转"完全相同。

如图 2-24 所示，利用旋转夹点编辑功能，将（a）图中的图形以圆心为参

图 2-23　快捷菜单

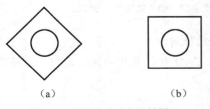

（a）　　　　　　（b）

图 2-24　利用夹点功能旋转图形

考点，旋转 45°，效果如（b）图所示。其操作步骤为：选择如图 2-25 所示图形，显示蓝色夹点，再单击任一夹点，使其变为红色，如图 2-26 所示；单击鼠标右键弹出快捷菜单，在快捷菜单中选择"旋转"选项，进入夹点编辑功能的旋转方式，如图 2-27 所示。此时，在命令行上提示"指定旋转角度或 [基点（B）/复制（C）/放弃（U）/参照（R）/退出（X）]:"时，在命令行输入"B"，按 Enter 键。命令行上接着提示"指定旋转角度或 [基点（B）/复制（C）/放弃（U）/退出（X）]:"时，

在命令行输入 45，即完成操作。

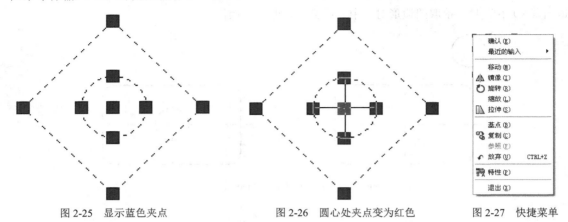

图 2-25　显示蓝色夹点　　　　图 2-26　圆心处夹点变为红色　　　　图 2-27　快捷菜单

注意：在旋转对象的同时按住 Ctrl 键，可在旋转时复制选择对象。

4．缩放对象

选择对象显示夹点并选择一个夹点进入默认"拉伸"夹点模式后，在单击鼠标右键弹出的菜单中选择"缩放"、或在命令行输入"SC↙"，即可进入"缩放"模式，命令行将提示：

　　＊＊　比例缩放　＊＊

　　指定比例因子或[基点（B）/复制（C）/放弃（U）/参照（R）/退出（X）]：

其操作方法与编辑命令"缩放"完全相同。

如图 2-28 所示，利用夹点编辑功能，将（a）图中的图形以圆心为参考点，放大两倍，效果如（b）图所示。其操作步骤为：选择图形，显示蓝色夹点，再单击圆心处夹点，使其变为红色，如图 2-29 所示；单击鼠标右键弹出快捷菜单，在快捷菜单中选择"缩放"选项，进入夹点编辑功能的缩放方式。此时，在命令行上提示"指定比例因子或[基点（B）/复制（C）/放弃（U）/参照（R）/退出（X）]："，在命令行输入 2，即完成操作。

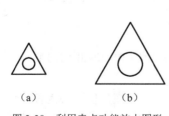

（a）　　　　　（b）

图 2-28　利用夹点功能放大图形

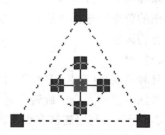

图 2-29　圆心处夹点变为红色

注意：在缩放对象的同时按住 Ctrl 键，可在缩放时复制选择对象。

从以上可见，夹点编辑可以减少重复选择命令，在 AutoCAD 中经常用它来做定位、标注以及移动、复制等复杂操作，从而提高工作效率。

2.2.4　修改工具

绘图过程中，使用复制、镜像、偏移、阵列等各种修改工具。

1．删除对象

删除指定的图形。

（1）方法一：

命令激活方式有：

　　命令行：ERASE（或 E）↙

　　菜单栏：修改→删除

　　工具栏：修改→"删除"按扭✐

激活命令后，选择对象，然后按 Enter 键（或空格键）或鼠标右键确认，即可删除对象。

（2）方法二：

如果在图 2-12 所示的"选项"对话框中已勾选"先选择后执行"模式（默认模式），在系统未执行其他命令的时候，直接选中要删除的对象，单击绘图工具栏中的"删除"按钮✐，或直接按键盘 Delete 键，即可完成删除。

2．恢复误操作

（1）恢复误删除操作

命令行输入"OOPS"，可以恢复最后一次用"删除"命令删除的对象。

（2）放弃其他误操作

命令激活方式有：

　　工具栏：标准→"放弃"按钮↶·

　　命令行：UNDO（或 U）↙

　　菜单栏：编辑→放弃

命令激活后，均可放弃前面的误操作。

在"标准"工具栏"放弃"按钮↶·的右边有一个黑色小三角形，如图 2-30 所示，单击它可选择放弃命令的数目。

3．重做

可恢复用"放弃"命令放弃的结果。

命令激活方式有：

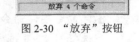

图 2-30 "放弃"按钮

　　工具栏：标准→"重做"按钮↷·

　　命令行：MREDO↙

同样地，在"标准"工具栏重做按钮↷·的右边有一个黑色小三角形，单击它可选择重做命令的数目。

4．复制

（1）命令激活方式

　　命令行：COPY（或 CO）↙

　　菜单栏：修改→复制

　　工具栏：修改→🗏

（2）操作步骤

激活命令后，命令行提示：

　　选择对象：（选取图 2-31（a）要复制的圆及中心线）↙

　　当前设置：复制模式 = 多个

指定基点或 [位移（D）/模式（O）] <位移>:（选取圆心作为基准点）

指定第二个点或<使用第一个点作为位移>：60，0✓

执行结果如图 2-31（b）所示。

当系统提示"指定第二点"时，也可以通过移动光标来确定第二点。

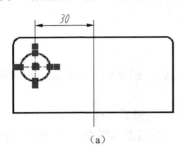 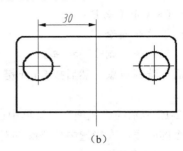

（a）　　　　　　　　　　　　　　　　　（b）

图 2-31　复制对象

复制对象也可以通过快捷菜单实现：选择要复制的对象，在绘图区域中单击鼠标右键。单击"复制"，再通过快捷菜单进行"粘贴"即可。

命令行中其他选项的功能如下。

- 位移（D）：使用坐标指定相对距离和方向。
- 模式（O）：控制是否自动重复该命令。该设置由 COPYMODE 系统变量控制，当 COPYMODE 变量为 0 时，可多次重复复制图形；当 COPYMODE 变量为 1 时，只能复制一次。

5．镜像对象

使对象相对于镜像线进行镜像复制，便于绘制对称图形。

（1）命令激活方式

命令行：MIRROR（或 MI）✓

菜单栏：修改→缩放

工具栏：修改→⧉

（2）操作步骤

激活命令后，命令行提示：

选择对象：（选定图 2-32（a）需要镜像的对象）✓

指定镜像线的第一点：（捕捉轴线上 P1 点）

指定镜像线的第二点：（捕捉轴线上 P2 点）

要删除源对象吗？[是（Y）/否（N)]<N>: ✓

执行结果如图 2-32（b）所示。

需要注意以下几点。

- 镜像线由输入的两个点确定，但镜像线不一定要真实存在。

- 镜像文字时，系统变量"MIRRTEXT"可以控制文字对象的镜像方向。当"MIRRTEXT"的值为"0"时，文字只是位置发生镜像，顺序不发生镜像，

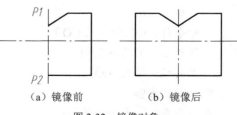

（a）镜像前　　　　（b）镜像后

图 2-32　镜像对象

文本仍可读，如图 2-33（a）所示；当"MIRRTEXT"的值为"1"时，文字完全镜像，变得不可

读，如图 2-33（b）所示。

6．偏移对象

用于创建同心圆、平行线或等距曲线。

（1）命令激活方式

　　命令行：OFFSET（或 O）↙

　　菜单栏：修改→偏移

　　工具栏：修改→

（2）操作步骤

激活命令后，命令行提示：

　　指定偏移距离或 [通过（T）/删除（E）/图层（L）] <通过>：20

　　选择要偏移的对象，或 [退出（E）/放弃（U）] <退出>：（选择图 2-34（a）中的多段线）

　　指定要偏移的那一侧上的点，或 [退出（E）/多个（M）/放弃（U）] <退出>：（单击多段线右侧）

执行结果如图 2-34（b）所示。

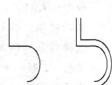

(a) 偏移前　(b) 偏移后

图 2-34　偏移对象

为了使用方便，偏移命令可重复偏移多个对象。要退出该命令，可按 Enter 键。

各选项功能如下。

- "偏移距离"：生成对象距离偏移源对象的距离。
- "通过（T）"：偏移对象通过选定点。
- "删除（E）"：确定是否删除源对象。
- "图层（L）"：确定将偏移对象创建在当前图层上，还是源对象所在的图层上。
- "多个（M）"：使用当前偏移距离将对象偏移多次。
- "退出（E）"：退出偏移命令。
- "放弃（U）："恢复前一个偏移。

7．阵列

用于绘制呈矩形、环形或沿路径规律分布的相同结构。阵列有矩形阵列、环形阵列和路径阵列 3 种方式。

命令激活方式

　　命令行：ARRAY（或 AR）↙

　　菜单栏：修改→阵列

　　工具栏：修改→

调用 ARRAY 命令时，命令行会出现相关提示，提示用户设置阵列类型和相关参数。

　　命令：ARRAY　　　　　　　　//调用阵列命令

　　选择对象：　　　　　　　　//选择阵列对象并回车

　　选择对象：输入阵列类型[矩形(R)/路径(PA)/极轴(PO)]<矩形>：　　//选择阵列类型

（1）矩形阵列

在 ARRAY 命令提示行中选择"矩形（R）选项、单击矩形阵列按钮或者直接输入 ARRAYRECT 命令，即可进行矩形阵列，如图 2-35 所示。

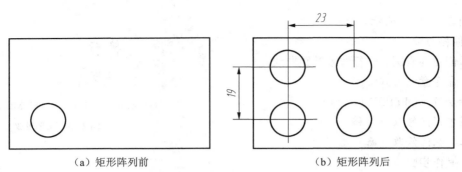

（a）矩形阵列前　　　　　　　　　　　　（b）矩形阵列后

图 2-35　矩形整列

操作步骤

激活命令后，命令行提示：

命令：ARRAY ↙

选择对象：找到 1 个

选择对象：输入阵列类型[矩形(R)/路径(PA)/极轴(PO)]<矩形>：R↙↙

类型=矩形　关联=是

为项目指定对角点或[基点(B)/角度(A)计数(C)) <计数>：C↙↙

输入行数或[表达式(E)[<4>:2 ↙

输入列数或[表达式(E)[<4>:3 ↙

指定对角点以间隔项目或 [间距(S)] <间距>：s↙

指定行之间的距离或 [表达式(E)] <18.9434>：19↙

指定列之间的距离或 [表达式(E)] <18.9434>：23↙

按 Enter 键接受或[关联(AS)|基点(B)|行(R)|列(C)/层(L)/退出(X)]<退出>：↙

完成以后的阵列效果图如图 2-35（b）所示。

（2）环形阵列

环形阵列是将图形对象以一个圆形进行阵列复制。

在 ARRAY 命令提示行中选择"极轴（PO）"选项、单击环形阵列按钮▦或者直接输入
ARRAYPOLAR 命令，即可进行环形阵列，如图 2-36 所示。

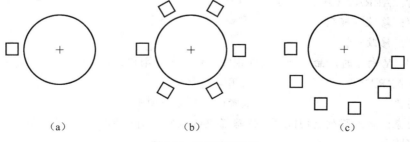

（a）　　　　　　　　　　（b）　　　　　　　　　　（c）

图 2-36　环形阵列样例

操作步骤

命令：ARRAYPOLAR

选择对象：找到 1 个

选择对象：输入阵列类型[矩形(R)/路径(PA)/极轴(PO)]<矩形>：PA

类型 = 极轴　关联 = 是

指定阵列的中心点或【基点（B）/旋转轴（A）】：用鼠标单击中间圆的圆心↙

输入项目数或【项目间角度（A）/表达式（E）】<4>：6↙

指定填充角度（+=逆时针、-=顺时针）或【表达式（EX）】<360>：↙

按 Enter 键接受或【关联（AS）/基点（B）/项目（I）/项目间角度（A）/填充角度（F）/行（ROW）/层（L）/旋转项目（ROT）/退出（X）】↙

完成环形阵列后，效果图如图 2-36（b）所示，如果填充角度是 180°，环形阵列效果图如图 2-36（c）所示。

（3）路径阵列

路径阵列方式沿路径或部分路径分布对象副本，在 ARRAY 命令提示行中选择"路径（PA）"选项、单击路径阵列按钮🏁或者直接输入 ARRAYPATH 命令，即可进行路径阵列，如图 2-37 所示。

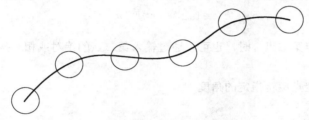

图 2-37　路径阵列

操作步骤

激活命令后，命令行提示：

命令：ARRAYPATH

选择对象：找到 1 个

选择对象：

类型 = 路径　关联 = 是

选择路径曲线：

输入沿路径的项数或【方向（O）/表达式（E）】<方向>：6↙

指定沿路径的项目之间的距离或【定数等分（D）/总距离（T）/表达式（E）】<沿路径平均定数等分（D）>：选择曲线右上角的端点↙

按 Enter 键接受或【关联（AS）/基点（B）/项目（I）/行（R）/层（L）/对齐项目（A）/方向（Z）/退出（X）】<退出>：↙

完成后的阵列效果如图 2-37 所示。

8. 移动

将选定的对象从一个位置移到另一位置。

（1）命令激活方式

命令行：MOVE（或 M）↙

菜单栏：修改→移动

工具栏：修改→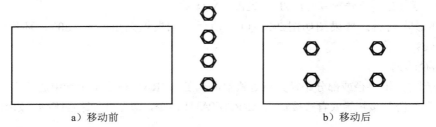

（2）操作步骤

激活命令后，命令行提示：

选择对象：（选取图 2-38（a）中要移动的圆和中心线）↙

指定基点或 [位移（D）] <位移>:（选取圆心作为基准点）

指定第二个点或<使用第一个点作为位移>:（移动光标到目标点，并单击鼠标左键确认）

结果如图 2-38（b）所示。

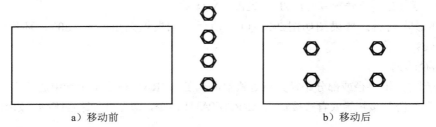

a）移动前　　　　　　　　　　　　　　b）移动后

图 2-38　移动对象

当系统提示"指定第二点"时，也可以通过输入第二点的绝对或相对坐标来确定第二点。

9．旋转对象

使对象绕某一指定点旋转指定的角度。

（1）命令激活方式

命令行：ROTATE（或 RO）↙

菜单栏：修改→旋转

工具栏：修改→

（2）操作步骤

激活命令后，命令行提示：

选择对象：（选定图 2-39（a）的图形对象）↙

指定基点：（选定圆心作为旋转中心）

指定旋转角度，或 [复制（C）/参照（R）]：60↙

执行结果如图 2-39（b）所示。

命令行其他选项功能如下。

（a）旋转前　　（b）旋转后

图 2-39　旋转对象

- "复制（C）"：旋转并复制源对象。

- "参照（R）"：将对象从指定的角度旋转到新的绝对角度，即选择对象旋转的角度为"新角度——参照角"。

10．缩放

使对象按指定比例进行缩放。该命令仅仅缩放所选择的对象，而不影响其他图形对象的比例，如图 2-40 所示。

（1）命令激活方式

命令行：SCALE（或 SC）↙

菜单栏：修改→缩放

工具栏: 修改→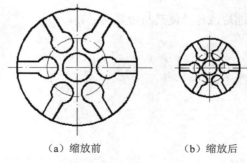

（a）缩放前　　　　　　　（b）缩放后

图 2-40　缩放对象

（2）操作步骤

激活命令后，命令行提示:

选择对象:（选定需要缩放的对象）↙

指定基点:（选定需要缩放图形的中心点）

指定比例因子或 [复制（C）/参照（R）]<默认值>:（输入比例值或输入选项）↙

命令行各选项功能如下。

- "复制（C)":创建要缩放的对象的副本，即进行缩放的同时保留源对象。
- "参照（R)":按参照长度和指定的新长度缩放对象。即缩放的比例因子为:新长度值——参

照长度值。

11．拉伸

拉伸对象可以重新定义对象各端点的位置，从而移动或拉伸（压缩）对象。

（1）命令激活方式

命令行: STRETCH（或 S）↙

菜单栏: 修改→拉伸

工具栏: 修改→

（2）操作步骤

激活命令后，命令行提示:

选择对象:（从右向左用窗口框选图 2-41（a）的小圆）↙

指定基点或 [位移（D）]<位移>:（选择小圆圆心 A）↙

指定第二个点或<使用第一个点作为位移（拖动小圆圆心到图 2-41（b）的 B 点）

执行结果如图 2-41 所示。

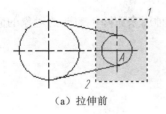
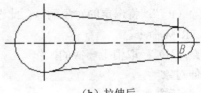

（a）拉伸前　　　　　　　　　　　　　（b）拉伸后

图 2-41　拉伸对象

还可通过命令行输入 *x*、*y*、*z* 值确定对象拉伸的位移量。

12．修剪与延伸

利用指定边界，使对象缩短或延长使其与边界相平齐。

（1）修剪对象

① 命令激活方式

命令行：TRIM（或 TR）↙

菜单栏：修改→修剪

工具栏：修改→ ✂

② 操作步骤

激活命令后，命令行提示：

选择剪切边…

选择对象或<全部选择>：（选定图 2-42（a）五角星各边作为修剪边界）↙

选择要修剪的对象，或按住 Shift 键选择要延伸的对象，或 [栏选（F）/窗交（C）/投影（P）/边（E）/删除（R）/放弃（U）]：（依次选择 *AB*、*BC*、*CD*、*DE*、*EA* 线）↙

修剪结果如图 2-42（b）所示。

命令行其他选项的功能如下。

● "栏选（F）"：依次指定各个栏选点，与栏选点连接线相交的对象将被修剪。

● "窗交（C）"：指定两个角点，矩形窗口内部或与之相交的对象将被修剪。

● "投影（P）"：指定修剪对象时使用的投影方法。主要用于三维空间绘图。

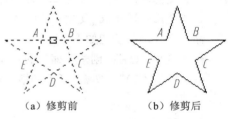

（a）修剪前　　　（b）修剪后

图 2-42　修剪对象

● "边（E）"：设定剪切边的隐含延伸模式。如果在此命令下选择"延伸"模式，即如果剪切边没有与被修剪的对象相交，系统会自动将剪切边延长（只是隐含延伸，剪切边的实际长度不变），然后进行修剪，如图 2-43 所示；如果选择"不延伸"模式，即如果剪切边没有与被修剪的对象相交，就不进行修剪，只有真正相交才进行修剪。

（a）修剪前　　　　　　　　　　　　（b）修剪后

图 2-43　修剪命令的延伸模式

● "删除（R）"：将选定的对象删除。此选项提供了一种用来删除不需要的对象的简便方式，而无须退出 TRIM 命令。

● "放弃（U）"：取消上一次的操作。

（2）延伸对象

① 命令激活方式

命令行：EXTEND（或 EX）↙

菜单栏：修改→延伸

工具栏：修改→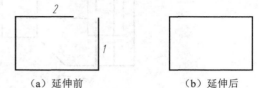

② 操作步骤

激活命令后，命令行提示：

选择对象或<全部选择>：（指定图2-44（a）中的线1作为延伸边界）↙

选择要延伸的对象，或按住"Shift"键选择要修剪的对象，或 [栏选（F）/窗交（C）/投影（P）/边（E）/删除（R）/放弃（U）]：（选定线2为要延伸的对象）↙

延伸结果如图2-44（b）所示。

13．打断与合并

（1）打断对象

打断对象可以删除两点之间的部分对象，也可以将对象在某点处打断，一分为二。

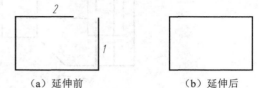

（a）延伸前　　　　　　　（b）延伸后

图2-44　延伸对象

① 命令激活方式

命令行：BREAK（或 BR）↙

菜单栏：修改→打断

工具栏：修改→ （打断）

② 操作步骤

激活命令后，命令行提示：

命令：_break 选择对象：（选择一个对象或点）↙

指定第二个打断点，或 [第一点（F）]：↙

此时，可选择不同的操作方法。

● 直接选取同一对象上的另一点作为第二个打断点，将删除位于两个打断点之间的那部分对象。对于圆、矩形等封闭对象，将沿逆时针方向把从第一个打断点到第二个打断点之间的圆弧或直线删除。

● 在命令行输入"@↙"，将使第二个打断点与第一个打断点重合，从而将对象一分为二，变为两个对象。

● 在命令行输入"F↙"，此时命令行将提示"指定第一个打断点"，用指定的新点替换原来的第一个打断点。

（2）打断于点

"打断于点"是"打断"的一种特殊情况，对象将从打断点处分为两个对象。

① 命令激活方式

工具栏：修改→ （打断于点）

② 操作步骤

激活命令后拾取打断对象，接着再选取打断点。对象将被从打断点处一分为二，变为两个对象。

【例2-1】　利用打断点将图2-45（a）所示的图形变成图2-45（b）所示的图形。

步骤1　单击【修改】工具栏上的"打断于点"按钮 ，命令行提示：

命令：_break 选择对象：（选择需打断对象，直线AB）↙

指定第二个打断点或 [第一点(F)]：_f↙

指定第一个打断点：（指定 A 点）↙

指定第二个打断点:（指定 B 点）↙

　　重复【打断于点】命令，将需要修改的直线一一打断。

步骤 2　更改线条的线型。

最终结果如图 2-45（b）所示。

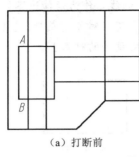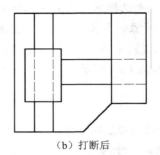

（a）打断前　　　　　　　　　　　（b）打断后

图 2-45　打断点

14．合并对象

合并对象是指将多个对象合成一个对象。

（1）命令激活方式

　　命令行：JOIN（或 J）↙

　　菜单栏：修改→合并

　　工具栏：修改→ ➤➤

（2）操作步骤

激活命令后，命令行提示：

　　选择源对象:（选择图 2-46（a）中图线 1）↙

　　选择要合并到源的直线:（选择图 2-46（a）中图线 2）↙

　　选择要合并到源的直线:（选择图 2-46（a）中图线 3）↙

　　已将 2 条直线合并到源

执行结果如图 2-46（b）所示，合并的直线必须共线。

利用此命令也可以将几段圆弧合并，但圆弧必须在一个圆上，如图 2-47 所示。

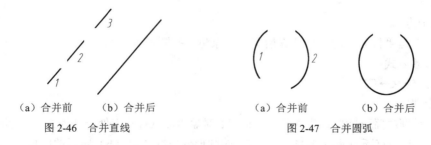

（a）合并前　　　（b）合并后　　　　　　　　（a）合并前　　　　（b）合并后

图 2-46　合并直线　　　　　　　　　　　　图 2-47　合并圆弧

注意：当合并圆弧时，将从源对象的圆弧开始沿逆时针方向合并圆弧。

15．分解

可将正多边形、多段线、标注等合成对象，通过使用分解命令将其转换为单个的元素，以便进行修改。

（1）命令激活方式

命令行：EXPLODE（或 X）↙

菜单栏：修改→分解

工具栏：修改→🏛️

（2）操作步骤

激活命令后，按命令行提示选择欲分解的对象，按 Enter 键或单击鼠标右键结束。

16．倒角与圆角

（1）倒角

用指定的斜线段连接两条直线。

① 命令激活方式

命令行：CHAMFER（或 CHA）↙

菜单栏：修改→倒角

工具栏：修改→🔺

② 操作步骤

激活命令后，命令行提示：

（"修剪"模式）当前倒角距离 1 = 0.0000，距离 2 = 0.0000

选择第一条直线或 [放弃（U）/多段线（P）/距离（D）/角度（A）/修剪（T）/方式（E）/多个（M）]：D↙

指定第一个倒角距离 <0.0000>：5↙

指定第二个倒角距离 <5.0000>：10↙

选择第一条直线或 [放弃（U）/多段线（P）/距离（D）/角度（A）/修剪（T）/方式（E）/多个（M）]：（选择图 2-48（a）的第一条直角边）

选择第二条直线，或按住 Shift 键选择要应用角点的直线：（选择图 2-48（a）的第二条直角边）

完成后的图形如图 2-48（b）所示。

命令行选项功能如下。

- "放弃（U）"：恢复上一次操作。
- "多段线（P）"：在被选择的多段线的各顶点处按当前倒角设置创建倒角。
- "距离（D）"：分别指定第一个和第二个倒角距离。如图 2-48（b）中的 5 和 10 分别为第一个和第二个倒角距离。
- "角度（A）"：根据第一条直线的倒角长度及倒角角度来设置倒角尺寸，如图 2-49 所示。

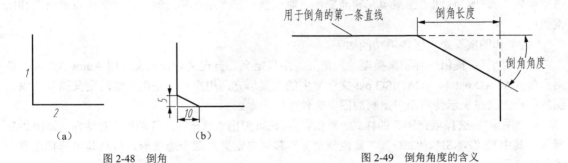

图 2-48　倒角　　　　　　　　　　　　　　　　图 2-49　倒角角度的含义

● "修剪（T）"：设置倒角修剪模式，即设置是否对倒角边进行修剪，如图 2-50 所示。

● "方式（E）"：设置倒角方式。控制倒角命令是使用"两个距离"还是使用"一个距离和一个角度"来创建倒角。

● "多个（M）"：可在命令中进行多次倒角操作。

（2）圆角

用指定半径的圆弧光滑地连接两个选定对象。

① 命令激活方式

命令行：FILLET（或 F）↙

菜单栏：修改→圆角

工具栏：修改→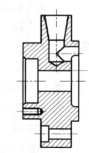

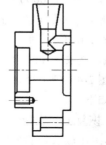

（a）不修剪　　（b）修剪

图 2-50　修剪模式

② 操作过程

激活命令后，命令行提示：

当前设置：模式 = 修剪，半径= 0.0000

选择第一个对象或 [放弃（U）/多段线（P）/半径（R）/修剪（T）/多个（M）]:

一般情况下，应首先输入圆角半径 R 值，其他的操作及选项功能与"倒角"命令相同。

2.2.5　图案填充的使用和编辑

图案填充是使用一种图案来填充某一区域。在机械图样中，常用剖面符号表达一个剖切的区域，如图 2-51 所示。也可以使用不同的填充图案来表达不同的零件或材料。

图案填充是在一个封闭的区域内进行的，围成填充区域的边界叫填充边界。

1．创建图案填充

（1）命令激活方式

命令行：BHATCH（或 BH）↙

菜单栏：绘图→图案填充

工具栏：绘图→ ▨

（2）图案填充的设置

命令激活后，弹出"图案填充和渐变色"对话框，

图 2-51　图案填充样例

如图 2-52 所示。在"类型和图案"选项区内，单击"图案"右面的按钮▨，弹出如图 2-53 所示的"填充图案选项板"对话框，在该对话框中选择机械图样常用的剖面线图案"ANSI31"，单击"确定"按钮，返回"图案填充和渐变色"对话框，在"角度和比例"选项区内设置角度和比例数值。

"类型和图案"选项区各项功能如下。

● "类型"：提供三种图案类型，预定义、用户定义、自定义。预定义是用 AutoCAD 标准图案文件（ACAD.pat 和 ACADISO.pat 文件）中的图案填充；用户定义是用户临时定义简单的填充图案；自定义是表示使用用户定制的图案文件中的图案。

● "图案"：选择填充图案的样式。单击▨按钮可弹出"填充图案选项板"对话框，如图 2-53 所示，其中有"ANSI"、"ISO"、"其他预定义"和"自定义"四个选项卡，可从其中选择任意一种预定义图案。

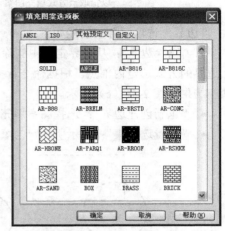

图 2-52 "图案填充和渐变色"对话框　　　　　　图 2-53 "填充图案选项板"对话框

"角度和比例"选项区各项功能如下。

- "角度"：设置图案填充的倾斜角度，该角度值是填充图案相对于当前坐标系的 x 轴的转角。
- "比例"：设置填充图案的比例值，它表示的是填充图案线形之间的疏密程度，图 2-54（b）的比例值大于图 2-55（b）。
- "双向"：使用用户定义图案时，选择该选项将绘制第二组直线，这些直线相对于初始直线成 90°角，从而构成交叉填充。AutoCAD 将该信息存储在 HPDOUBLE 系统变量中。只有在"类型"选项中选择了"用户定义"时，该选项才可用。
- "ISO 笔宽"：适用于 ISO 相关的笔宽绘制填充图案，该选项仅在预定义 ISO 模式中被选用。
- "相对图纸空间"：相对于图纸空间单位缩放填充图案。该选项仅适用于布局。

（3）添加边界

在图 2-52 所示的"图案填充和渐变色"对话框中，可以通过"拾取点"和"选择对象"两种方式添加边界。

① 用"拾取点"添加边界：单击"边界"选项区中的"拾取点"按钮 ，返回绘图区域，单击填充区域内任意一点，如图 2-54（a）所示，然后按 Enter 键。返回"图案填充和渐变色"对话框，单击"确定"按钮，返回绘图区，剖面线绘制如图 2-54（b）。用选点的方式定义填充边界，一般要求边界是封闭的。

② 用"选择对象"添加边界：单击"边界"选项区中的"选择对象"按钮 ，返回绘图区域，选择对象，如图 2-55（a）所示，然后按 Enter 键。返回"图案填充和渐变色"对话框，单击"确定"按钮，返回绘图区，剖面线绘制如图 2-55（b）所示。使用该公式时，要填充的对象不必构成闭合边界。

53

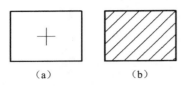
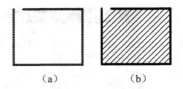

图 2-54　以拾取点方式填充图案　　　　　图 2-55　以拾取对象方式填充图案

"边界"选项区各项功能如下。

- "删除边界"：从边界定义中删除以前添加的任何对象。如图 2-56（a），先用"拾取点"添加边界的方式选定内部点，根据命令行提示选择"删除边界"，拾取如图 2-56（b）所示的小圆，填充结果如图 2-56（c）所示。
- "重新创建边界"：选择图案填充或填充的临时边界对象添加时使用。
- "查看选择集"：显示所确定的填充边界。如果未定义边界，则此选项不可用。

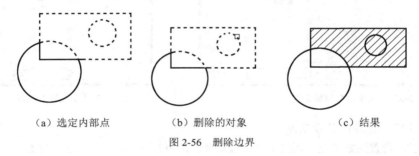

（a）选定内部点　　　　　（b）删除的对象　　　　　（c）结果

图 2-56　删除边界

"选项"选项区各项功能如下。

- "注释性"：图案填充比例是按照图纸尺寸进行定义的。
- "关联"：该选项用于控制填充图案与边界是否具有关联性。若不选定关联，当边界发生变化时，填充图案将不随新的边界发生变化，如图 2-57（b）所示。若选定关联，当边界发生变化时，填充图案将随新的边界发生变化，如图 2-57（c）所示。默认情况下，图案填充区域是关联的。

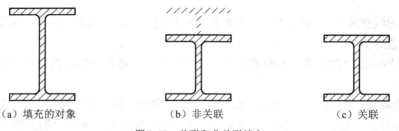

（a）填充的对象　　　　　（b）非关联　　　　　（c）关联

图 2-57　关联和非关联填充

- "绘图顺序"：创建图案填充时，默认情况下将图案填充绘制在图案填充边界的后面，这样比较容易查看和选择图案填充边界。可以更改图案填充的绘制顺序，以便将其绘制在图案填充边界的后面或前面，或者其他所有对象的后面或前面。
- "继承特性"：是将填充图案的设置，如图案类型、角度、比例等特性，从一个已经存在的填充图案中应用到另一个要填充的边界上。

（4）设置孤岛

单击"图案填充和渐变色"对话框右下角的 按钮，将显示更多选项，可以对孤岛和边界进行设置，如图 2-58 所示。

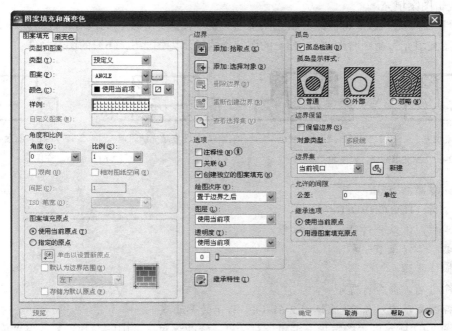

图 2-58 展开的"图案填充和渐变色"对话框

在进行图案填充时，通常将位于一个已定义好的填充区域内的封闭区域称为孤岛。在"孤岛"选项区中，选中"孤岛检测"复选框，可以指定在最外层边界内填充对象的方法，包括"普通"、"外部"和"忽略"3 种填充方式。

- "普通"方式：从外部向里填充图案，如遇到内部孤岛，则断开填充直到碰到下一个内部孤岛时才再次填充，如图 2-59（a）所示。
- "外部"方式：只在最外层区域内进行图案填充，如图 2-59（b）所示。
- "忽略"方式：忽略边界内的对象，在整个区域内进行图案填充，如图 2-59（c）所示。

注意：以"普通"和"外部"方式填充时，如果填充边界内有诸如文本、属性等对象，AutoCAD 能自动地识别它们，图案填充时在这些对象处会自动断开，就像用一个比它们略大的看不见的框保护起来一样，以使这些对象更加清晰，如图 2-59（a）、（b）所示。如果选择"忽略"方式填充，图案填充将不会被中断，如图 2-59（c）所示。

（a）"普通"方式　（b）"外部"方式　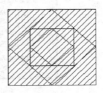（c）"忽略"方式

图 2-59 包含文本对象时的图案填充

（5）"渐变色"选项

"渐变色"选项卡的填充方式与"图案填充"相同，只是填充区域填充的图案是在一种颜色的不同灰度之间或两种颜色之间使用过渡。图 2-60 为"图案填充"与"渐变色"的填充效果样例。

2．编辑图案填充

"编辑图案填充"命令可修改已填充图案的类型、图案、角度、比例等特性。如图 2-61 中，用"编辑图案填充"命令将图 2-61（a）的图案样式编辑为图 2-61（b）的图案样式。

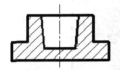

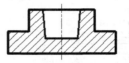
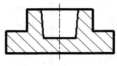

（a）图案填充　　　　　　（b）渐变色　　　　（a）图案填充编辑前　　　（b）图案填充编辑后

图 2-60　图案填充与"渐变色"样例　　　　　　　　图 2-61　编辑填充图案

（1）命令激活方式

命令行：HATCHEDIT（或 HE）✓

菜单栏：修改→对象→图案填充

工具栏：修改 II→

（2）操作步骤

激活命令后，命令行提示：

选择图案填充对象：（选择图 2-61（a）所示的剖面线）

弹出图 2-62 所示的"图案填充编辑"对话框，修改该对话框中的参数设置，将"角度"改变为 90，将"比例"改变为 1.5，单击"确定"按钮，剖面图案变为如图 2-61（b）所示。

图 2-62　"图案填充编辑"对话框

注意： 在要修改的填充图案上单击右键，弹出"图案填充编辑"对话框，同样可对填充的图案进行修改。

2.3 思考练习

运用各种绘图与修改命令，绘制如图 2-63～图 2-68 所示图形（不标注尺寸及文字）。

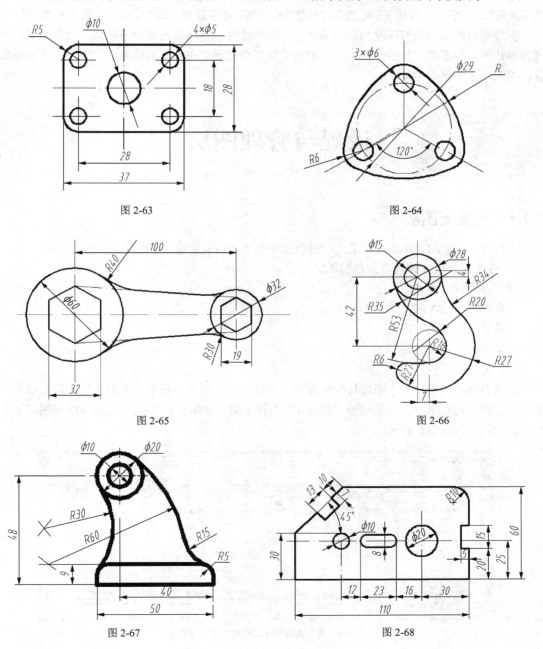

图 2-63

图 2-64

图 2-65

图 2-66

图 2-67

图 2-68

第3章 图层与对象特性管理

　　绘制机械图样时，会采用粗实线、细实线、虚线等不同线型、不同线宽以及不同颜色的图线，如果用图层来管理它们，不仅能使图形的各种信息清晰有序，而且能为图形的修改、输出带来很大的方便。

　　图层可以想象为没有厚度的透明薄片，一张图纸可以看成是由多层透明薄片重叠而成，每张透明薄片是一个图层。一张图纸中不同的内容可以分别绘制在不同的图层上，再将所有的图层重叠，组成一张完整的图纸。

3.1 设置与管理图层

3.1.1 创建新图层

　　当打开 AutoCAD 2012 时，系统已自动创建一个名为 0 的图层，0 图层不能被删除。

1. 打开图层特性管理器创建新图层

（1）命令激活方式

　　命令行：LAYER（或 LA）↙

　　菜单栏：格式→图层

　　工具栏：图层→

（2）操作步骤

　　激活命令后，将打开"图层特性管理器"对话框，此时对话框中只有默认的 0 层。单击新建图层 按钮，列表框中出现名称为"图层 1"的新图层，如图 3-1 所示，AutoCAD 为图层 1 分配有默认的颜色、线型和线宽。

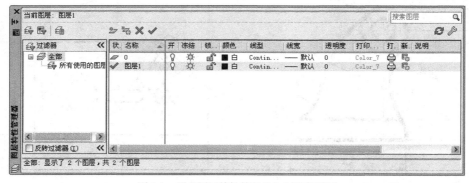

图 3-1　用"图层特性管理器"创建新图层

3.1.2 设置图层颜色

颜色在图形中具有非常重要的作用，可以用来表示不同的组件、功能和区域。图层的颜色实际上是图层中图形对象的颜色。每个图层都拥有自己的颜色，对不同的图层可以设置相同的颜色，也可以设置不同的颜色，绘制复杂图形时就可以很容易区分图形的各部分。

新建图层后，要改变图层的颜色，可在"图层特性管理器"对话框中单击图层的"颜色"图标，此时弹出"选择颜色"对话框，在其中可为图层选择新的颜色，如图 3-2 所示。

图 3-2 "选择颜色"对话框

在"选择颜色"对话框中，可以使用"索引颜色"、"真彩色"和"配色系统"3 个选项卡为图层选择颜色。

3.1.3 使用与管理线型

1. 设置图层线型

在绘制图形时要使用线型来区分图形元素，这就需要对线型进行设置。默认情况下，新创建图层的线型均为实线（Continuous）。需要改变线型时，用鼠标单击"图层特性管理器"中"线型"列中的 Continuous，将弹出如图 3-3 所示的"选择线型"对话框，在"已加载线型"列表框中选择需要的线型，然后单击"确定"即可。

2. 加载线型

默认情况下，在"选择线型"对话框的"已加载的线型"列表框中只有 Continuous 一种线型。如果需要使用其他线型，可单击"加载"按钮打开"加载或重载线型"对话框，如图 3-4 所示，从当前线型库中选择需要加载的线型，然后单击"确定"按钮。

图 3-3 "选择线型"对话框

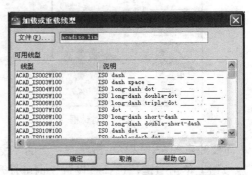

图 3-4 "加载或重载线型"对话框

3. 设置线型比例

选择"格式"/"线型"命令或打开"线型管理器"对话框，可设置图形中的线型比例，从而改变非连续线型的外观，如图 3-5 所示。

"线型管理器"对话框显示了当前使用的线型和可选择的其他线型。"全局比例因子"用于设置图形中所有线型的比例，"当前对象缩放比例"用于设置当前选中线型的比例。

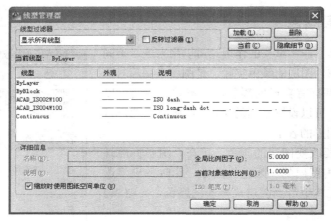

图 3-5 "线型管理器"对话框

另外，在命令窗口执行"ltscale"命令，可以修改全局比例因子。

3.1.4 设置图层线宽

线宽设置可改变线条的宽度。在 AutoCAD 中，使用不同宽度的线条表现不同类型的对象，可以提高图形的表达能力和可读性。

单击"图层特性管理器"对话框的"线宽"列表中需修改线宽的图层所对应的线宽"----默认"，将弹出"线宽"对话框，如图 3-6 所示。可在其中为图层选择新的线宽。也可选择"格式"/"线宽"命令，弹出"线宽设置"对话框，通过调整显示比例，改变线型的宽度，如图 3-7 所示。

图 3-6 "线宽"对话框

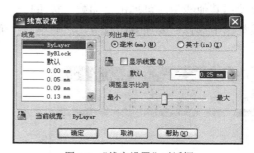

图 3-7 "线宽设置"对话框

需要注意的是，只有单击状态栏上的"线宽"按钮，将线宽开启，新设置的线宽才能显示，在按钮上单击右键，选择"设置"也可打开"线宽设置"对话框，修改默认线宽。

3.1.5 设置图层特性

使用图层绘制图形时，新对象的各种特性将默认为随层，由当前图层的默认设置决定，也可以单独设置对象的特性，新设置的特性将覆盖原来随层的特性，在"图层特性管理器"对话框中，每个图层都包含状态、名称、打开/关闭，冻结/解冻、锁定/解锁、线型、颜色、线宽和打印样式等特性，如图 3-8 所示。

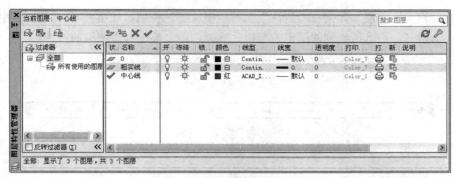

图 3-8 "图层特性管理器"

- **名称**：显示图层名。单击名称后，可更改图层名。为方便绘图，用户可以将"图层 1"改为"粗实线"或"中心线"等。需要注意的是，如果名称输入的是汉字，输入完毕后需要按 Enter 键或空格键确定。

- **打开**：打开或关闭图层。图标是一盏灯泡 ，用灯泡的亮和灭表示图层的打开和关闭。单击图标可切换开/关状态，当图层被关闭时，该图层上的对象不可见并且也不能被编辑和打印，但该图层仍参与处理过程的运算。

- **冻结**：冻结或解冻图层。解冻状态的图标是太阳 ，冻结状态的图标是雪花 ，单击图标，即可在解冻、冻结之间进行切换。当图层被冻结时，该图层上的对象不可见，也不能编辑和打印，重新生成图形等操作在该图层也不生效，图层也不参与处理过程的运算。当前图层不能被冻结。

- **锁定**：锁定或解锁图层。图标是一把锁，未锁定时为 ，锁定时为 。单击图标，即可将图层在解锁、锁定状态之间进行切换。当图层被锁定时，该图层上的对象既能在显示器上显示，也能打印，但不能被选择和编辑修改。当用户在当前图层上进行编辑操作时，可以对其他图层加以锁定，以免不慎对其上的对象进行误操作。

- **线型**：显示图层的线型。默认情况下，新创建图层的线型延续上一个图层的线型。需要改变图层的线型时，用鼠标单击线型将弹出如图 3-3 所示的"选择线型"对话框，单击对话框中的"加载"，将出现另一个"加载或重载线型"对话框，出现系统中的各种线型，如图 3-4 所示。选择所需要的线型后单击"确定"，回到如图 3-3 所示的"选择线型"对话框，再单击选中所需要的线型，单击"确定"即可。

- **打印**：打印或不可打印。图层打印的图标是 ，不可打印的图标是 ，单击图标，即可在打印、不可打印之间进行切换。

- **打印样式**：显示图层的打印样式。当图层的打印样式是由线宽决定时，图层的打印样式不能修改。

3.1.6 删除图层

要删除不使用的图层，可先从"图层特性管理器"对话框中选择不使用的图层，然后用鼠标单击对话框上部的 按钮，再单击"确定"按钮，AutoCAD 将删除所选图层。

3.1.7 切换当前层

在创建的许多图层中，总有一个为当前图层。如图 3-9 是"图层"工具栏和"特性"工具栏，此时图层 0 被设为当前层。如果在"特性"工具栏中将颜色控制、线型控制、线宽控制都设置成"ByLayer（随层）"，那么所绘制的图形的颜色、线型、线宽都符合该图层的特性。

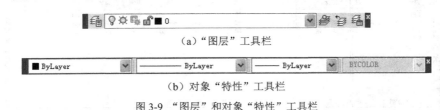

（a）"图层"工具栏

（b）对象"特性"工具栏

图 3-9　"图层"和对象"特性"工具栏

要将某个图层切换为当前图层，可通过下面方法之一进行。

- 通过"图层"工具栏的下拉列表，单击想要使之成为当前的图层名称即可。
- 在图 3-8 的"图层特性管理器"对话框中，在图层列表中选择某一图层后，单击"状态"对应的按钮，即将该层设置为当前层。
- 如果要把某个具体对象所在图层设为当前层，可单击"图层"工具栏的"将对象的图层置为当前"按钮，用鼠标选择一个已绘制的图形线条，该图线所对应的图层即成为当前层。
- 通过"图层"工具栏的"上一个图层"按钮，可恢复上一个图层为当前层。

使用图层时应注意以下几点。

- 当前层不能被冻结，或者被冻结的图层不能作为当前层。
- 编辑已存在的图形不受当前层的限制。
- 同一文件的所有图层处于同一个坐标系和绘图界限中。

3.1.8　改变对象所在图层

在实际绘图时，如果绘制完某一图形元素后，发现该元素并没有绘制在预先设置的图层上，可选中该元素，并在"图层"工具栏的下拉列表中选择元素应在的图层，即可改变对象所在的图层。

3.1.9　使用图层工具管理图层

用户可以利用图层工具管理图层，选择"格式"/"图层工具"命令中的子命令，就可以通过图层工具来管理图层，如图 3-10 所示。

图 3-10　图层工具子命令

3.2　管理对象特性

3.2.1　通过图层管理对象

每个对象都有特性，有些特性是对象共有的，例如图层、颜色、线型等。有些特性是对象独有的，例如圆的直径、半径等。对象特性不仅可以查看，而且可以修改。对象之间可以复制特性。

为了使绘制、修改图形更为简便、快捷，AutoCAD 提供了一个"特性"工具栏，可以设置图形的颜色、线型和线宽，在如图 3-11 所示的"特性"工具栏中，图层的颜色、线型和线宽的默认设置都为随层（ByLayer），也可以不随当前图层单独设置。

图 3-11　"特性"工具栏

（1）设置当前实体的颜色

如图 3-12 所示，在"特性"工具栏的"颜色控制"下拉列表中，选择某种颜色，可改变其后要绘制实体（即当前实体）的颜色，但并不改变当前图层的颜色。

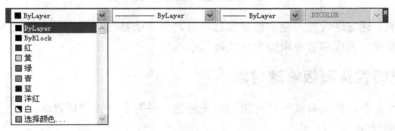

图 3-12　"特性"工具栏的"颜色控制"

"颜色控制"下拉列表中的"随层"（ByLayer）选项，表示图线的颜色是按图层本身的颜色来确定。"随块"（ByBlock）选项表示图线的颜色是按图块本身的颜色来确定。如果选择两者之外的颜色，随后所绘制的实体的颜色将是独立的，不会随图层的变化而变化。

选择"颜色控制"下拉列表中"选择颜色..."选项，将弹出"选择颜色"对话框，可从中选择一种颜色作为当前实体的颜色。

（2）设置当前实体的线型

如图 3-13 所示，在"特性"工具栏的"线型控制"下拉列表中，选择某种线型，可改变其后要绘制实体（即当前实体）的线型，但并不改变当前图层的线型。

图 3-13　用"特性"工具栏设置当前实体的线型

（3）设置当前实体的线宽

如图 3-14 所示，在"特性"工具栏的"线宽控制"下拉列表中，选择某种线宽，可改变其后要绘制实体（即当前实体）的线宽，但并不改变当前图层的线宽，最大线宽值为 2.11 毫米。

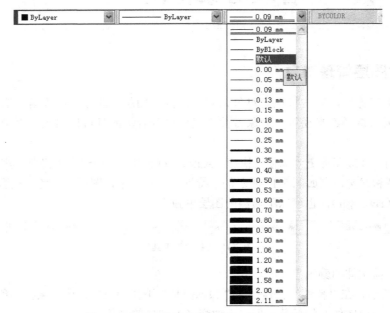

图 3-14　用"特性"工具栏设置当前实体的线宽

注意：利用上述方法设置颜色、线型和线宽时，无论选择任何图层，所画图线的颜色、线型和线宽都不会改变。因此应避免用该方法绘制复杂图形。

3.2.2　通过特性选项板管理对象

利用"特性"对话框查看被选择对象的相关特性，并对其特性进行修改。

1．命令激活方式

命令行：PROPERTIES（或 PR）

菜单栏：修改→特性

工具栏：标准→▣

2．操作步骤

（1）在绘图窗口中选择一个或多个要修改的图素，单击"特性"图标▣（或单击鼠标右键，在弹出的下拉列表中选择"特性"项），打开"特性"选项板，如图 3-15 所示。

（2）在"特性"选项板中，使用选项板中的滚动条，在特性列表中滚动查看选择对象的特性内容，单击每个类别上侧的符号▼或▲，展开或折叠列表，可对表中的每一项内容进行修改。

比如要改变图 3-15 中所有中心线的线型比例，先选择中心线，单击对象特性图标▣，弹出如图 3-16 所示的对话框。在列表中选择线型比例，将数值 1 修改为 2，单击"特性"选项板左上角符号▨，关闭"特性"选项板，按下 Esc 键退出选择，修改后的图形如图 3-17 所示。

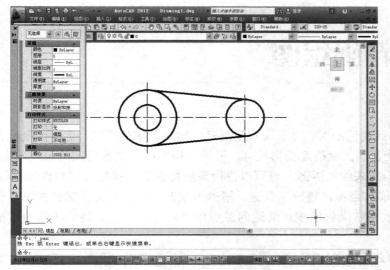

图 3-15 用"特性"选项板修改对象特性   图 3-16 "特性"选项板

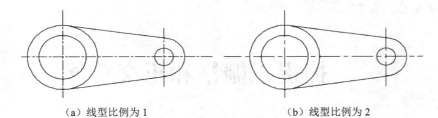

（a）线型比例为 1   （b）线型比例为 2

图 3-17 修改中心线线型

3.3 思考练习

1．用 AuTocAD 绘制图形时，如果没有建立图层，是否就没有图层？

2．设置图层的原因是什么？

3．什么特性可使图层不可见？有几个特性可以做到这一点？

4．新建一个图形文件，并创建如下所示各图层。

序号	图层名称	颜色	线型	线宽
1	粗实线	白色	Continous	0.7
2	细实线	红色	Continous	0.35
3	中心线	洋红色	CENTER	0.35
4	虚线	青色	DASHED	0.35
5	双点画线	绿色	DIVIDE	0.35

5．以圆为例，说明特性选项板可以管理对象的哪些属性？

第4章 精确绘图

在 AutoCAD 中设计和绘制图形时，对于没有图形尺寸比例要求的图例，可以用鼠标在图形区域直接拾取和输入坐标，大致确定图形尺寸。但是工程图必须按照给定的尺寸绘图，这时可以通过指定点的坐标法来绘制图形，也可以使用系统提供的"捕捉"、"对象捕捉"、"对象追踪"等功能，在不输入坐标的情况下快速、精确的绘制图形。利用精确绘图可以进行图形处理和数据分析，数据结果的精度能够达到工程应用所需的程度，降低工作量，提高设计效率。

本章主要介绍 AutoCAD 2012 的快速精确绘图功能，包括捕捉、栅格、正交、对象捕捉、自动追踪和动态输入功能。这些功能在绘制图形中不但可以提高作图的准确性，而且也可以提高作图效率，因此应当熟练掌握。

4.1 捕捉、栅格和正交功能

在绘制图形时，尽管可以通过移动光标来指定点的位置，但却很难精确指定点的某一位置，这时可以使用系统提供的捕捉、栅格和正交功能来精确定位点。

4.1.1 捕捉

"捕捉"控制光标移动，使其按照用户定义的间距进行移动，从而精确定位点。利用"捕捉"功能可将光标移动设定固定步长，如 5 或 10，从而使绘图区的光标在 x 轴、y 轴方向的移动量总是步长的整数倍，以提高绘图精度。

执行"捕捉"功能方法：

功能键：F9；

状态栏：单击状态栏上的■按钮（或在此按钮上单击鼠标右键，选择快捷菜单上的"启用"选项）如图 4-1 所示；

菜单栏：单击菜单 "工具"|"绘图设置"命令，或右键单击状态栏上的"捕捉"按钮再单击"设置"，可打开"草图绘制"中的"捕捉和栅格"选项卡，在对话框中勾选"启用捕捉"复选框，如图 4-2 所示。

图 4-1 "捕捉"快捷菜单

"草图设置"中的"捕捉和栅格"选项卡中，勾选"启用捕捉"复选框，可以设置

捕捉参数：捕捉间距、极轴间距、捕捉类型。

说明："捕捉类型"选项组，用于设定捕捉的类型及样式。

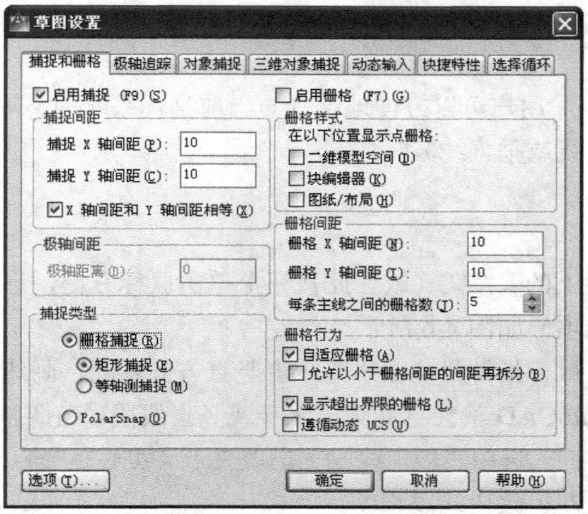

图 4-2 "草图设置"中的"捕捉和栅格"选项卡 1

4.1.2 栅格

"栅格"控制是否在绘图区域内显示栅格点，以便给用户提供直观的距离和位置参照，打开"栅格"命令后，绘图区域中将出现均匀分布的点的矩阵，如图 4-3 所示。

执行"栅格"功能方法：

功能键：F7；

组合键：Ctrl + G；

状态栏：单击状态栏上的▦按钮（或在此按钮上单击鼠标右键，选择快捷菜单上的"启用"选项）如图 4-4 所示；

图 4-3 栅格

菜单栏：单击菜单"工具"|"绘图设置"命令，或右键单击状态栏上的"栅格"按钮再单击"设置"，可打开"草图绘制"中的"捕捉和栅格"选项卡，在对话框中勾选"启用栅格"复选框，如图 4-5 所示。

"草图设置"中的"捕捉和栅格"选项卡中，勾选"启用栅格"复选框，可以设置栅格参数：栅格样式（确定栅格点显示位置）、栅格间距、栅格行为。

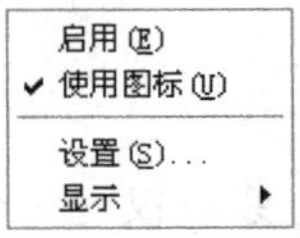

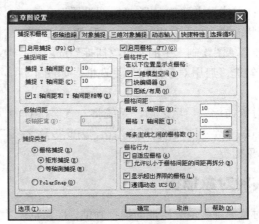

图 4-4 "栅格"快捷菜单

图 4-5 "草图设置"中的"捕捉和栅格"选项卡 2

4.1.3 正交

"正交"利用正交功能，用户可以方便地绘制与当前坐标系统的 x 轴或 y 轴平行的线段（对于二维绘图而言，就是水平线或垂直线）。

执行"栅格"功能方法：

功能键：F8；

状态栏：单击状态栏上的 ▣ 按钮（或在此按钮上单击鼠标右键，选择快捷菜单上的"启用"选项）如图 4-6 所示。

图 4-6 "栅格"快捷菜单

说明：正交模式下，鼠标指针只能沿水平或者竖直方向移动，画线时，若同时打开该模式，只需输入线段长度值，AutoCAD 就会自动画出水平或竖直线段。当调整线段长度时，可利用正交模式限制鼠标指针移动方向，选中线段，线段上出现夹点（实心矩形点），选中断点处夹点，移动鼠标指针或者输入数值，即可改变线段长度。

4.2 对象捕捉

对象捕捉是 AutoCAD 精确定位于对象上某点的一种极为重要的方法。利用对象捕捉功能，在绘图过程中可以快速、准确地确定一些特征点，如圆心、端点、中点、切点、交点、垂足等。

4.2.1 自动对象捕捉

"自动对象捕捉"即事先设置好一些捕捉模式，当光标移动到符合捕捉模式的对象时显示捕捉标记，可自动捕捉，方便快捷。

执行"自动对象捕捉"功能方法：

功能键：F3；

状态栏：单击状态栏上的 ▣ 按钮（或在此按钮上单击鼠标右键，选择快捷菜单上的"启用"选项）；

菜单栏：单击菜单"工具"|"绘图设置"命令，或右键单击状态栏上的"对象捕捉"按钮，再单击"设置"，可打开"草图绘制"中的"对象捕捉"选项卡，在对话框中勾选"启用对象捕捉"复选框，如图 4-7 所示。

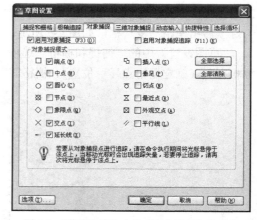

图 4-7 "草图设置"中的"对象捕捉"选项卡

"自动对象捕捉"启用之后，系统将一直保持着这种捕捉模式，直到用户自行取消为止，因此被称之为"自动对象捕捉"。

4.2.2 临时对象捕捉

"临时对象捕捉"是一次性的捕捉功能，即激活一次捕捉模式之后，系统仅允许使用一次，如果用户需要连续使用该捕捉功能，需要重复激活临时捕捉模式。

执行"临时对象捕捉"功能方法：

工具栏：单击"对象捕捉"工具栏中的各捕捉按钮，如图 4-8 所示；

右键菜单栏：在命令要求输入点时，同时按下 Shift 键和鼠标右键或 Ctrl 键和鼠标右键，可弹出对象捕捉快捷菜单，如图 4-9 所示；

图 4-8 "对象捕捉"工具栏图 10　　　　　　　　图 4-9 "对象捕捉"快捷菜单

命令行：在命令行输入各种捕捉功能的简写，如，_mid 中点、_tan 切点、_per 垂足等。

说明：对象捕捉只捕捉屏幕上可见的对象，包括锁定图层、布局视口边界和多段线上的对象；不能捕捉不可见对象、未显示对象、关闭或冻结图层上的对象或虚线的空白部分；对象捕捉不是命令，只是一种状态，它必须在某个命令执行过程中系统提示指定一个点时使用；如果在某个图元附近有多种特殊点，要捕捉某个特殊点不方便，可以使用 Tab 键来遍历这些特殊点。

13 种对象捕捉模式的含义如表 4-1 所示。

表 4-1　　　　　　　　　　　　对象捕捉模式的含义

图　标	捕　捉　点	说　　明
	端点（END）	捕捉到圆弧、椭圆弧、直线、多线、多线段、样条曲线、面域或射线的最近端点，以及宽线、实体或三维面域的最近角点
	中点（MID）	捕捉到圆弧、椭圆、椭圆弧、直线、多线、多线段、面域、实体、样条曲线或参照线的中点
	圆心（CEN）	捕捉到圆弧、圆、椭圆、或图圆弧的圆心
	节点（NOD）	捕捉到点对象、标注定义点或标注文字起点
	象限点（QUA）	相当于当前 UCS，捕捉到圆弧、圆、椭圆或图圆弧的最左、最右、最上、最下点
	交点（INT）	捕捉到圆弧、圆、椭圆、椭圆弧、直线、多线、多线段、射线、面域、样条曲线或参照线的交点
	延长线（EXT）	当鼠标光标经过对象端点时，显示临时延长线或圆弧，以便用户在延长线或圆弧上指定点
	插入点（INS）	捕捉到属性、块、形或文字的插入点

续表

图　标	捕　捉　点	说　明
⊥	垂足（PER）	捕捉到圆弧、圆、椭圆、椭圆弧、直线、多线、多线段、射线、面域、实体、样条曲线或参照线的垂足
○	切点（TAN）	捕捉到圆弧、圆、椭圆、椭圆弧或样条曲线的切点
⚲	最近点（NEA）	捕捉到圆弧、圆、椭圆、椭圆弧、直线、多线、点、多段线、射线、样条曲线或参照线的最近点
⊠	外观交点（APP）	捕捉到不在同一平面但是可能看起来在当前视图中相交的两个对象的外观交点
∥	平行（PAR）	捕捉图形对象的平行线

4.2.3　三维对象捕捉

"三维对象捕捉"是 AutoCAD 2012 的新增功能，可以控制三维对象的执行对象捕捉设置。使用执行对象捕捉设置（也称为对象捕捉），可以在对象上的精确位置指定捕捉点。选择多个选项后，将应用选定的捕捉模式，以返回距离靶框中心最近的点。使用 Tab 键来遍历这些特殊点。

执行"三维对象捕捉"功能方法：

功能键：F4；

状态栏：单击状态栏上的■按钮（或在此按钮上单击鼠标右键，选择快捷菜单上的"启用"选项）；

菜单栏：单击菜单"工具"|"绘图设置"命令，或右键单击状态栏上的"三维对象捕捉"按钮，再单击"设置"，可打开"草图绘制"中的"三维对象捕捉"选项卡，在对话框中勾选"启用对象捕捉"复选框，如图 4-10 所示。

6 种对象捕捉模式的含义如表 4-2 所示。

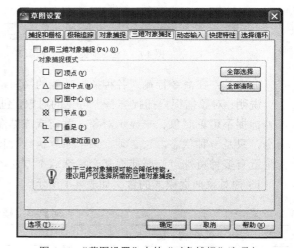

图 4-10　"草图设置"中的"对象捕捉"选项卡

表 4-2　　　　　　　　　　　三维对象捕捉模式的含义

图　标	捕　捉　点	说　明
⟋	顶点（V）	捕捉到三维对象的最近定点
⟋	边中点（M）	捕捉到面边的中点
◎	面中心（C）	捕捉到面的中心
∘	节点（K）	捕捉到样条曲线上的节点
⊥	垂足（P）	捕捉到垂直于面的点
⚲	最靠近面（N）	捕捉到最靠近三维对象面的点

4.3 自动追踪

在 AutoCAD 中，相对图形中已有点来定位点的方法称为追踪。使用追踪功能可按指定角度绘制对象，或绘制与其他对象有相对位置定位关系的对象。当追踪打开时，可利用屏幕上出现的追踪线在精确的位置和角度上创建对象。自动追踪主要包含极轴追踪和对象捕捉追踪两种形式。

4.3.1 极轴追踪

"极轴追踪"能够使用户在特定的角度和位置绘制图形，它按照预先设置的增量角及其倍数，引出相应的极轴追踪虚线，使用户可在追踪虚线所定位的方向矢量上精确定位追踪点。

执行"极轴追踪"功能方法：

功能键：F10；

状态栏：单击状态栏上的 ⧉ 按钮（或在此按钮上单击鼠标右键，选择快捷菜单上的"启用"选项）；

菜单栏：单击菜单"工具"|"绘图设置"命令，或右键单击状态栏上的"极轴追踪"按钮，再单击"设置"，可打开"草图绘制"中的"极轴追踪"选项卡，在对话框中勾选"启用极轴追踪"复选框，如图 4-11 所示。

在"极轴追踪"选项卡中，可以进行相关参数设置。在"增量角"下拉列表框中，系统提供了多种增量角，如 90°、45°、30°、22.5°、18°、15°、10°、5° 等，用户可以从中选择任意角度值作为增量角。

若需要选择预设值之外的角度增量值，需勾选"附加角"复选框，激活附加角功能，然后单击"新建"按钮，系统会出现如图 4-12 所示的文本框。在文本框内输入所需值，即可创建一个附加角，系统会以用户所设置的附加角进行追踪。若要删除一个附加角，在选取该角度值后单击"删除"按钮即可，但只能删除用户自定义的附加角，不能删除系统预设的增量角。

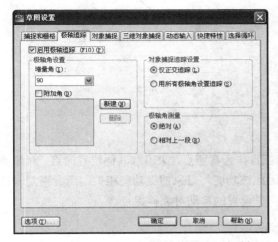

图 4-11 "草图设置"中的"极轴追踪"选项卡

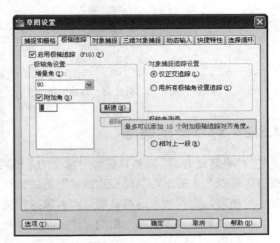

图 4-12 设置"附加角"

"极轴角测量"选项组包括两个单选按钮"绝对"和"相对上一段"，分别表示极轴角是绝对极角（与 X 轴正向的夹角），还是相对于前一段线段的角度。

说明：用户启用极轴追踪功能并设置极轴角之后，在绘图时，系统将在极轴角处及其整数倍角度处出现临时追踪虚线。例如，如果用户设置的极轴角为 30°，则将光标移动到 30°、60°、90°、120° 等位置附近时均会出现临时追踪虚线。

下面以绘制长度为 200，角度为 45° 的斜线为例，学习"极轴追踪"功能的参数设置及使用技巧。

步骤 1　新建空白文档，打开"草图绘制"对话框。

步骤 2　勾选对话框中的"启用极轴追踪"复选框，打开"极轴追踪功能"。

步骤 3　单击"增量角"列表框，在展开的下拉列表框中选择 45，如图 4-13 所示，将当前追踪角度设置为 45°。

图 4-13　设置追踪增量角

步骤 4　单击"确定"按钮关闭对话框，完成角度跟踪设置。

步骤 5　执行"绘图"|"直线"命令，配合"极轴追踪"绘制斜线，操作如下。

　　　命令：_line
　　　指定第一点：　　　　　　　　　（在绘图区域拾取一点作为起点）
　　　指定下一点或[放弃（U）]：　　（在 45° 方向上引出如图 4-14 所示的极轴追踪虚线，然后输入 200✓
　　　指定下一点或[放弃（U）]：　　（按"Enter"键）

绘制结果如图 4-15 所示。

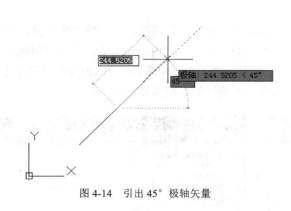

图 4-14　引出 45° 极轴矢量

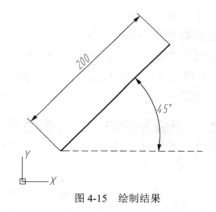

图 4-15　绘制结果

4.3.2　对象捕捉追踪

"对象捕捉追踪"能够以图形对象上的某些特征点作为参照点，来追踪其他位置的点。对象捕捉追踪可以产生基于对象捕捉点的临时追踪线，因此该功能与对象捕捉功能相关，两者需同时打开才可使用，而且对象追踪只能追踪对象捕捉类型里设置的自动对象捕捉点。

执行"对象捕捉追踪"功能方法：

功能键：F11；

状态栏：单击状态栏上的 按钮（或在此按钮上单击鼠标右键，选择快捷菜单上的"启用"选项）；

菜单栏：单击菜单"工具"|"绘图设置"命令，或右键单击状态栏上的"对象追踪"按钮，再单击"设置"，可打开"草图绘制"中的"对象捕捉"选项卡，在对话框中勾选"启用对象捕捉追踪"复选框，如图4-16所示。

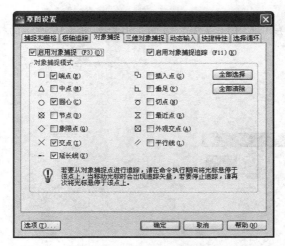

图4-16 "草图设置"中的"对象捕捉追踪"选项卡

4.3.3 自动追踪实例

使用极轴追踪、对象捕捉追踪命令绘制图4-17所示的平面图形。

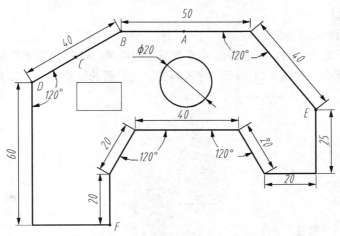

图4-17 平面图形

步骤1 新建空白文档，打开"草图绘制"对话框。

步骤2 勾选对话框中的"启用对象捕捉"和"启用对象捕捉追踪"复选框。

步骤3 设置极轴追踪角。在"草图绘制"对话框的"极轴追踪"选项卡中，设置极轴角增量30°，将"对象捕捉追踪设置"设置为"用所有极轴角设置追踪"；同时，在状态栏上，打开

"极轴"、"对象捕捉"和"对象追踪"。

步骤 4　用直线命令绘制外部轮廓。

命令:　_line

指定第一点:　　　　　　　　　　　　（在绘图区域拾取一点作为起点）

指定下一点或[放弃（U）]:（在 90° 方向上引出如图 4-18 所示的极轴追踪虚线，然后输入 60 按"Enter"键）

指定下一点或[放弃（U）]:（在 30° 方向上引出如图 4-19 所示的极轴追踪虚线，然后输入 40 按"Enter"键）

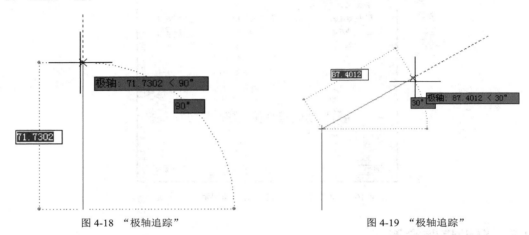

图 4-18　"极轴追踪"　　　　　　　　　图 4-19　"极轴追踪"

用上述同样方法完成轮廓直线的绘制，在确定 F 点时，用对象追踪，选取起始点形成水平追踪线和垂直追踪线相交即为 F 点，如图 4-20 所示。最后输入"C"（即"闭合"直线）封闭图形，完成外部轮廓的绘制。

步骤 5　绘制直径φ20 的圆。

调用"绘制圆"命令，用对象追踪过 A 点做垂直追踪线，过 D 点作水平追踪线，两追踪线交点为直径φ20 圆的圆心，如图 4-21 所示。输入直径，完成圆的绘制如图 4-22 所示。

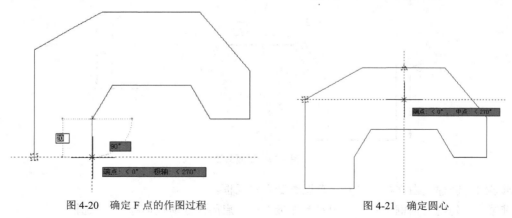

图 4-20　确定 F 点的作图过程　　　　　　　图 4-21　确定圆心

步骤 6　绘制矩形。

调用"矩形"命令，用对象追踪过 B 点做垂直追踪线，过 D 点作水平追踪线，两追踪线交点为矩形的第 1 个顶点，如图 4-23 所示。过 C 点做垂直追踪线，过 D 点作水平追踪线，两追踪线交点为矩形的第 2 个顶点，完成矩形的绘制如图 4-24 所示。过 B 点做垂直追踪线，过 E 点作水平追踪线，两追踪线交点为矩形的第 3 个顶点，完成矩形的绘制如图 4-25 所示。

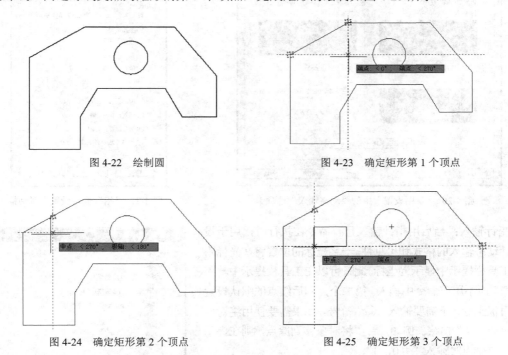

图 4-22　绘制圆　　　　　　　　　　　图 4-23　确定矩形第 1 个顶点

图 4-24　确定矩形第 2 个顶点　　　　　图 4-25　确定矩形第 3 个顶点

最终完成如图 4-17 所示的平面图形。

4.4 动态输入

　　"动态输入"控制指针输入、标注输入、动态提示以及绘图工具提示的外观。该功能打开时，在鼠标光标附近会出现一个命令界面，帮助用户专注于绘图区域。工具栏提示将在鼠标光标附近显示信息，该信息会随着鼠标光标移动而动态更新。当某条命令为活动时，工具栏提示将为用户提供输入的位置。用户根据提示即可完成相关的操作。

　　执行"动态输入"功能方法：

　　快捷键：F12；

　　状态栏：单击状态栏上的 <u>☖</u> 按钮或在此按钮上单击鼠标右键，选择快捷菜单上的"启用"选项）；

　　菜单栏：单击菜单"工具"|"绘图设置"命令，或右键单击状态栏上的"动态输入"按钮，再单击"设置"，可打开"草图绘制"中的"动态输入"选项卡，在对话框中勾选"启用指针输入"和"可能时启用标注输入"复选框，如图 4-26 所示。同时可以单击相应"设置"按钮对输入方式进行设置，如图 4-27、图 4-28 所示。

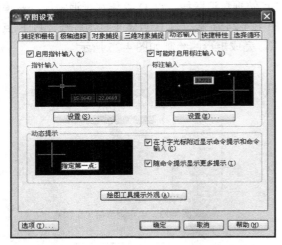

图 4-26　"草图设置"中的"动态输入"选项卡

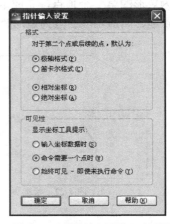

图 4-27　"指针输入设置"对话框

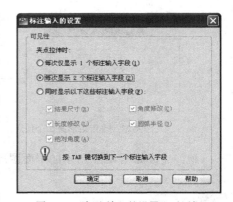

图 4-28　"标注输入的设置"对话框

指针输入：当启用指针输入且有命令在执行时，用于设置指针动态输入的格式和可见性。十字光标的位置将在光标附近的工具栏提示中显示为坐标。此时可以在工具栏提示中输入坐标值，而不用在命令中输入。第二个点和后续点的默认设置为相对极坐标，不需要输入"@"符号。如果需要使用绝对坐标，应加"#"前缀。例如，希望将对象移到原点，则在提示输入第二个点时输入"#0，0"。

标注输入：用于设置指针动态输入的可见性。启用标注输入后，当命令提示输入第二点时，工具栏提示将显示距离和角度值。在工具栏中的值将随光标移动而改变。按 Tab 键可以移动到要更改的值。

动态提示：启用动态提示时，提示会显示在光标附近的工具栏提示中。可用于在工具栏提示（而不是在命令行）中输入响应。按 ↓ 键可以查看和选择选项；按 ↑ 键可以显示最近的输入；按 Tab 键可在各个值之间进行切换，实现更直观的绘图功能。

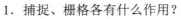

4.5　思考练习

1．捕捉、栅格各有什么作用？
2．对象捕捉的功能是什么？如何设置？
3．如何打开对象捕捉快捷菜单？
4．如果没有打开自动捕捉功能，也可以使用自动追踪吗？
5．利用正交功能，通过输入线段长度绘制如图 4-29 所示的图形。
6．利用极轴追踪、对象捕捉及自动追踪功能绘制如图 4-30 所示的图形。

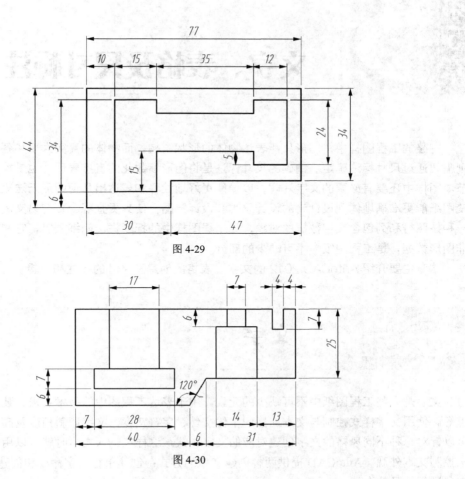

图 4-29

图 4-30

第5章

文字、表格及尺寸标注

完整的工程图样中，图形只能表达物体的形状结构，而物体的真实大小和各部分的相对位置则需要通过尺寸标注确定。精确的尺寸标注是将图形参数化的直接表现，也是构图的一个重要环节。图样中还要有必要的文字注解，以便能更好地诠释和表达出几何图形无法表达传递的信息，使图纸能更准确地体现设计者的设计思想和设计意图，使其更直观、更容易交流。另外，表格是一种按照行和列包含文字数据的对象，如工程图样中的标题栏、明细表等，它和文字一样同属于非图形数据，是工程图纸中不可缺少的部分。

本章主要介绍 AutoCAD 2012 的文字、表格的创建及尺寸的标注和编辑。

5.1 文字

文字是完整工程图纸中不可缺少的元素，用于表达工程图中的技术要求、装配说明、施工要求等。使用文字样式控制与文本连接的字体文件、字符宽度、文字倾斜角度及高度等项目，用户可以针对每种不同风格的文字创建对应的文字样式，这样在输入文本时就可以用相应的文字样式来控制文本外观。AutoCAD 提供两种创建文字的方式：创建单行文字命令和创建多行文字命令，本节进行了具体介绍。

5.1.1 创建文字样式

"文字样式"可以理解为定义了一定的字体、字号、倾斜角度、方向和其他特征的文字。图形中的所有文字，包括表格、尺寸文本中的文字都具有与之相关联的文字样式。

执行"文字样式"功能方法：

  菜单栏：单击菜单"格式"|"文字样式"

  工具栏：单击"样式"工具栏上的 A 按钮

  命令行：在命令行输入 Style

  快捷键：在命令行输入 ST

执行"文字样式"功能之后可打开如图 5-1 所示的"文字样式"对话框，在此对话框中可以进行文字效果参数的设置，其具体步骤如下所述。

  步骤 1 打开"文字样式"对话框（上文已说明打开方法）。

  步骤 2 设置文字样式名。

"样式"选项组用于文字样式的建立、命名和删除操作。在"样式"选项组中单击"新建"按钮，弹出如图 5-2 所示的"新建文字样式"对话框，用于为新建的文字样式进行命名。

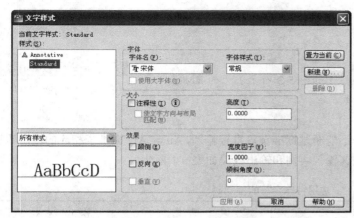

图 5-1 "文字样式"对话框　　　　　　图 5-2 "新建文字样式"对话框

在此使用系统默认名称，单击"确定"按钮，即可创建名称为"样式 1"的文字样式，如需重新命名，可在"样式名"文本框中输入用户所定义的文字样式名称。

左侧"样式"文本框内排列出了当前文件中的所有文字样式（初始时，"样式"文本框列表内只有默认的 Standard 文字样式），如果需要设置某样式为当前样式，可以在该样式上快速单击两次鼠标左键，也可选择该样式后，单击"置为当前（C）"按钮，如想要删除列表内的文字样式，在选择该样式后，单击"删除"按钮即可。

说明： 在删除文字样式时需要注意，系统默认的"标准样式"和当前正在使用的文字样式不能被删除，也不能被重新命名。

步骤 3　设置文字字体。

"字体"选项组用于字体的选择。在"字体名"下拉列表中的字体为默认字体，展开下拉列表，用户可以选择其中的任何一种字体，包括 SHX 类型的矢量字体和 TrueType 字体，分别用 ⚙️ 和 **T** 加以区别。

选用 TrueType 字体时，允许在"字体样式"下拉列表中选择常规、粗体、粗斜体、斜体等样式；选用矢量字体时"使用大字体"复选框可以被选中，选中之后可以在"字体样式"下拉列表中选择大字体的样式。

步骤 4　设置文字大小。

"大小"选项组用于字体高度的设置。在"高度"文本框中设置文字的高度，"注释性"复选框用于为样式添加文字注释。

步骤 5　设置文字效果。

"效果"选项组中的"颠倒"、"反向"、"垂直"复选框用于确定文字特殊的放置效果。"宽度因子"文本框用于设置文字的高宽比，输入值大于 1 时，文字宽度放大，否则缩小。"倾斜角度"文本框用于设置文字的倾斜角度，默认为 0（不倾斜），向右倾斜时角度为正，反之为负。

说明： 国标规定，工程图样中的汉字一般采用长仿宋体，故其高宽比应设置为 0.7。

步骤 6　单击"应用"按钮即可将所设置的文字样式设置为当前样式，应用于当前图形当中。

5.1.2　创建与编辑单行文字

"单行文字"命令用于创建单行或多行的文字对象，无论创建多少行，系统都会将每一行默认作一个独立对象。

执行"单行文字"命令方法：

菜单栏：单击菜单"绘图"|"文字"|"单行文字"

工具栏：单击"文字"工具栏（如图 5-3 所示）上的 $A^|$ 按钮

命令行：在命令行输入 Dtext

快捷键：在命令行输入 DT

图 5-3　"文字"工具栏

工程图中用到的许多特殊字符不能通过标准键盘直接输入，AutoCAD 提供了相应的控制码进行输入，常用特殊字符的控制码及其输入实例和输出效果如表 5-1 所示。

表 5-1　　　　　　　　　　　常用特殊字符的控制码

控 制 码	意 义	输 入 实 例	输 出 效 果
%%o	文字上划线开关	%%oAB%%oC	$\overline{A}B\overline{C}$
%%u	文字下划线开关	%%uAB%%uC	A̲B̲C̲
%%d	度数符号	45%%d	45°
%%p	正负号符号	50%%p0.3	50±0.3
%%c	直径符号	%%c10	φ10

使用系统默认样式创建如图 5-4 所示的单行文字，具体步骤如下。

步骤 1　激活"单行文字"输入命令（上文已说明打开方法）。

步骤 2　在命令行"指定文字的起点或[对正（J）/样式（S）]："提示下，在绘图区域拾取一点作为文字的插入点。

AutoCAD2012

图 5-4　单行文字示例

步骤 3　在命令行"指定高度<2.5000>："提示下，输入 10 并按"Enter"键，设置文字高度。

步骤 4　在"指定文字的旋转角度<0>："提示下，按"Enter"键，采用当前设置。

步骤 5　此时绘图区域出现如图 5-5 所示的单行文字输入框，然后再输入框内输入"AutoCAD2012"，如图 5-6 所示。

步骤 6　按下"Enter"键，结束"单行文字"输入命令，结果如图 5-4 所示。

图 5-5　单行文字输入框

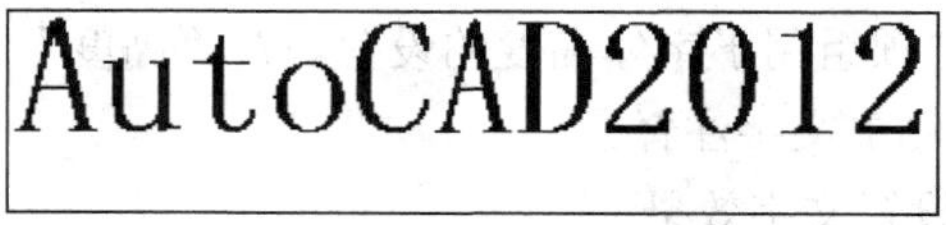

AutoCAD2012

图 5-6　输入文字

5.1.3　创建与编辑多行文字

"多行文字"命令用于创建包含一个或多个文字段落的对象，可将其作为单一对象处理。

执行"多行文字"命令方法：

菜单栏：单击菜单"绘图"|"文字"|"多行文字"

工具栏：单击"文字"工具栏（如图 5-3 所示）上的 A 按钮

命令行：在命令行输入 Mtext

快捷键：在命令行输入 T 或 MT

多行文字在如图 5-7 所示的"文字格式"对话框中创建。用户激活"多行文字"命令之后，需要拾取两个角点，拉出一个矩形边界框，系统才会弹出此文字编辑器。该编辑器由"文字格式"工具栏和顶部带标尺的文字输入框组成。

图 5-7　"文字格式"编辑器

文字格式编辑器的各部分主要功能如下。

1．工具栏

工具栏主要用于控制多行文字样式和选定文字的各种字符格式、对正方式以及项目编号等。其各项功能如表 5-2 所示。

表 5-2　　　　　　　　　　"文字格式"工具栏各项功能

名　称	图　标	功　能
样式	Standard	设置多行文字的文字样式
字体	宋体	设置或修改文字的字体
文字高度	2.5	设置新字符高度或更改选定文字的高度
颜色	ByLayer	设置文字的颜色或更改选定文字的颜色
粗体	B	设置输入文字或选定文字为粗体格式
斜体	I	设置输入文字或选定文字为斜体格式
下划线	U	为输入文字或选定文字设置下划线
上划线	Ō	为输入文字或选定文字设置上划线
堆叠	b/a	为输入文字或选定文字设置堆叠格式
标尺		打开或关闭标尺
栏数		为段落文字分栏
多行文字对正	[A]	设置多行文字对正方式，如图 5-8 所示
段落		设置段落文字的制表位、缩进量、对齐和间距等
左对齐		设置段落文字为左对齐方式
居中		设置段落文字为居中方式
右对齐		设置段落文字为右对齐方式
对正		设置段落文字为对正方式
分布		将段落文字分布于指定两点之间
行距		设置段落文字的行间距

续表

名　称	图　标	功　能
编号	≡·	为段落文字进行编号
插入字段		插入一些特殊字符
全部大写		修改英文字符为大写
全部小写		修改英文字符为小写
符号	@·	添加一些特殊符号，如图 5-9 所示
倾斜角度	0/ 0.0000	修改文字的倾斜角度
追踪	a·b 1.0000	修改文字间的间距
宽度因子	○ 1.0000	修改文字的宽度比例
选项	⊙	弹出"选项"菜单，可进行多行文字操作，如图 5-10 所示

说明："堆叠"按钮堆叠所选文本，堆叠文字是一种垂直对齐的文字或分数。堆叠格式有 3 种，使用方法为分别输入分子和分母，期间使用"/"、"＃"、"＾"进行分隔，然后选中需要堆叠的内容，单击"堆叠"按钮即可。各分隔符产生的堆叠形式如图 5-11 所示。

图 5-8　多行文字对正方式 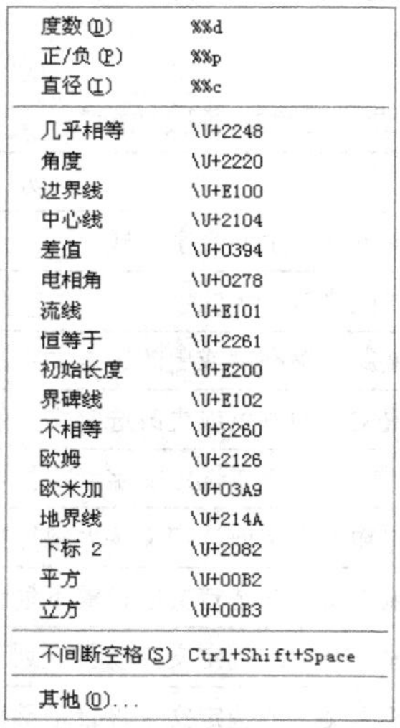　　　　图 5-9　符号菜单 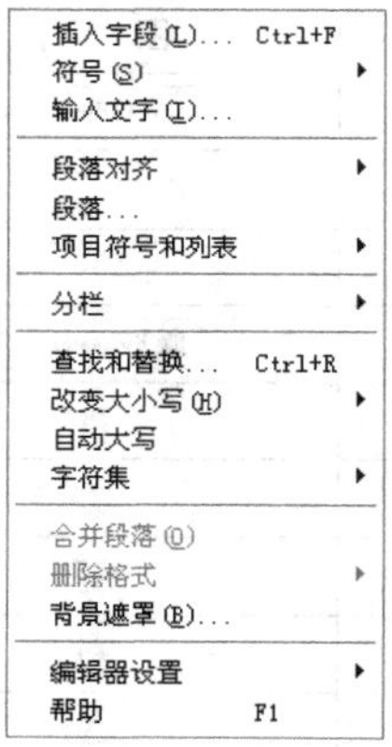　　　　图 5-10　"选项"菜单

2．文字输入框

文字输入框位于工具栏下方，如图 5-12 所示，主要用于输入和编辑文字对象，由标尺和文本框两部分组成。

标尺：设置首行文字及段落文字的缩进，还可以设置制表位。

文本框：在文本框内单击鼠标右键，可弹出如图 5-13 所示的快捷菜单，其大部分选项功能与工具栏上的各按钮功能相对应。

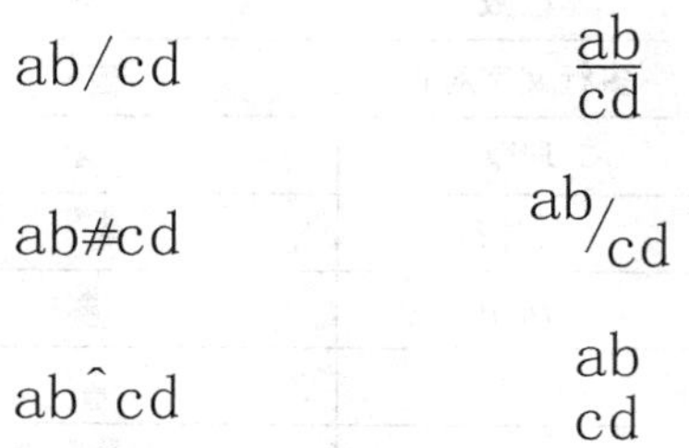

ab/cd　　　　$\dfrac{ab}{cd}$

ab#cd　　　　$^{ab}/_{cd}$

ab˄cd　　　　$\dfrac{ab}{cd}$

（a）堆叠前　　　　（b）堆叠后

图 5-11　分隔符产生的文字堆叠形式

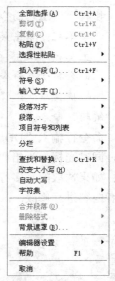

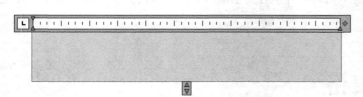

图 5-12　文字输入框

全部选择(A) Ctrl+A
剪切(T) Ctrl+X
复制(C) Ctrl+C
粘贴(P) Ctrl+V
选择性粘贴
插入字段(L)... Ctrl+F
符号(S)
输入文字(I)...
段落对齐
段落...
项目符号和列表
分栏
查找和替换... Ctrl+R
改变大小写(H)
自动大写
字符集
合并段落(O)
删除格式
背景遮罩(B)...
编辑器设置
帮助 F1
取消

图 5-13　文字输入快捷菜单

创建多行文字的具体步骤如下。

步骤 1　激活“多行文字”输入命令（上文已说明打开方法）。

步骤 2　在文字输入框内输入所需内容。

步骤 3　在“文字格式”工具栏设置文字字体、高度等属性，如图 5-14 所示。

文字格式
Standard
仿宋_GB2312
2.5
ByLayer
确定
0.0000
1.0000
1.0000
技术要求:
1. 轴端中心孔B3GB145-59;
2. 未注倒角为1x45°;
3. 齿表面淬火，硬度HRC45，其余调质硬度为HB250-280。

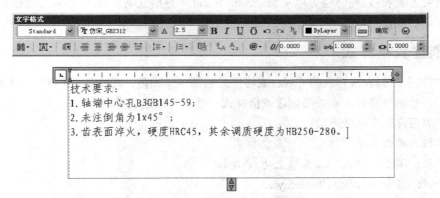

图 5-14　在文字编辑器中输入要表达的文字

步骤 4　单击“确定”按钮，完成“多行文字”命令，输入结果如图 5-15 所示。

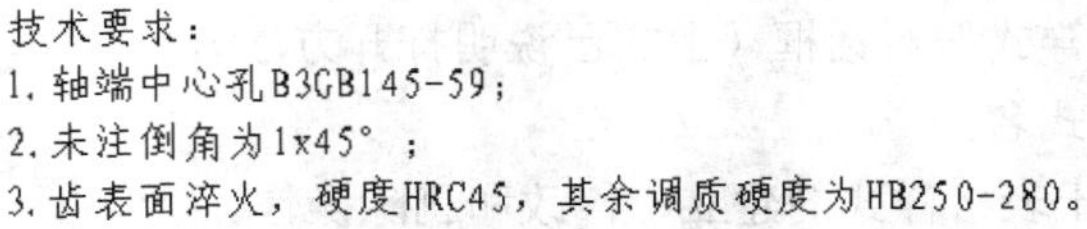

技术要求:
1. 轴端中心孔B3GB145-59;
2. 未注倒角为1x45°;
3. 齿表面淬火，硬度HRC45，其余调质硬度为HB250-280。

图 5-15　多行文字输入结果

5.1.4　多行文字编辑

“编辑”命令用于编辑文字、标注文字和属性定义。

执行"编辑"命令方法：

菜单栏：单击菜单"修改"|"对象"|"文字"|"编辑"；

工具栏：单击"文字"工具栏（如图 5-3 所示）上的 按钮；

命令行：在命令行输入 DDedit；

快捷菜单：选择需编辑的文字对象，在绘图区域中单击鼠标右键，在弹出的快捷菜单中选择"编辑"命令。

命令行输入"DDedit"之后，提示"选择注视对象或[放弃（U）]："要求选择想要修改的文字，同时光标变为拾取框。用拾取框拾取对象，如果选取的是单行文字，则可以对其直接进行修改；如果选取的是多行文字，则选取后将打开多行文字编辑器，可以根据前面的介绍对各项设置或者内容进行修改。

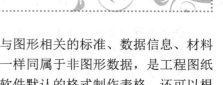

5.2 表格

表格是一种按照行和列包含文字数据的对象，用于展示与图形相关的标准、数据信息、材料信息等内容，常用于图纸的技术参数、明细表等，它和文字一样同属于非图形数据，是工程图纸中不可缺少的部分。使用绘制表格功能，不仅可以直接使用软件默认的格式制作表格，还可以根据自己的需要定制表格，同时也可以从 Microsoft Excel 中直接复制表格，还可以输出来自 AutoCAD 的表格数据，供其在其他程序中使用。

5.2.1 创建表格样式

"表格样式"控制表格对象的外观。表格样式包括背景颜色、页边距、边界、文字和其他表格特征的设置。绘制表格时，首先要创建表格样式，然后再创建表格。

执行"表格样式"功能方法：

菜单栏：单击菜单"格式"|"表格样式"；

工具栏：单击"样式"工具栏上的 按钮；

命令行：在命令行输入 TableStyle；

快捷键：在命令行输入 TS。

执行"表格样式"功能之后可打开如图 5-16 所示的"表格样式"对话框，在此对话框中可以进行表格参数的设置，其具体步骤如下所述。

步骤 1　打开"表格样式"对话框（上文已说明打开方法）。

步骤 2　设置表格样式名。

"样式"选项组，用于表格样式的建立、修改和删除操作。

在"样式"选项组中单击"新建"按钮，弹出如图 5-17 所示的"创建新的表格样式"对话框，用于为新建的表格样式进行命名。

在"新样式名"文本框中输入新的表格样式名称"表格样式-1"；在"基础样式"下拉列表中选择新的原始样式"Standard"，该原始样式为新样式提供默认设置。单击"继续"按钮，打开新建表格样式对话框，如图 5-18 所示。

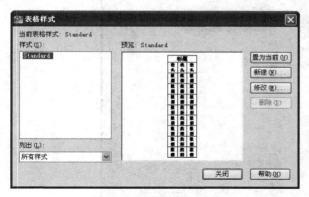

图 5-16 "表格样式"对话框

图 5-17 "创建新的表格样式"对话框

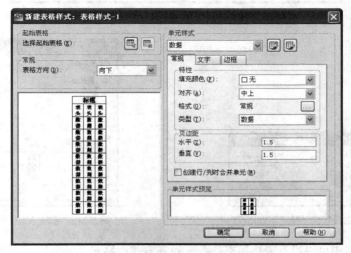

图 5-18 "新建表格样式"对话框

步骤 3　设置起始表格。

"起始表格"选项组，使用户可以在图形中指定一个表格作为样例来设置此表格样式的格式，选择表格后可以指定要从该表格复制到表格样式的结构和内容。

步骤 4　设置表格方向。

"常规"选项组，用于设置表格的方向。向下，可创建从上向下读取的表格对象，标题行和表头行位于表格的顶部；向上，可创建从下向上读取的表格对象，标题行和表头行位于表格的底部。

步骤 5　设置单元样式。

在"单元样式"下拉列表中可以选择"数据"、"标题"、"表头"选项如图 5-19 所示，同时可以根据需要创建新单元样式，单击右侧▣图标弹出"创建新单元样式"对话框如图 5-20 所示，用于指定新单元样式名称并指定单元样式所基于的现有单元样式。单击右侧▣图标弹出"管理单元样式"对话框如图 5-21 所示，用于显示当前表格样式中的所有单元样式并使用户可以创建删除单元样式。

图 5-19　"单元样式"下拉列表

图 5-20　"创建新单元样式"对话框　　　　　　图 5-21　"管理单元样式"对话框

"常规"选项卡中可以设置表格填充颜色、对齐方式、格式、类型以及页边距；"文字"选项卡中可以设置表格文字样式、高度、颜色、角度；"边框"选项卡中可以设置表格线宽、线性、颜色等特性，如图 5-22 所示。

"常规"选项卡　　　　　　　　"文字"选项卡　　　　　　　　"边框"选项卡

图 5-22　"单元样式"选项组中的选项卡

步骤 6 单击"确定"按钮即可将所设置的表格样式设置为当前样式,应用于当前图形当中。

5.2.2 管理表格样式

表格样式控制表格对象的外观,默认情况下表格样式是"Standard",用户可以根据需要创建新的表格样式。"Standard"表格的外观如图 5-23 所示,第一行是标题行,第二行是表头行,其他行是数据行。

图 5-23 "Standard"表格样式外观

在 AutoCAD 2012 中,可以使用"表格样式"对话框(图 5-16)来管理图形中的表格样式。在该对话框的"当前表格样式"后面,显示当前使用的表格样式;在"样式"列表中显示了当前图形所包含的表格样式;在"预览"窗口中显示了选中表格的样式;在"列出"下拉列表中,可以选择"样式"列表是显示图形中的所有样式还是正在使用的样式。

此外,在"表格样式"对话框中,还可以单击"置为当前"按钮,将选中的表格样式设置为当前;单击"修改"按钮,弹出图 5-24 所示的"修改表格样式"对话框,用于修改已有表格的参数;单击"删除"按钮,删除选中的表格样式。

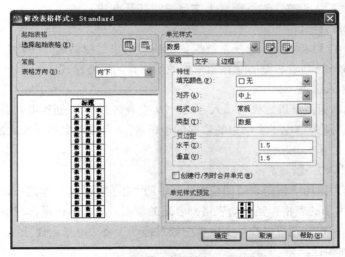

图 5-24 "修改表格样式"对话框

5.2.3 创建表格

"表格"命令用于为当前图形插入表格对象,表格插入后可以为表格填充表格文字。

执行"表格"命令方法:

菜单栏:单击菜单"绘图"|"表格";

工具栏：单击"绘图"工具栏上的 ▦ 按钮；

命令行：在命令行输入 Table；

快捷键：在命令行输入 TB。

执行"表格"功能之后可打开如图 5-25 所示的"插入表格"对话框，在此对话框中可以进行表格的设置，其具体步骤如下所述。

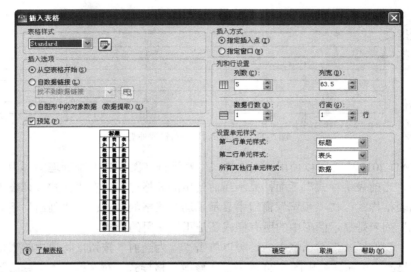

图 5-25 "插入表格"对话框

步骤 1 打开"插入表格"对话框（上文已说明打开方法）。

步骤 2 设置表格样式。

"表格样式"下拉列表框用于选择系统提供的或者用户已经创建好的表格样式，默认样式为 Standard。可以通过下拉列表右侧的 ▣ 按钮来修改所选择的表格样式。

步骤 3 设置插入选项。

"插入选项"选项组用于确定表格插入方式。"从空表格开始"：创建可以手动填充数据的空表格；"自数据连接"：从外部电子表格中的数据创建表格；"自图形中的对象数据"：启动"数据提取"向导。

步骤 4 设置插入方式。

"插入方式"选项组用于指定表格的位置。其中的"指定插入点"单选按钮，可以在绘图区域中的某点插入固定大小的表格，当拖动表格到合适的位置之后，单击鼠标左键，即可完成表格的创建。"指定窗口"单选按钮可以在绘图区域中通过拖动表格边框来创建任意大小的表格。

步骤 5 设置列和行。

"列和行"设置选项组用于设置表格的"列数"、"列宽"、"数据行数"、"行高"四个单元，设置好之后可以通过"预览"窗口查看设置效果。

步骤 6 设置单元样式

"设置单元样式"选项组用于设置每一行是"标题"、"表头"还是"数据"样式，包括"第一行单元样式"、"第二行单元样式"、"所有其他行单元样式"。

步骤 7 单击"确定"按钮即可在绘图区域插入一个表格，此时表格最上一行处于文字编辑状态，如图 5-26 所示。

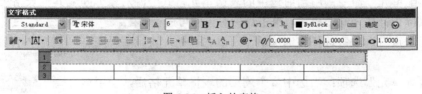

图 5-26　插入的表格

5.2.4　编辑表格和表格单元

1．编辑表格

从选中的整个表格的快捷菜单（图 5-27）可以看到，对整个表格可以进行剪切、复制、移动、缩放和旋转等简单操作，还可以均匀调整表格的行列大小。当选择"输出"选项时，还可以打开"输入数据"对话框，以".scv"格式输出表格中的数据。当选中整个表格后，在表格的四周、标题行上将显示许多夹点，也可以通过拖动这些夹点来编辑表格。

2．编辑表格单元

使用表格单元快捷菜单（图 5-28）可以编辑表格单元，其主要选项的功能如下。

图 5-27　选中整个表格的快捷菜单　　　　图 5-28　选中表格单元时的快捷菜单

（1）"单元样式"选项：当选择该选项后，弹出下一级菜单，可以选择表格单元的样式。

（2）"对齐"选项：当选择该选项后，弹出下一级菜单，可以设置表格单元的对齐方式。

（3）"匹配单元"命令：用当前选中的表格单元格式（源对象）匹配其他表格单元（目标对象），此时鼠标指针变为刷子形状，单击目标对象即可进行匹配。

（4）"插入点"选项：选择该选项后，可以选择插入块、字段还是公式。

（5）"合并单元"选项：当选中多个连续的表格单元格后，使用该选项将弹出下一级菜单，可以全部、按列或按行合并表格单元。

通过夹点编辑也可以修改表格单元。

3．编辑表格和文字

使用表格特性修改窗口（图 5-29），可完成单元格的宽度、高度、文字对齐方式、背景填充颜色、边界线宽和边界颜色等单元格的修改，也可以对文字内容、文字样式、文字高度、文字旋转及文字颜色等内容进行修改。

对表格中文字样式的某些修改不能直接应用在表格中，这时可以单独对表格中的文字进行编辑。表格中文字的大小会决定表格单元格的大小，如果表格中某一行中的一个单元格发生变化，它所在的行也会发生变化。

图 5-29　表格特性修改窗口

双击要修改的单元格的文字，如双击表格内的文字，弹出"文字格式"工具栏，此时可以对单元格的文字进行编辑。

5.2.5　表格创建与编辑实例

以上主要学习了表格样式的设置、表格的创建和编辑功能，下面以机械制图中的标题栏为例，学习表格创建及编辑的方法和具体的编辑技巧。

标题栏结构由于分割线不齐，所以可以先绘制一个列数为 28、行数为 5（每个单元格的尺寸为 5×8）的标准表格，然后在此基础上编辑合并单元格形成如图 5-30 所示的标题栏形式。

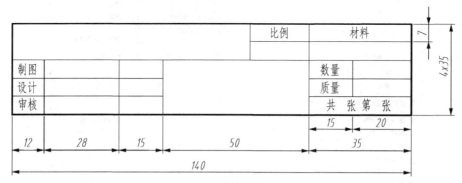

图 5-30　标题栏示意图

步骤 1　创建表格样式。

单击菜单栏中的"格式"|"表格样式"命令，打开"表格样式"对话框，如图 5-31 所示。单击"新建"按钮，创建新的表格样式"标题栏"如图 5-32 所示。单击"继续"按钮，弹出"新

建表格样式：标题栏"对话框，在"单元样式"下拉列表中分别选择"标题"、"表头"、"数据"选项，在下面的"文字"选项卡中设置"文字高度"为 2.5，如图 5-33 所示。单击"常规"选项卡，将"页边距"选项组中的"水平"和"垂直"都设置为 1。单击"确定"按钮，返回"表格样式"对话框，单击"关闭"按钮退出，完成表格样式的创建。

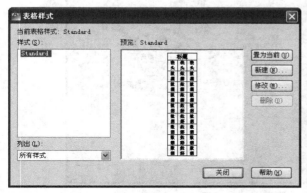

图 5-31 "表格样式"对话框

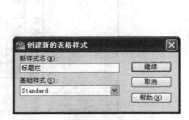

图 5-32 "创建新的表格样式"对话框

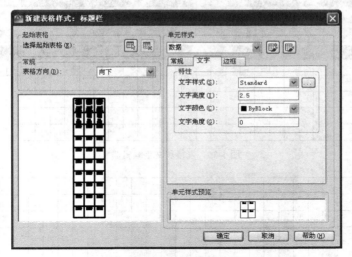

图 5-33 "表格样式"对话框

步骤 2 插入表格，设置表格样式。

单击"绘图"工具栏中的"表格"按钮，打开"插入表格"对话框，在"行和列设置"选项组中将"列数"设置为 28，将"列宽"设置为 5，将"数据行数"设置为 3（加上标题行和表头共 5 行），将"行高"设置为 1。在"设置单元样式"选项组中将"第一行单元样式"、"第二行单元样式"和"所有其他行单元样式"均设置为"数据"，如图 5-34 所示。

步骤 3 生成表格。

上一步中设置完表格内容之后，单击"确定"，系统生成表格。在绘图区单击一点，放置表格，同时打开多行文字编辑器，如图 5-35 所示。直接按"Enter"键，生成表格如图 5-36 所示。

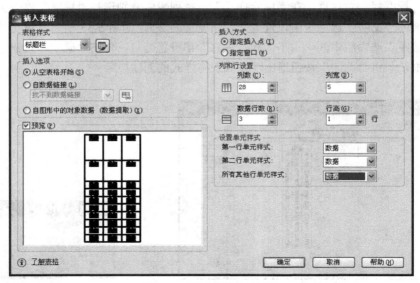

图 5-34　"插入表格"对话框

图 5-35　表格和文字编辑器

图 5-36　生成表格

步骤 4　设置单元格高度。

选择表格中的一个单元格，系统显示其编辑夹点。单击鼠标右键，在打开的快捷菜单栏中选择"特性"命令，如图 5-37 所示，系统打开"特性"对话框，将"单元高度"参数设置为 7，如图 5-38 所示，该单元格所在行高就统一改为 7。同样的方法，可以更改其他行的行高。

步骤 5　合并单元格。

选择 A1 单元格，按住 Shift 键，同时选择右侧 17 个单元格和下方 2 行单元格，选择表格工具栏上的"合并"|"全部"命令，如图 5-39 所示，被选中的单元格合并为一个单元格。采用同样的方法合并其他单元格，绘制结果如图 5-40 所示。

图 5-37 快捷菜单　　　　　　　　　图 5-38 "特性"对话框

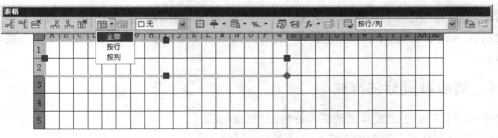

图 5-39 合并单元格

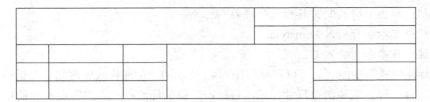

图 5-40 完成表格绘制

步骤 6　输入文字。

在单元格中双击，打开文字编辑器，在单元格中输入文字，将文字高度设置为 3，如图 5-41 所示。采用同样的方法输入其他单元格文字，绘制结果如图 5-42 所示（可将绘制好的标题栏做成块以后备用）。

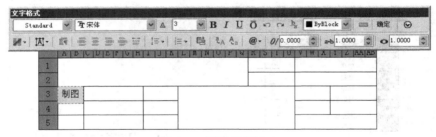

图 5-41　输入标题栏文字

			比例	材料	
制图			数量		
设计			质量		
审核				共　张第　张	

图 5-42　完成标题栏文字输入

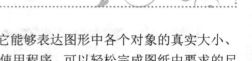

尺寸标注

　　尺寸标注是绘图设计工作中相当重要的一个环节，它能够表达图形中各个对象的真实大小、相互位置。AutoCAD 包含了一套完整的尺寸标注命令和使用程序，可以轻松完成图纸中要求的尺寸标注。

5.3.1　创建设置标注样式

　　"标注样式"用于设置和修改各具特色的尺寸样式工具。
　　执行"标注样式"功能的方法：
　　　　菜单栏：单击菜单"格式"|"标注样式"；
　　　　工具栏：单击"样式"工具栏上的 按钮；
　　　　命令行：在命令行输入 Dimstyle；
　　　　快捷键：在命令行输入 D。
　　执行"标注样式"功能之后，可打开如图 5-43 所示的"标注样式管理器"对话框。利用此对话框可方便、直观地定制和浏览尺寸样式，包括产生新的标注样式、修改已存在的样式、设置当前尺寸标注样式、样式重命名以及删除一个已有样式等，具体步骤如下所述。
　　步骤 1　打开"标注样式管理器"对话框（上文已说明打开方法）。
　　步骤 2　设置标注样式名。
　　"样式"选项组用于标注样式的建立、命名和删除操作。
　　在"样式"选项组中单击"新建"按钮，弹出如图 5-44 所示的"创建新标注样式"对话框，用于为新建的标注样式进行命名。

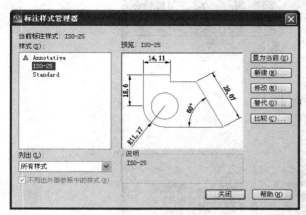

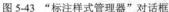

图 5-43 "标注样式管理器"对话框　　　　　　　图 5-44 "创建新标注样式"对话框

单击"修改"按钮，弹出如图 5-45 所示的"修改标注样式"对话框，用于修改一个已存在的尺寸标注样式，其操作过程与"创建新标注样式"基本相同。

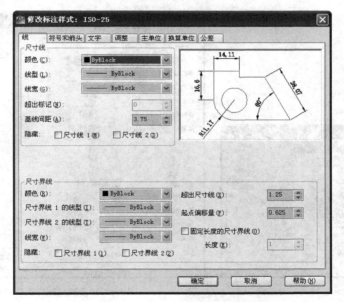

图 5-45 "修改标注样式"对话框

单击"替代"按钮，弹出如图 5-46 所示的"替代当前样式"对话框，用于设置临时覆盖尺寸标注样式，这种修改只对指定的尺寸标注起作用，而不影响当前尺寸变量的设置。

单击"比较"按钮，弹出如图 5-47 所示的"比较标注样式"对话框，用于比较两个尺寸标注样式在参数上的区别与浏览一个尺寸标注样式的参数设置，用户可以把比较结果复制到剪贴板上，然后再粘贴到其他的 Windows 应用软件上。

在"新样式名"文本框中用系统默认样式名称，即可创建名为"副本 ISO-25"的标注样式，如图 5-45 所示；在"基础样式"下拉列表中选择原始样式"ISO-25"，该原始样式为新样式提供默认设置。单击"继续"按钮，打开新建标注样式对话框，如图 5-48 所示。

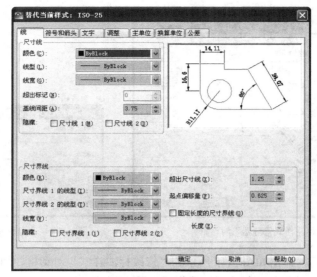

图 5-46　"替代当前样式"对话框

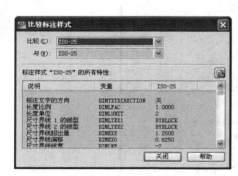

图 5-47　"比较标注样式"对话框

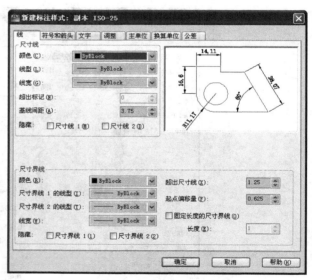

图 5-48　"新建标注样式"对话框

步骤 3　设置标注线型。

在"新建标注样式"对话框中的第一个选项卡就是"线",如图 5-49 所示。该选项卡用于设置尺寸线、尺寸界线的形式和特性。

(1)"尺寸线"选项组

"尺寸线"选项组,用于设置尺寸线的特性。

"颜色"下拉列表框:设置尺寸线的颜色。可直接输入颜色名字,也可从下拉列表框中选择。如果选择"选择颜色"选项,则系统将打开"选择颜色"对话框供用户选择其他颜色。

"线型"下拉列表框:设置尺寸线的线型,在其下拉列表中列出了各种线型的名字。

"线宽"下拉列表框:设置尺寸线的线宽,在其下拉列表中列出了各种线宽的名字和宽度。

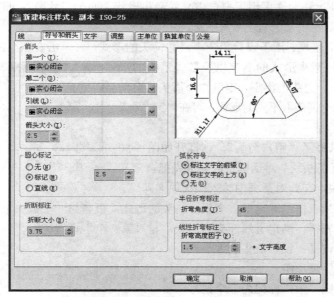

图 5-49 "符号和箭头"选项卡

"超出标记"微调框：当尺寸箭头设置为短斜线、短波浪线，或尺寸线上无箭头时，可利用此微调框设置尺寸线超出尺寸界线的距离。

"基线间距"微调框：设置以基线方式标注尺寸时，相邻两尺寸线之间的距离。

"隐藏"复选框组：确定是否隐藏尺寸线及相应的箭头。选中"尺寸线 1"复选框表示隐藏第一段尺寸线；选中"尺寸线 2"复选框表示隐藏第二段尺寸线。

（2）"尺寸界线"选项组

"尺寸界线"选项组，用于确定尺寸界线的形式。

"颜色"下拉列表框：设置尺寸界线的颜色。

"线宽"下拉列表框：设置尺寸界线的线宽。

"超出尺寸线"微调框：确定尺寸界线超出尺寸线的距离。

"起点偏移量"微调框：确定尺寸界线的实际起始点相对于指定的尺寸界线的起始点的偏移量。

"固定长度的尺寸界线"复选框：选中该复选框，系统以固定长度的尺寸界线标注尺寸。可以在下面的"长度"文本框中输入长度值。

"隐藏"复选框组：确定是否隐藏尺寸界线。选中"尺寸界线 1"复选框表示隐藏第一段尺寸界线；选中"尺寸界线 2"复选框表示隐藏第二段尺寸界线。

尺寸样式显示框：在"新建标注样式"对话框的右上方是一个尺寸样式显示框，该框以样例的形式显示用户设置的尺寸样式。

步骤 4　设置标注符号和箭头。

在"新建标注样式"对话框中的第二个选项卡就是"符号和箭头"，如图 5-49 所示。该选项卡用于设置箭头、圆心标记、弧长符号和半径标注折弯的形式和特性。

（1）"箭头"选项组

AutoCAD 提供了多种多样的箭头形状用于设置尺寸箭头的形式，列在"第一个"和"第二个"

下拉列表框中。另外，还允许采用用户自定义的箭头形状。两个尺寸箭头可以采用相同形式，也可采用不同的形式。

"第一个"下拉列表框：用于设置第一个尺寸箭头的形式。可单击右侧小箭头从下拉列表中选择，其中列出了各种箭头形式的名字以及各类箭头的形状。一旦确定了第一个箭头的类型，则第二个箭头将自动与其匹配，要想第二个箭头取不同的形状，可在"第二个"下拉列表框中设定。

如果在列表中选择了"用户箭头"，则打开如图 5-50 所示的"选择自定义箭头块"对话框。可以事先把自定义的箭头存成一个图块，在此对话框中输入该图块名即可。

图 5-50　"选择自定义箭头块"对话框

"第二个"下拉列表框：确定第二个尺寸箭头的形式，可与第一个箭头不同。

"引线"下拉列表框：确定引线箭头的形式，与"第一个"设置类似。

"箭头大小"微调框：设置箭头的大小。

（2）"圆心标记"选项组

"标记"单选按钮：中心标记为一个记号。

"直线"单选按钮：中心标记采用中心线的形式。

"无"单选按钮：既不产生中心标记，也不产生中心线，如图 5-51 所示。

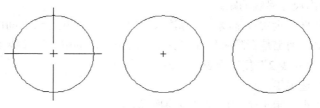

图 5-51　圆心标记

"大小"微调框：设置中心标记和中心线的大小和粗细。

（3）"弧长符号"选项组

控制弧长标注中圆弧符号的显示，有 3 个单选按钮，分别介绍如下。

"标注文字的前缀"单选按钮：将弧长符号放在标注文字的前面。

"标注文字的上方"单选按钮：将弧长符号放在标注文字的上方。

"无"单选按钮：不显示弧长符号。

（4）"半径折弯标注"选项组

控制折弯（Z 字型）半径标注的显示。折弯半径标注通常在中心点位于页面外部时创建。在"折弯角度"文本框中可以输入连接半径标注的尺寸界线和尺寸线横向直线的角度。

（5）"线性折弯标注"选项组

控制线性标注折弯的显示。当标注不能精确表示实际尺寸时，通常将折弯线添加到线性标注中。

（6）"折断标注"选项组

控制折断标注的间距宽度。

步骤 5　设置标注文字。

在"新建标注样式"对话框中的第 3 个选项卡就是"文字",如图 5-52 所示。该选项卡用于设置尺寸文本的外观、位置和对齐方式等。

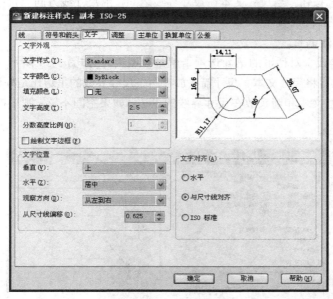

图 5-52　"文字"选项卡

(1)"文字外观"选项组

"文字样式"下拉列表框:选择当前尺寸文本采用的文本样式。可单击右侧小箭头从下拉列表中选取一个样式,也可单击右侧的…按钮,打开"文字样式"对话框,以创建新的文本样式或对文本样式进行修改。

"文字颜色"下拉列表框:设置尺寸文本的颜色,其操作方法与设置尺寸线颜色的方法相同。

"文字高度"微调框:设置尺寸文本的字高。如果选用的文本样式中已设置了具体的字高(不是 0),则此处的设置无效;如果文本样式中设置的字高为 0,则以此处的设置为准。

"分数高度比例"微调框:确定尺寸文本的比例系数。

"绘制文字边框"复选框:选中此复选框,AutoCAD 在尺寸文本周围加上边框。

(2)"文字位置"选项组

"垂直"下拉列表框:确定尺寸文本相对于尺寸线在垂直方向的对齐方式。单击右侧的向下箭头弹出下拉列表,可选择的对齐方式有以下 4 种。

"居中":将尺寸文本放在尺寸线的中间。

"上":将尺寸文本放在尺寸线的上方。

"外部":将尺寸文本放在远离第一条尺寸界线起点的位置,即和所标注的对象分列于尺寸线的两侧。

"JIS":使尺寸文本的放置符合 JIS(日本工业标准)规则。

(3)"文字对齐"选项组

"文字对齐"选项组,用于控制尺寸文本排列的方向。

"水平"单选按钮：尺寸文本沿水平方向放置。不论标注什么方向的尺寸，尺寸文本总保持水平。

"与尺寸线对齐"单选按钮：尺寸文本沿尺寸线方向放置。

"ISO 标准"单选按钮：当尺寸文本在尺寸界线之间，沿尺寸线方向放置；当尺寸文件在尺寸界线之外时，沿水平方向放置。

步骤 6　设置标注调整。

在"新建标注样式"对话框的第 4 选项卡就是"调整"，如图 5-53 所示。该选项卡根据两条尺寸界线的空间，设置将尺寸文本、尺寸箭头放在两条尺寸界线的里边还是外边。如果空间允许，AutoCAD 总是把尺寸文本和箭头放在尺寸界线的里边；如果空间不够，则根据本选项卡的各项设置放置。

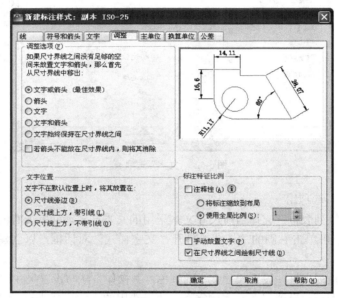

图 5-53　"调整"选项卡

（1）"调整选项"选项组

"文字或箭头（最佳效果）"单选按钮：选中此单选按钮，按以下方式放置尺寸文本和箭头。

如果空间允许，则把尺寸文本和箭头都放在两条尺寸界线之间；如果两条尺寸界线之间只够放置尺寸文本，则把文本放在尺寸界线之间，而把箭头放在尺寸界线的外边；如果只够放置箭头，则把箭头放在里边，把文本放在外边；如果两条尺寸界线之间既放不下文本，也放不下箭头，则把二者皆放在外边。

"箭头"单选按钮：选中此单选按钮，按以下方式放置尺寸文本和箭头。

如果空间允许，则把尺寸文本和箭头都放在两条尺寸界线之间；如果空间只够方下箭头，则把箭头放在里边，把文本放在外边；如果尺寸界线的空间放不下箭头，则把箭头和文本皆放在外边。

"文字"单选按钮：选中此单选按钮，按以下方式放置尺寸文本和箭头。

如果空间允许，则把尺寸文本和箭头都放在两条尺寸界线之间，否则把文本放在尺寸界线之间，把箭头放在外边；如果尺寸界线之间的空间放不下尺寸文本，则把文本和箭头都放在外边。

"文字和箭头"单选按钮：选中此单选按钮，如果空间允许，则把尺寸文本和箭头都放在两条尺寸界线之间，否则把文本和箭头都放在尺寸界线外边。

"文字始终保持在尺寸界线之间"单选按钮：选中此单选按钮，AutoCAD 总是把尺寸文本和箭头都放在两条尺寸界线之间。

"若箭头不能放在尺寸界线内，则将其消除"复选框：选中此复选框，则当尺寸界线之间的空间不够时省略尺寸箭头。

（2）"文字设置"选项组

用来设置尺寸文本的位置。其中 3 个单选按钮的含义介绍如下。

"尺寸线旁边"单选按钮：选中此单选按钮，把尺寸文本放在尺寸线的旁边，如图 5-54（a）所示。

"尺寸线上方，带引线"单选按钮：把尺寸文本放在尺寸线的上方，并用引线与尺寸线相连，如图 5-54（b）所示。

"尺寸线上方，不带引线"单选按钮：把尺寸文本放在尺寸线的上方，中间无引线，如图 5-54（c）所示。

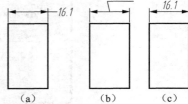

图 5-54 尺寸文本的位置

（3）"标注特征比例"选项组

"注释性"复选框：指定标注为注释性。

"使用全局比例"单选按钮：确定尺寸的整体比例系数。其后面的"比例值"微调框可以用来选择需要的比例。

"将标注缩放到布局"单选按钮：确定图纸空间内的比例系数，默认值为 1。

（4）"优化"选项组

设置附加的尺寸文本布置选项，包含两个选项，分别介绍如下。

"手动放置文字"复选框：选中此复选框，标注尺寸时由用户确定尺寸文本的放置位置，忽略前面的对齐设置。

"在尺寸界线之间绘制尺寸线"复选框：选中此复选框，不论尺寸文本在尺寸界线里边还是外边，AutoCAD 均在两尺寸界线之间绘出一尺寸线；否则当尺寸界线内放不下尺寸文本而将其放在外边时，尺寸界线之间无尺寸线。

步骤 7　设置标注主单位。

在"新建标注样式"对话框中的第 5 个选项卡就是"主单位"，如图 5-55 所示。该选项卡用于设置尺寸标注的主单位和精度，以及给尺寸文本添加固定的前缀或后缀。本选项卡包含 5 个选项组，分别对长度型标注和角度型标注进行设置。

（1）"线性标注"选项组

"线性标注"选项组，用来标注长度型尺寸所采用的单位和精度。

"单位格式"下拉列表框：确定标注尺寸时使用的单位制（角度型尺寸除外）。在该下拉菜单列表中，AutoCAD 提供了"科学"、"小数"、"工程"、"建筑"、"分数"和"Windows 桌面"6 种单位制，用户可根据需要进行选择。

"分数格式"下拉列表框：设置分数的形式。AutoCAD 提供了"水平"、"对角、非堆叠"3 种形式供用户选用。

"小数分隔符"下拉列表框：确定十进制单位（Decimal）的分隔符，AutoCAD 提供了 3 种形式，即点（.）、逗点（,）和空格。

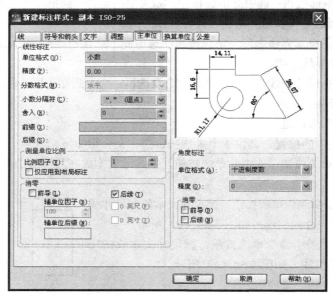

图 5-55 "主单位"选项卡

"舍入"微调框：设置除角度之外的尺寸测量的圆整规则。在文本框中输入一个值，如果输入"1"，则所有测量值均圆整为整数。

"前缀"文本框：设置固定前缀。可以输入文本，也可以用来控制符产生特殊字符，这些文本被加在所有尺寸文本之前。

"后缀"文本框：给尺寸标注固定后缀。

（2）"测量单位比例"选项组

确定 AutoCAD 自动测量尺寸时的比例因子。其中"比例因子"微调框用来设置除角度之外所有尺寸测量的比例因子。例如，如果用户确定比例因子为 2，则 AutoCAD 把实际测量为 1 的尺寸标注为 2。

如果选中"仅应用到布局标注"复选框，则设置的比例因子只适用于布局标注。

（3）"消零"选项组

用于设置是否省略标注尺寸时的 0。

"前导"复选框：选中此复选框，省略尺寸值处于高位的 0。例如，0.50000 标注为.50000。

"后续"复选框：选中此复选框，省略尺寸值小数点后末尾的 0。例如，12.5000 标注为 12.5，而 30.0000 标注为 30。

"0 英尺"复选框：采用"工程"和"建筑"单位制时，如果尺寸值小于 1 英尺，省略英尺。例如，0'-6 1/2"标注为 6 1/2"。

"0 英寸"复选框：采用"工程"和"建筑"单位制时，如果尺寸值是整数英尺时，省略英寸。例如，1'-0"标注为 1'。

（4）"角度标注"选项组

"角度标注"选项组，用于设置标注角度时采用的角度单位。

"单位格式"下拉列表框：设置角度单位制。

"精度"下拉列表框：设置角度型尺寸标注的精度。

（5）"消零"选项组

"消零"选项组：设置是否省略标注角度时的 0。

步骤 8 设置标注换算单位。

在"新建标注样式"对话框中的第 6 个选项卡就是"换算单位"，如图 5-56 所示。该选项卡用于指定标注测量值中换算单位的显示并设定其格式和精度。

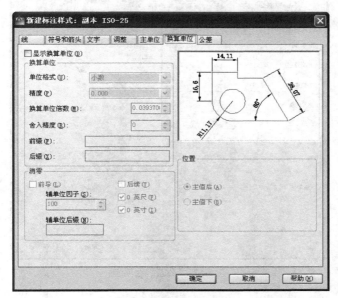

图 5-56 "换算单位"选项卡

（1）"显示换算单位"复选框

向标注文字添加换算测量单位。

（2）"换算单位"选项组

显示和设定除角度之外的所有标注类型的当前换算单位格式。

"单位格式"下拉列表框：设定换算单位的单位格式。

"精度"下拉列表框：设定换算单位中的小数位数。

"换算单位倍数"微调框：指定一个乘数，作为主单位和换算单位之间的转换因子使用。

"舍入精度"微调框：设定除角度之外的所有标注类型的换算单位的舍入规则。

"前缀"文本框：设置替换单位文本的固定前缀。例如，输入控制代码"%%C"显示直径符号。

"后缀"文本框：设置替换单位文本的固定后缀。例如，在标注文字中输入"cm"显示单位符号。

（3）"消零"选项组

用于设置是否省略标注尺寸时的 0。

（4）"位置"选项组

设置标注文字中换算单位的位置。

"主值后"单选按钮：将换算单位放在标注文字中的主单位之后。

"主值下"单选按钮：将换算单位放在标注文字中的主单位下面。

步骤 9　设置标注公差。

在"新建标注样式"对话框中的第 7 个选项卡就是"公差"，如图 5-57 所示。该选项卡用于确定标注公差的方式。

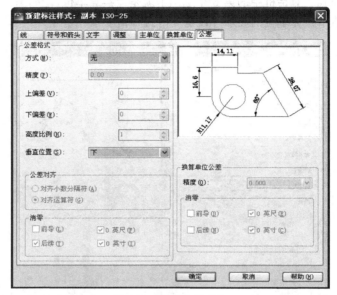

图 5-57　"公差"选项卡

（1）"公差格式"选项组

设置公差的标注方式。

"方式"下拉列表框：设定计算公差的方法。单击右侧的箭头弹出下拉列表框，AutoCAD 提供 5 种标注公差的形式供用户选择，标注如图 5-58 所示。其中，"无"表示不标注公差；"对称"表示标注公差的正/负表达式，其中一个偏差量的值应用于标注测量值；"极限偏差"表示标注公差的正/负表达式；"极限尺寸"创建极限标注；"基本尺寸"创建基本标注，将在整个标注范围周围显示一个框。

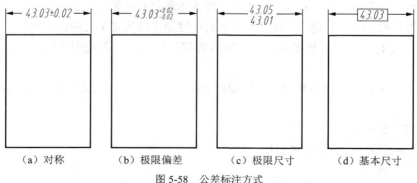

图 5-58　公差标注方式

"精度"下拉列表框：确定公差标注的小数位数。

"上偏差"微调框：设定最大公差或上偏差。

"下偏差"微调框：设定最小公差或下偏差。

"高度比例"：微调框：设定公差文字的当前高度。

"垂直位置"下拉列表框：控制对称公差和极限公差的文本对齐方式，如图 5-59 所示。

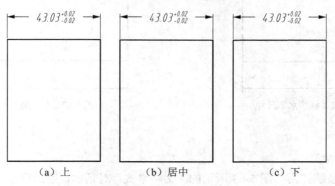

(a) 上　　　　　　　(b) 居中　　　　　　　(c) 下

图 5-59　公差文本对齐方式

（2）"公差对齐"选项组

堆叠时，控制上下偏差值的对齐。

（3）"消零"选项组

用于设置是否省略标注尺寸时的 0。

（4）"换算单位公差"选项组

设定换算公差单位的格式，其中只有一个参数即"精度"，以显示和设定小数位。

步骤 10　单击"确定"按钮即可将所设置的标注样式设置为当前样式，应用于当前图形的尺寸标注当中。

5.3.2　线性尺寸标注

"线性尺寸标注"用于标注两点之间的水平或者垂直尺寸。

执行"线性尺寸标注"功能方法：

菜单栏：单击菜单"标注"|"线性"；

工具栏：单击"标注"工具栏（如图 5-60 所示）上的 ⊓ 按钮；

命令行：在命令行输入 Dimlinear。

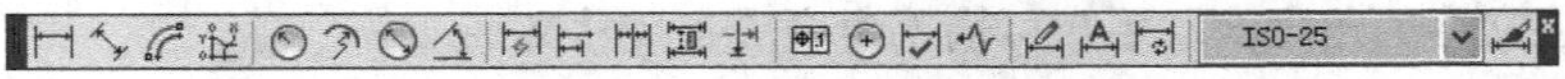

图 5-60　"标注"工具栏

执行"线性"命令标注矩形的长度和宽度尺寸的步骤如下。

步骤 1　绘制长为 40、宽为 20 的矩形。

步骤 2　激活"线性"命令，根据命令行提示标注水平长度尺寸，如图 5-61 所示。

命令：Dimliner　　　　　　　　　　　（Enter 激活"线性"命令）

指定第一个尺寸界线原点或<选择对象>：　　　（捕捉标注对象的端点）

指定第二条尺寸界线原点：　　　　　　　　　　　（捕捉标注对象的另一端点）

指定尺寸线位置或[多行文字（M）/文字（T）/角度（A）/水平（H）/垂直（V）/旋转（R）]:
　　　　　　　　　　　　　　　　　　　（在适当位置指定点或者输入选项）

步骤 3　重复执行"线性"命令，标注垂直宽度尺寸，如图 5-62 所示。

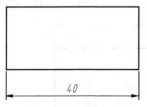

图 5-61　标注水平尺寸

图 5-62　标注垂直尺寸

选项说明如下。

1．多行文字（M）

选择该选项后系统弹出如图 5-63 所示的"文字格式"对话框，用户可在系统实际测量值前面或后面添加尺寸前缀和后缀，也可修改尺寸内容为多行文本。例如在长度尺寸测量值输入控制码"%%c"为其添加直径符号，如图 5-64 所示。

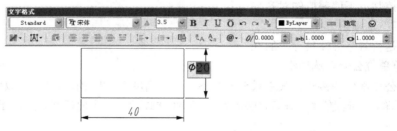

图 5-63　"文字格式"对话框

2．文字（T）

该选项用于为当前尺寸文字添加前后缀，或对当前尺寸文字进行修改编辑，只不过它是通过命令行输入的形式修改尺寸文字。选择此项后，命令行提示"输入标注文字<默认值>:"。

3．角度（A）

该选项用于设置尺寸文字的倾斜角度，选择此项后，命令行提示"指定标注文字的角度:"。用户可输入角度放置尺寸文字，如图 5-65 所示。

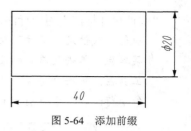

图 5-64　添加前缀

4．水平（H）

水平标注尺寸，无论标注什么方向的线段，尺寸线均水平放置，如图 5-66 所示。

5．垂直（V）

垂直标注尺寸，无论被标注线沿什么方向，尺寸线均垂直放置，如图 5-67 所示。

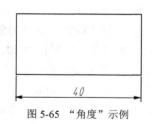

图 5-65　"角度"示例

6. 旋转（R）

设置尺寸线的旋转角度。选择此项后，命令行提示"指定尺寸线的角度："。用户可通过输入角度来创建旋转型尺寸，如图 5-68 所示。

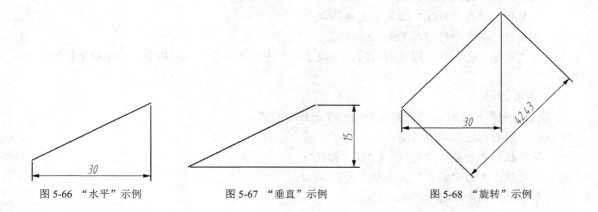

图 5-66 "水平"示例　　　　图 5-67 "垂直"示例　　　　图 5-68 "旋转"示例

5.3.3 半径、直径和圆心标注

1．半径标注

"半径"用于标注圆或圆弧的半径尺寸。

执行"半径"功能方法：

　　菜单栏：单击菜单"标注"|"半径"；

　　工具栏：单击"标注"工具栏上的 ◎ 按钮；

　　命令行：在命令行输入 Dimradius。

执行"半径"命令标注圆或圆弧的半径尺寸的步骤如下。

步骤 1　绘制圆弧、圆。

步骤 2　激活"半径"命令，根据命令行提示标注半径尺寸，如图 5-69 所示。

　　命令：Dimradius　　　　　　　　　　　　　　（Enter 激活"半径"命令）

　　选择圆或圆弧：　　　　　　　　　　　　　　（直接选中圆或圆弧）

　　指定尺寸线位置或[多行文字（M）/文字（T）/角度（A）]：

　　　　　　　　　　　　　　　　　　　　　　　　（在适当位置指定点）

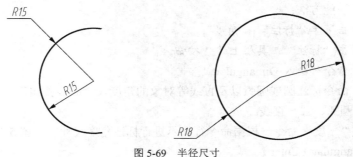

图 5-69 半径尺寸

2．直径标注

"直径"用于标注圆或圆弧的直径尺寸。

执行"直径"功能方法：

　菜单栏：单击菜单"标注"|"直径"；

　工具栏：单击"标注"工具栏上的◎按钮；

　命令行：在命令行输入 Dimdiameter。

执行"直径"命令标注圆或圆弧的直径尺寸，方法与"半径"标注相似，标注效果如图 5-70 所示。

3．圆心标记

"圆心标记"用于标注圆或圆弧的圆心标记或中心线。

执行"圆心标记"功能方法：

　菜单栏：单击菜单"标注"|"圆心标记"；

　工具栏：单击"标注"工具栏上的⊕按钮；

　命令行：在命令行输入 Dimcenter。

执行"圆心标记"命令标注圆或圆弧的圆心标记或中心线，标注效果如图 5-71 所示。

　命令：Dimcenter　　　　　（Enter）

　选择圆弧或圆：　　　　　　（直接选中圆或圆弧）

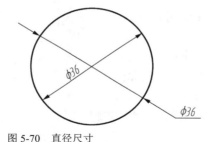
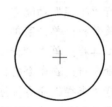

图 5-70　直径尺寸　　　　　　　　　　　　　　　　　　图 5-71　圆心标记

说明：对于大圆可用该命令标记圆心位置；对于小圆可用该命令代替中心线。

5.3.4　角度标注与其他类型标注（引线、坐标和快速标注）

1．角度标注

"角度"用于标注圆或圆弧以及直线等对象的角度尺寸。

执行"角度"功能方法：

　菜单栏：单击菜单"标注"|"角度"；

　工具栏：单击"标注"工具栏上的△按钮；

　命令行：在命令行输入 Dimangular。

执行"角度"命令标注圆或圆弧以及直线等对象的角度尺寸的步骤如下。

步骤 1　绘制圆弧、圆、直线。

步骤 2　激活"角度"命令，根据命令行提示进行标注角度尺寸（如图 5-72 所示）。

　命令：Dimangular（Enter）

　选择圆弧、圆、直线或<指定顶点>：（选择圆弧、圆、直线或按 Enter 键通过指定三个点来

创建角度标注）

    指定标注圆弧线置或[多行文字（M）/文字（T）/角度（A）/象限（Q）]：（在适当位置指定点。）

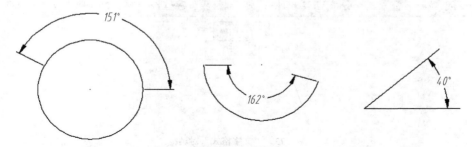

图 5-72　角度尺寸

选项说明：

（1）选择圆弧：使用选定圆弧上的点作为三点角度标注的定一点；

（2）选择圆：将选择点（1）作为第一条尺寸界线的原点；

（3）选择直线：用两条直线定义角度；

（4）指定顶点：创建基于指定三点的标注；

（5）标注圆弧线位置：指定尺寸线的位置并确定绘制尺寸界线的方向；

（6）象限（Q）：指定标注应锁定到的象限。

2．引线标注

"快速引线"用于创建灵活多样的引线标注形式，指引线可带箭头或不带箭头，注释文本可以是多行文本，也可以是形位公差，可以从图形其他部位复制，也可以是一个图块。

执行"快速引线"功能方法：

    命令行：在命令行输入 Qleader;

    快捷键：在命令行输入 LE

执行"快速引线"功能方法如下。

步骤1　激活"快速引线"命令。

步骤2　使用命令中的"多行文字（M）"进行标注，命令操作如下。

    命令：Qleader（Enter 激活快速引线命令）

    指定第一个引线点或[设置（S）]<设置>：（指定引线起点）

    指定下一点：（指定引线第二点）

    指定下一点：（指定引线第三点）

    指定文字宽度<0.0000>：（输入多行文本的宽度（采用默认值））

    输入注释文字的第一行<多行文字（M）>：（输入单行文字或按 Enter 键打开"文字格式"对话框，输入多行文本如图 5-73 所示）

    输入注释文字的下一行：（输入另一行文本）

    输入注释文字的下一行：（输入另一行文本或按 Enter 键）

若在"指定第一个引线点或[设置（S）]<设置>："提示下，输入"S"激活"设置"选项，可以打开如图 5-74 所示的"引线设置"对话框。在此对话框中可以进行相关参数的设置。

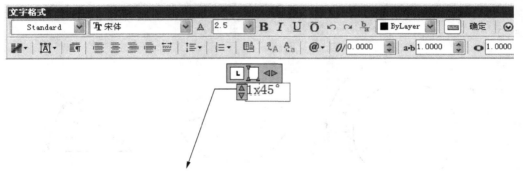

图 5-73 "文字格式"对话框

- "注释"选项卡

用于设置引线标注中注释文本的类型、多行文本的格式并确定注释文本是否多次使用，如图 5-74所示。

- "引线和箭头"选项卡

用于设置引线标注中引线的样式、点数和箭头的格式等，如图 5-75 所示。

- "附着"选项卡

用于设置引线和多行文字注释的附着位置，如图 5-76 所示。

图 5-74 "引线设置"对话框

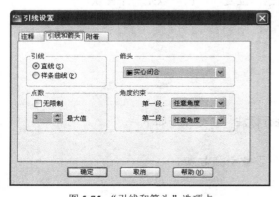

图 5-75 "引线和箭头"选项卡

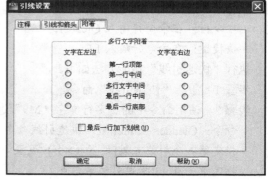

图 5-76 "附着"选项卡

说明：只有在"注释"选项卡内勾选了"多行文字"选项时，此选项卡才可以使用。

3．坐标标注

"坐标"用于测量原点到特征的垂直距离，通过保持特征与基准点之间的精确偏移量，来避免误差增大。坐标标注由 X 值或 Y 值和引线组成，X 基准坐标标注沿 X 轴测量特征点与基准点之间的距离；Y 基准坐标标注沿 Y 轴测量特征点与基准点之间的距离。

执行"坐标"功能方法：

菜单栏：单击菜单"标注"|"坐标"；

工具栏：单击"标注"工具栏上的 按钮；

命令行：在命令行输入 Dimaordinate。

执行"坐标"功能方法如下。

步骤 1　激活"快速引线"命令。

步骤 2　使用"坐标"命令标注如图 5-77 所示的圆心坐标，命令操作如下：

命令：Dimaordinate（Enter 激活"坐标"命令）

指定点坐标：（捕捉圆心）

指定引线端点或[X 基准（X）/Y 基准（Y）/多行文字（M）/文字（T）/角度（A）]：

（指定合适放置点）

选项说明如下。

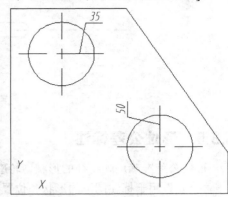

* 指引线端点：使用点坐标和引线端点的坐标差可确定它是 X 坐标还是 Y 坐标标注。若 Y 坐标的坐标差较大，标注就测量 X 坐标，否则就测量 Y 坐标。

* X 基准（X）：测量 X 坐标并确定引线和标注文字的方向，命令行将提示"引线端点"，从中可指定端点。

* Y 基准（Y）：测量 Y 坐标并确定引线和标注文字的方向，命令行将提示"引线端点"，从中可指定端点。

图 5-77　圆心坐标标注

* 快速标注

"快速标注"可以同时选择多个圆或者圆弧标注直径或半径，也可以同时选择多个对象进行基线标注和连续标注。使用该命令可以一次完成多个标注，以节省时间，提高工作效率。

执行"快速标注"功能方法：

菜单栏：单击菜单"标注"|"快速标注"；

工具栏：单击"标注"工具栏上的 按钮；

命令行：在命令行输入 QDim。

执行"快速标注"命令，标注如图 5-78 所示的尺寸。

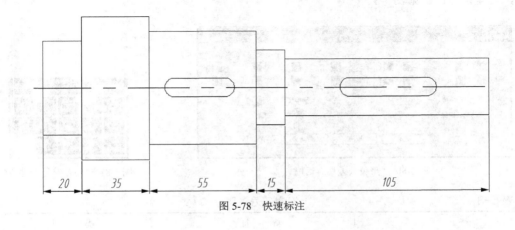

图 5-78　快速标注

步骤 1　绘制图形。

步骤 2 激活"快速标注"命令，根据命令行提示进行标注。

命令：QDim（Enter 激活"快速标注"命令）

关联标注优先级=端点

选择要标注的几何图形：（选择要标注尺寸的多个对象，如图 5-79 所示，按 Enter 键）

指定尺寸线位置或[连续（C）/并列（S）/基线（B）/坐标（O）/半径（R）/直径（D）/基准点（P）/编辑（E）/设置（S）] <连续>：（向下移动光标拾取一点，结果如图 5-80 所示）

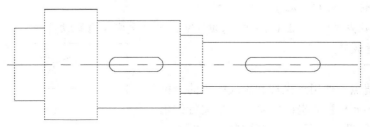

图 5-79 拾取标注对象

5.3.5 形位公差标注

形位公差准确反映特征的形状、轮廓、方向、位置和跳动的允许偏差。

"公差"用于标注图形的形状和位置公差。

执行"公差"功能方法：

菜单栏：单击菜单"标注" | "公差"；

工具栏：单击"标注"工具栏上的 按钮；

命令行：在命令行输入 Tolerance；

快捷键：在命令行输入 TOL。

执行"公差"功能之后可打开如图 5-80 所示的"形位公差"对话框，用于标注图形的形位公差。

（1）"符号"选项组

单击"符号"选项组内的黑色方块，弹出图 5-81 所示的"特征符号"对话框，用于选择公差符号，公差符号说明见表 5-3。

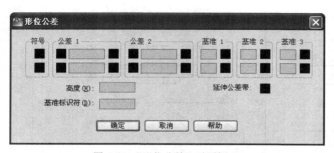

图 5-80 "形位公差"对话框

图 5-81 "特征符号"对话框

表 5-3　　　　　　　　　　　　公差符号说明

符　　号	特　　征	类　　型
⊕	位置	位置

续表

符　　号	特　　征	类　　型
◎	同轴度	位置
⌯	对称度	位置
//	平行度	方向
⊥	垂直度	方向
∠	倾斜度	方向
⌭	柱面度	形状
▱	平面度	形状
○	圆度	形状
—	直线度	形状
⌓	面轮廓度	轮廓
⌒	线轮廓度	轮廓
↗	圆跳动	跳动
⌰	全跳动	跳动

（2）“公差 1”“公差 2”选项组

用于设置公差框内的第一、第二公差值。

单击文本右侧的黑色方块，弹出图 5-82 所示的“包容条件”对话框，进行包容条件设置。

图 5-82 “包容条件”对话框

Ⓜ 表示最大包容条件，规定零件在极限尺寸内的最大包容量；

Ⓛ 表示最小包容条件，规定零件在极限尺寸内的最小包容量；

Ⓢ 表示不考虑特征条件，不规定零件在极限尺寸内的任意几何大小。

（3）“基准 1”、“基准 2”、“基准 3”选项组

用来创建第一、第二、第三公差基准及相应的包容条件

（4）“高度（H）”

创建特征控制框中的投影公差零值。投影公差带控制固定垂直部分延伸区的高度变化，并以位置公差控制公差精度。

（5）“延伸公差带”

在延伸公差带值的后面插入延伸公差带符号。

（6）“基准标识符（D）”

创建由参照字母组成的基准标识符，基准是理论上精确的几何参照，用于建立其他特征的位置和公差带。

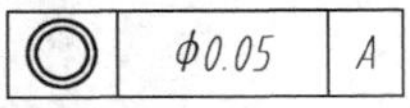

图 5-83 公差标注

标注如图 5-83 所示的公差，操作步骤如下。

步骤 1 激活“公差”命令。

步骤 2 在“符号”选项组中的黑色方块上单击鼠标左键，弹出“特征符号”对话框，单击“同轴度”特征符号，此时系统返回“形位公差”对话框。

步骤 3 在“公差 1”选项组中的黑色方块上单击鼠标左键，标注直径符号，然后再其右侧文本框中输入 0.05。

步骤 4　单击"确定"按钮，在命令行"输入公差位置"提示下，指定绘图区域中放置公差的位置，即可标注完成。

5.3.6　编辑标注对象

1．编辑标注

"编辑标注"用于编辑尺寸文字、尺寸文字的旋转角度以及延伸线的倾斜角度等。

执行"编辑标注"功能方法：

　　菜单栏：单击菜单"标注"｜"倾斜"；

　　工具栏：单击"标注"工具栏上的 按钮；

　　命令行：在命令行输入 Dimedit。

执行"编辑标注"命令修改如图 5-84（a）所示的标注，编辑后的效果如图 5-84（b）所示。

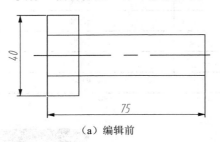 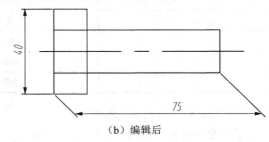

（a）编辑前　　　　　　　　　　　　　　　　　　（b）编辑后

图 5-84　编辑前后

步骤 1　激活"编辑标注"命令。

步骤 2　使用命令中的"旋转"功能，对尺寸进行旋转。

　　命令：Dimedit　　　　　　　　　（Enter 激活"编辑标注"命令）

　　输入标注编辑类型[默认（H）/新建（N）/倾斜（O）]<默认>：REnter（激活旋转选项）

　　指定文字标注的角度：　　　　　　15Enter（设置旋转角度）

　　选择对象：　　　　　　　　　　（选择尺寸文字为 40 的对象）

　　选择对象：　　　　　　　　　　Enter（结束命令，修改效果如图 5-85 所示）

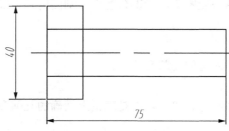

图 5-85　旋转尺寸文字

步骤 3　按 Enter 键，重复执行"编辑标注"命令，使用"倾斜"选项，对尺寸进行设置。

　　命令：Dimedit　　　　　　　　　（Enter 激活"编辑标注"命令）

　　输入标注编辑类型[默认（H）/新建（N）/倾斜（O）]<默认>：

　　　　　　　　　　　　　　　　　（激活倾斜选项）

选择对象： （选择尺寸文字为 75 的对象）

选择对象： Enter（结束对象选择）

输入倾斜角度（按 ENTER 表示无）： -45Enter（设置倾斜角度同时结束命令，尺寸最终编辑效果见图 5-84（b）。）

选项说明：

默认：将选中标注文字移回到默认位置；

新建：对尺寸文字的内容进行修改；

旋转：按指定旋转角度放置标注文字，当旋转角度为 0 时，系统将标注文字按照默认方向放置；

倾斜：对延伸线进行编辑，激活该选项后，系统将按指定的角度调整标注延伸线的倾斜角度。

2．编辑标注文字

"编辑标注文字"用于编辑尺寸对象的尺寸线、尺寸文本的位置等。

执行"编辑标注文字"功能方法：

　　菜单栏：单击菜单"标注"|"对齐文字"下一级菜单中的各个选项；

　　工具栏：单击"标注"工具栏上的 A 按钮；

　　命令行：在命令行输入 Dimtedit。

执行"编辑标注文字"命令修改图 5-86 所示标注。

步骤 1　激活"编辑标注文字"命令。

步骤 2　使用命令中的"角度"功能，对尺寸文字进行编辑。

　　命令：Dimtedit （Enter 激活"编辑标注文字"命令）

　　选择标注： （选择刚刚标注的尺寸对象）

　　为标注文字指定新位置或[左对齐（L）/右对齐（R）/居中（C）/默认（H）/角度（A）]: A（激活角度选项）

　　指定文字标注的角度： 15 Enter（结果如图 5-87 所示）

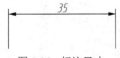

图 5-86　标注尺寸

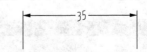

图 5-87　更改尺寸文字的角度

步骤 3　按 Enter 键，重复执行"编辑标注文字"命令，修改尺寸文字的位置。

　　命令：Dimtedit （Enter 激活"编辑标注"命令）

　　选择标注： （选择图 5-87 尺寸对象）

　　为标注文字指定新位置或[左对齐（L）/右对齐（R）/居中（C）/默认（H）/角度（A）]: L（激活左对齐选项，按 Enter 键结束命令）尺寸最终编辑效果见图 5-88。

3．标注更新

"标注更新"用于将使用其他标注样式标注的尺寸修改为当前标注样式，还可以将当前标注样式保存起来，以供随时调用。

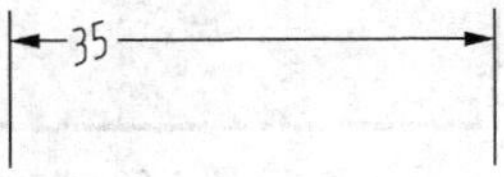

执行"标注更新"功能的方法：

　　菜单栏：单击菜单"标注"|"更新"；

　　工具栏：单击"标注"工具栏上的 按钮；

图 5-88　修改尺寸文字的位置

命令行：在命令行输入-Dimstyle;

执行"标注更新"功能时，需要事先将标注样式设置为当前样式，然后激活"标注更新"命令，选择尺寸对象，单击 Enter 键，即可将此尺寸对象的标注样式进行更新。

5.3.7　尺寸标注实例

以上主要学习了尺寸样式的设置、各类尺寸的标注功能、编辑功能，下面以泵轴尺寸为例，学习尺寸标注的方法和具体的标注技巧。

绘图步骤如下。

步骤 1　打开图形文件。

执行"打开"命令，打开图形文件"泵轴.dwg"，则该图形显示在绘图区，如图 5-89 所示。

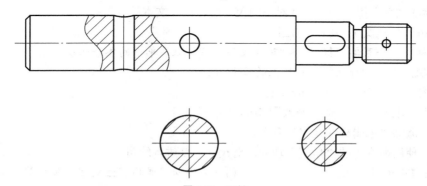

图 5-89　泵轴

步骤 2　设置尺寸标注样式。

选择"标注"菜单栏中的"标注样式"命令，打开"标注样式管理器"如图 5-90 所示，单击"新建"按钮，创建一个名为"机械标注"的尺寸样式，如图 5-92 所示。

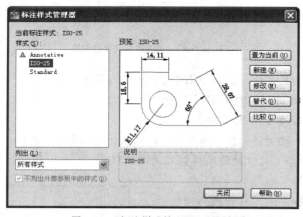

图 5-90　"标注样式管理器"对话框

图 5-91　为新建样式赋名

在"创建新标注样式"对话框中单击"继续"按钮，打开"新建标注样式：机械标注"对话框，分别设置选项卡中的参数如图 5-92～图 5-95 所示，设置完毕单击"确定"按钮，完成尺寸标注样式的设置。在"标注样式管理器"中选取"机械标注"标注样式，单击"置为当前"按钮，将其设置为当前标注样式。

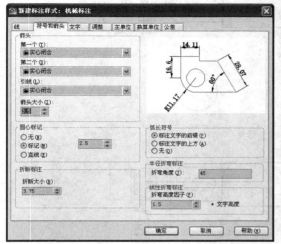

图 5-92 "符号和箭头"选项卡

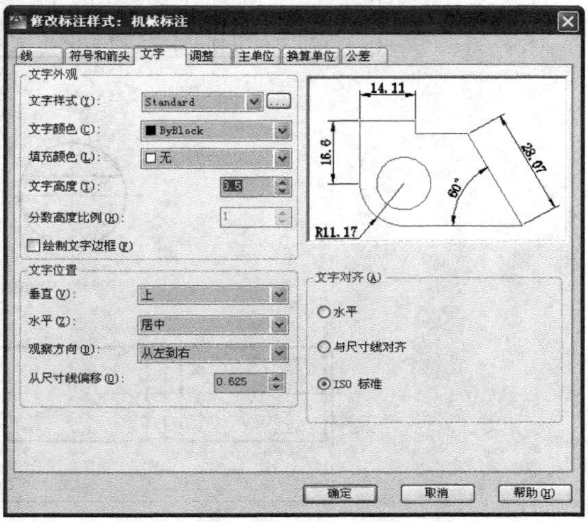

图 5-93 "文字"选项卡

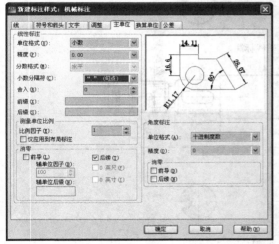

图 5-94 "主单位"选项卡

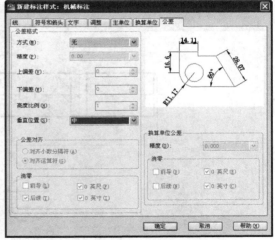

图 5-95 "公差"选项卡

步骤 3 标注基本尺寸。

单击"标注"工具栏中的"线性"按钮，标注泵轴主视图中的线性尺寸"M10"、"$\phi7$"、"6"如图 5-96 所示。

单击"标注"工具栏中的"基线"按钮，以尺寸"6"的右端尺寸延伸线为基线，进行基线标注，标注尺寸"12"和"94"如图 5-97 所示。

单击"标注"工具栏中的"连续"按钮，选择尺寸"12"的左端尺寸延伸线，标注尺寸"2"和"14"如图 5-98 所示。

单击"标注"工具栏中的"线性"按钮，标注泵轴主视图中的线性尺寸"16"，单击"标注"工具栏中的"线性"按钮，标注连续尺寸"26"、"2"和"10"如图 5-99 所示。

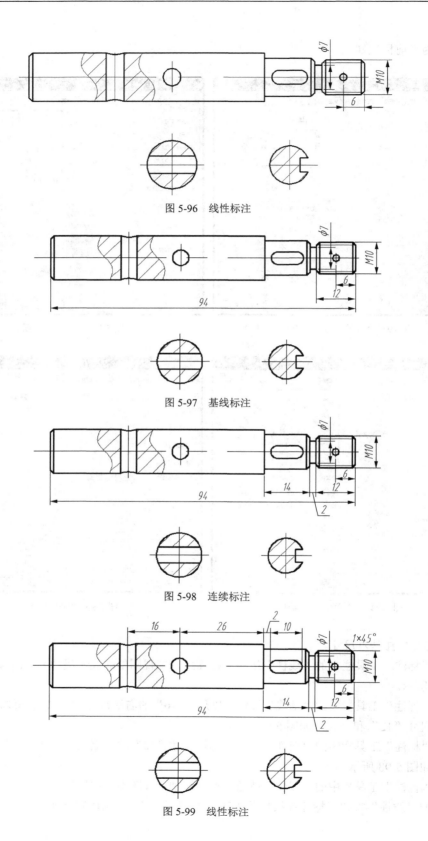

图 5-96 线性标注

图 5-97 基线标注

图 5-98 连续标注

图 5-99 线性标注

单击"标注"工具栏中的"直径"按钮，标注泵轴主视图中的直径尺寸"φ2"，如图 5-100 所示。

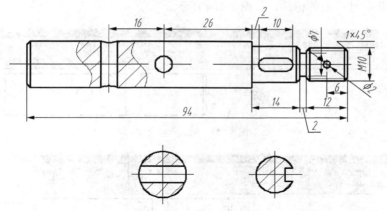

图 5-100 直径标注

单击"标注"工具栏中的"线性"按钮，标注泵轴断面图中的线性尺寸"2-φ5 配钻"，此时应选择"T"选项，然后输入标注文字"2-%%C5 配钻"；单击"标注"工具栏中的"线性"按钮，标注泵轴断面图中的线性尺寸"8.5"和"4"，如图 5-101 所示。

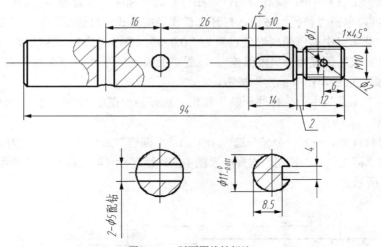

图 5-101 断面图线性标注

步骤 4 标注尺寸公差。

单击"标注"工具栏中的"线性"按钮，配合交点捕捉功能标注尺寸公差，命令操作如下。

命令：_dimliner

指定第一条延伸线原点或<选择对象>: （在绘图区域拾取尺寸定位点）

指定第二条延伸线原点: （在绘图区域拾取第二尺寸定位点）

指定尺寸线位置或[多行文字（M）/文字（T）/角度（A）/水平（H）/垂直（V）/旋转（R）]: M（Enter，激活"多行文字"选项，此时系统打开"文字格式"对话框）

在尺寸文字左侧输入"%%C"，在尺寸文字右侧输入"0^-0.011"如图 5-102 所示；然后选中输入的"0^-0.011"文字，单击"文字格式"编辑器中的"堆叠"按钮，使尺寸后缀进行堆叠，如图 5-103 所示；单击"文字格式"编辑器中的"确定"按钮，完成标注，返回绘图区域。同样道理完成"$\phi11$"尺寸公差的标注，如图 5-104 所示。

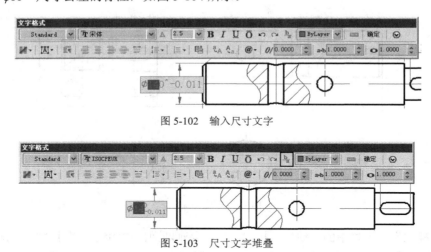

图 5-102　输入尺寸文字

图 5-103　尺寸文字堆叠

步骤 5　采用"标注替代"、"标注更新"为断面图中的线性尺寸添加尺寸偏差。

单击"标注"工具栏中的"标注样式"，在打开的"标注样式管理器"的样式列表框中选择"机械标注"选项，单击"替代"按钮，打开"替代当前样式"对话框。单击"主单位"选项卡，将"线性标注"选项组中的"精度"值设置为"0.000"；单击"公差"选项卡，在"公差格式"选项组中，将"方式"设置为"极限偏差"，设置"上偏差"为 0，"下偏差"为 0.011，"高度比例"为 0.7，设置完成后单击"确定"按钮。

单击"标注"工具栏中的"标注更新"按钮，选择断面图中的线性尺寸"8.5"，即可为该尺寸添加尺寸偏差。

继续设置替代样式，设置"公差"选项卡中的"上偏差"为 0，"下偏差"为 0.030，单击"标注"工具栏中的"标注更新"按钮，选择断面图中的线性尺寸"4"，即可为该尺寸添加尺寸偏差，结果如图 5-105 所示。

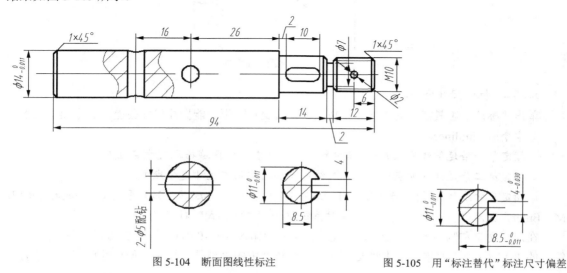

图 5-104　断面图线性标注　　　　　　　图 5-105　用"标注替代"标注尺寸偏差

步骤 6　标注形位公差。

在命令行输入"LE"后按"Enter"键，激活"快速引线"命令，配合"端点捕捉"功能标注形位公差，命令操作如下。

命令：_qleader

指定第一个引线点或[设置（S）]<设置>:　　　S（Enter，激活"设置"选项，在打开的引线设置对话框中设置参数，如图 5-106 所示，选择"公差"复选框）

指定第一个引线点或[设置（S）]<设置>:　　　（单击"确定"按钮，返回绘图区域，捕捉引线点）

指定下一点：　　　　　　　　　　　　　　　　　（在垂直方向上定位第二个引线点）

指定下一点：　　　　　　　　　　　　　　　　　（在水平方向上定位第三个引线点）

此时，系统弹出"形位公差"对话框，然后在"公差 1"选项组颜色块上单击鼠标左键，显示直径符号，文本框中输入"0.05"，基准中输入"B"，如图 5-107 所示，单击"确定"按钮，完成形位公差标注。

图 5-106　"引线设置"对话框

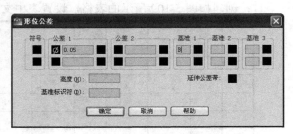

图 5-107　"形位公差"对话框

步骤 7　调整视图，使图形全部显示，最终标注效果如图 5-108 所示。

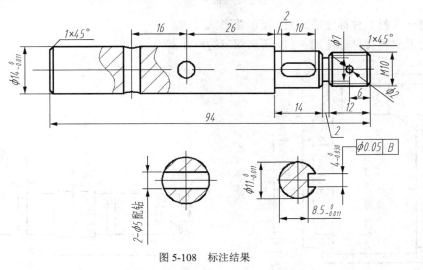

图 5-108　标注结果

步骤 8　最后执行"另存为"命令，将图形另存为"泵轴尺寸标注.Dwg"。

5.4 思考练习

1. 如何创建和编辑单行文字？
2. 在文字命令中有哪些文字控制符？
3. 单行文字和多行文字有什么区别？
4. 如何创建表格样式？
5. 如何编辑表格和表格单元？
6. 如何更改表格的单元格高度和宽度？
7. 尺寸标注类型有哪些？
8. 如何创建引线标注？
9. 如何对尺寸进行修改？
10. 标注尺寸之后发现看不到所标注的尺寸文本，这是什么原因引起的？如何解决？
11. 创建如图 5-109 所示的表格，设置表中文字高度为 3.5，字体为 "gbcbig.shx"。

						(材料标记)			(单位名称)
标记	处数	分区	更改文件号	签名	年 月 日				
设计			标准化			阶段标记	重量	比例	(图样名称)
审核						共 张 第 张			(图样代号)
工艺			批准						

图 5-109

12. 打开素材文件标注图 5-110 所示图形的尺寸。
13. 打开素材文件标注图 5-111 所示图形的尺寸。

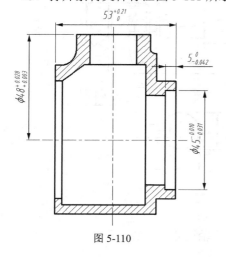

图 5-110

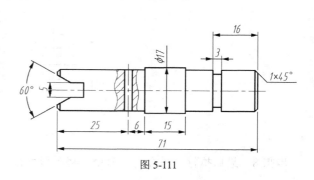

图 5-111

第6章 图块和外部参照

图块是一个或多个图形对象的集合，常用于表达一些需要重复使用的图形，如标准件、标题栏图框及一些特殊符号等。在 AutoCAD 中，使用图块可以提高绘制重复图形的效率，大大减少重复性工作，节省存储空间，便于修改图形。

外部参照是把已有图形文件以参照的形式插入到当前图形文件中，但当前图形文件中仅记录了当前图形文件与参照图形文件的引用关系，而不记录参照图形文件具体对象的信息，这样就大大减少了当前图形文件的字节数大小。

6.1 图块

在 AutoCAD 中使用图块，必须先对块进行定义。块有内部块和外部块之分。块创建完毕后，可以插入到图形文件中使用，也可以对块进行重新编辑，添加块属性参数等。

6.1.1 创建与编辑块

1. 创建内部块

内部块创建后，只能在建立该块的当前图形文件中使用，不能被其他图形文件调用。在 AutoCAD 2012 中，可以通过以下常用的几种方式来创建内部块。

单击菜单栏中的"绘图"|"块"|"创建"命令；

在选项卡面板上单击"常用"|"块"|"创建"按钮；

在选项卡面板上单击"插入"|"块定义"|"创建块"按钮；

直接在命令行输入命令：BLOCK。

执行块创建命令后，将弹出"块定义"对话框，如图 6-1 所示。

在该对话框中可以定义块的名称、基点，设置块的单位，指定组成块的图形对象等。"块定义"对话框中，各部分的功能如下。

● "名称"下拉列表框：可以在该文本框中输入一个新的块名。单击右侧下拉箭头，弹出一下拉列表框，在该列表框中列出了当前图形中已经定义的块名。

● "基点"选项组：指定块的插入基点。基点可以作为块插入时的参考点。当选中"在屏幕上指定"复选框时，"拾取点"及"X"、"Y"、"Z"输入文本框不可用。关闭对话框时，命令行将提示用户指定块的基点；也可以通过单击"拾取点"按钮，将屏幕临时切换到作图窗口，用光标点取一点或在命令提示行中输入数值，作为基点；还可以直接在"X"、"Y"、"Z"文本框中输入相应的坐标值来确定基点的坐标位置。

图 6-1　"块定义"对话框

- "设置"选项组：可以设置块对象的单位，也可以通过"超链接"按钮将某个超链接与块对象相关联。

- "对象"选项组：选择构成块的实体对象。选中"在屏幕上指定"复选框，关闭对话框时将提示用户指定对象。单击"选择对象"按钮，屏幕切换到绘图窗口，用户选择组成块的对象并确认后，返回到"块定义"对话框。单击"快速选择"按钮，弹出一个"快速选择"对话框，根据该对话框提示定义选择集指定对象。"保留"按钮，表示创建块后仍在绘图窗口上保留组成块的各对象；"转换为块"按钮，表示创建块后将组成块的各对象保留并把它们转换成块；"删除"按钮，表示创建块后删除绘图窗口上组成块的原对象。

- "方式"选项组：选中"注释性"复选框可以将块定义为注释性对象；"按统一比例缩放"复选框用于指定插入块后，是否按统一比例进行缩放；"允许分解"复选框用于指定块对象是否可以被分解成单个对象。

2. 创建外部块

外部块可以将所定义的块对象生成扩展名为 .dwg 的图形文件，也可以将当前图形文件中的一部分图形实体或整幅图形直接生成图块文件。保存后的图块文件既可以被当前图形调用，又可以供其他图形调用。

在命令行输入命令"WBLOCK"后，将弹出"写块"对话框。在该对话框中可以对外部块对象进行定义，如图 6-2 所示。"写块"对话框各部分的功能如下。

（1）"源"选项组：用于确定要保存为外部块对象的源目标。

- "块"单选按钮：将当前图形文件中已定义的内部块作为源目标转换为外部块。只有当前图形文件中已经定义了内部块时，该单选按钮才可选。选中该按钮后，"基点"和"对象"选项组将不可用。

- "整个图形"单选按钮：将当前整个图形文件作为外部块文件的源目标。选中该单选按钮后，"基点"和"对象"选项组将不可用。

图 6-2　"写块"对话框

- "对象"单选按钮：表示重新定义对象作为外部块文件的源目标。选中该按钮后，"基点"和"对象"选项组可用来定义该外部块对象的参数。

（2）"目标"选项组：用于设置外部块文件的文件名、存储路径单位等。

① "文件名和路径"文本框：输入外部块文件的文件名称和存储路径。单击其右边的下拉列表箭头，弹出下拉列表框，在该列表框中可以选择已存在的路径。单击该文本框右侧的扩展对话框按钮，弹出"浏览图形文件"对话框。在该对话框中可以选择外部块文件的存储位置。

② "插入单位"下拉列表框用于设置外部块文件插入时的单位。

3．插入块

块创建完毕后，可以使用插入块命令将块对象插入到多个位置重复使用。在 AutoCAD2012中，可以通过以下常用的几种方式来插入块。

单击菜单栏中的"插入"|"块"命令；

在选项卡面板上单击"常用"|"块"|"插入"按钮；

在选项卡面板上单击"插入"|"块"|"插入"按钮；

直接在命令行输入命令：INSERT。

执行插入块命令后，将弹出"插入"对话框，如图 6-3 所示。"插入"对话框中，各部分的功能如下。

（1）"名称"下拉列表框：用来设置要插入的块或图形的名称。单击右侧的"浏览"按钮，弹出"选择图形文件"对话框，在该对话框中，可以指定要插入的图形文件。

（2）"路径"显示区：用于显示外部图形文件的路径。只有在选择外部块文件后，该显示区才有效。

图 6-3 "插入块"对话框

（3）"插入点"选项组：用于确定块插入点的位置。当选中"在屏幕上指定"复选框时，"X"、"Y"、"Z"输入文本框不可用。关闭对话框时，命令行将提示用户指定块的插入点，可以直接在"X"、"Y"、"Z"文本框中输入插入点的 X、Y、Z 坐标值。

（4）"比例"选项组：用于确定块插入的比例因子。选中"在屏幕上指定"复选框后，"X"、"Y"、"Z"轴比例因子输入文本框不可用。插入块时直接在绘图界面上用光标指定两点或根据命令提示行提示输入坐标轴的比例因子；也可以直接在"X"、"Y"、"Z"轴比例因子输入文本框中输入块插入时的各坐标轴的比例因子；选中"统一比例"复选框后，3 个坐标轴的比例因子相同，只需要确定"X"轴比例因子，"Y"、"Z"轴比例因子文本框不可用。

（5）"旋转"选项组：用于确定块插入时的旋转角度。选中"在屏幕上指定"复选框后，"角度"输入文本框不可用。插入块时直接在绘图界面上用光标指定角度或根据命令提示行的提示输入角度值；也可以直接在"角度"文本框中，输入插入块时的旋转角度。

（6）"分解"复选按钮：选中该复选按钮，可以将插入的块分解成创建块前的各实体对象。

4．编辑块

块在不分解的情况下插入到图形文件中后，是一个独立的对象。如果想要修改组成块的某个对象，需要使用块编辑器。在 AutoCAD 2012 中，可以通过以下常用的几种方式来打开块编辑器。

单击菜单栏中的"工具"|"块编辑器"命令；

在选项卡面板上单击"常用"|"块"|"编辑"按钮🖉；

在选项卡面板上单击"插入"|"块定义"|"块编辑器"
按钮🖉；

直接在命令行输入命令：BEDIT；

在绘图区中选择一个图块，单击鼠标右键，从弹出的
快捷菜单中选择"块编辑器"命令。

执行以上任一命令后，都将弹出"编辑块定义"对话
框，如图 6-4 所示。在"要创建或编辑的块"列表中，列
出了当前图形中包含的所有块。列表中当前选中的块将显
示在"预览"区域。单击"确定"按钮，将进入块编辑器
界面，如图 6-5 所示。

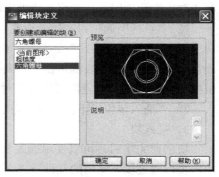

图 6-4　"编辑块定义"对话框

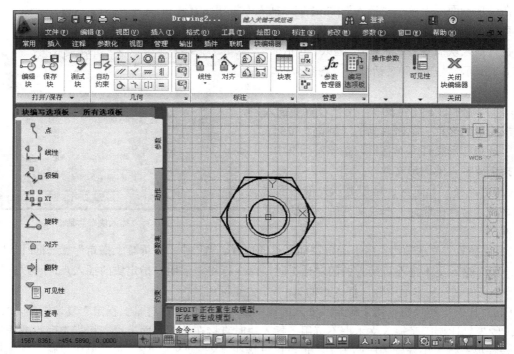

图 6-5　"块编辑器"界面

块编辑器的操作界面与 AutoCAD 2012 绘图窗口相似，在绘图区左侧显示的是功能选项板，
专门用于创建动态块。在块编辑器的绘图区中显示的是组成块的各个单独对象，可以像编辑图形
文件那样在块编辑器中编辑块的组成对象。在绘图区中，X-Y 坐标系的原点与当前块对象的基点
重合。通过工具栏选项板的功能按键，可以对组成块的对象进行编辑。单击"保存块"按钮🖉，
可以保存当前的修改操作，单击"关闭块编辑器"按钮✖，可以退出块编辑器。

6.1.2　编辑与管理块属性

属性是块的附加文字信息，是块的一个组成部分，主要由属性标记与属性值组成。块属性可

以通过"属性定义"命令以字符串的形式表示出来。一个具有属性的块，由两部分组成：组成块的图形实体和块属性。定义了属性的块在每次插入块时，属性可以隐藏也可以显示出来，还可以根据需要改变属性值。

1．创建块属性

创建带属性的块时，一般分为 2 个步骤。

（1）定义属性。

（2）创建块。在选择组成块的对象时，将定义的属性也选中。

在 AutoCAD 2012 中，可以通过以下常用的几种方式来定义属性。

单击菜单栏中的"绘图"|"块"|"定义属性"命令；

在选项卡面板上单击"常用"|"块"|"定义属性"按钮 ；

在选项卡面板上单击"插入"|"块定义"|"定义属性"按钮 ；

直接在命令行输入命令：ATTDEF。

执行以上任一命令后，都将弹出"属性定义"对话框，如图 6-6 所示。"属性定义"对话框中，各部分的功能如下。

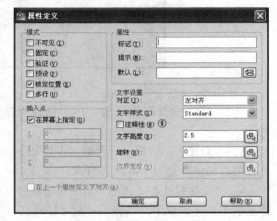

图 6-6　"属性定义"对话框

① "模式"选项组：用于设置属性的模式。

● "不可见"复选按钮：选中该复选框时，插入块并输入属性值后，属性值在图中不显示。

● "固定"复选按钮：选中该复选框时，所定义的属性值为一定值，块插入时不再提示属性信息，也不能修改该属性值。

● "验证"复选按钮：选中该复选框后，插入块时，命令行将出现提示，要求验证当前属性输入是否正确。

● "预设"复选按钮：选中该复选框后，块插入时属性值将设为缺省值，系统不再提示输入属性值。

● "锁定位置"复选框：选中该复选框时，块参照中属性的相对位置将会被锁定，不能相对于块的其他部分移动。

● "多行"复选框：选中该复选框时，属性值可以包含多行文字。

② "属性"选项组：用于设置属性标记、提示内容及默认的属性值。

● "标记"文本框：用于输入属性的标志，即属性标签。以字母作为标志时，小写字母会自动转换为大写字母。

● "提示"文本框：用于输入在块插入时提示输入属性值的信息，若不输入属性提示，属性标记将用作提示。如果在"模式"选项组中选择"固定"复选框，"提示"文本框将不可用。

● "默认"文本框：用于输入属性的默认值，若不输入内容，表示该属性无默认值。

● "插入字段"按钮 ：单击该按钮后，将弹出"字段"对话框，如图 6-7 所示。可在"默认"文本框中插入一字段作为属性的全部或部分值。

③ "插入点"选项组：用于确定属性值在块中的插入点，可以直接在屏幕上指定位置，也可以分别在"X"、"Y"、"Z"文本框中输入相应的坐标值。

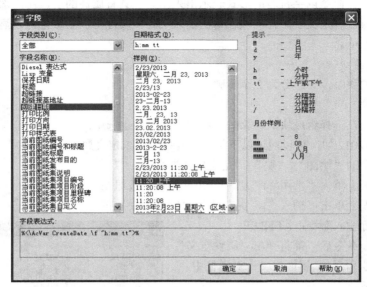

图 6-7　"字段"对话框

　　④ "文字设置"选项组：用于设置属性文本的对齐方式、文字样式、文字高度及旋转角度等。

　　● "对正"文本框：用于确定属性文字的对齐方式。可以单击其右边的下拉箭头，在弹出的下拉列表框中，选择一种对齐方式。

　　● "文字样式"文本框，用于确定属性文字的预定义样式。可以单击其右边的下拉箭头，在弹出的下拉列表框中，选择一种文本样式。

　　● "注释性"复选框：指定属性为注释性对象。

　　● "文字高度"文本框及按钮：用于确定属性文本字符的高度。可以直接在文本框中输入数值，也可以单击按钮，切换到绘图窗口，在命令提示行中输入数值或用光标在绘图区确定两点来定义字符高度。

　　● "旋转"文本框及按钮：用于确定属性文本的旋转角度。可以直接在文本框中输入数值，也可以单击按钮，切换到绘图窗口，在命令提示行中输入数值或用光标在绘图区确定两点，其连线段与 X 轴正方向的夹角即为文本旋转的角度。

　　● "边界宽度"文本框及按钮：用于指定多行文字属性中文字行的最大宽度。

　　⑤ "在上一个属性定义下对齐"复选框：用于设置当前定义的属性采用上一个属性的字体、字高及旋转角度参数，且与上一个属性对齐。此时"插入点"和"文字设置"选项组均不可用。如果之前没有创建属性定义，则该复选框不可用。

　　完成各选项的设置后，单击"确定"按钮，即可完成一次属性定义。可以重复该命令操作，对块进行多个属性定义。

　　完成第一步"定义属性"操作后，在第二步"创建块"时，将定义好的属性连同相关图形一起选中，作为组成块的对象，即可完成带有属性块的创建。在插入属性块时，按预先定义的属性要求输入块的属性值即可。图 6-8 所示分别为定义完毕的粗糙度属性块、插入块后修改粗糙度属性值为 Ra1.6、再次插入块后修改粗糙度属性值为 Ra3.2。

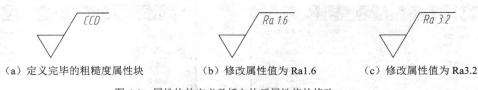

（a）定义完毕的粗糙度属性块　　　　（b）修改属性值为 Ra1.6　　　　（c）修改属性值为 Ra3.2

图 6-8　属性块的定义及插入块后属性值的修改

2．修改块属性

（1）修改属性定义

在属性定义完毕，还未创建带属性的块时，可以修改已经定义的属性。或者将属性块插入到图形中并分解后，可以修改原属性块中已经定义的属性。

修改属性定义最简单的方法是在绘图区用鼠标左键双击属性值，弹出"编辑属性定义"对话框。例如，双击图 6-8 中的"粗糙度"属性标记"CCD"，将弹出如图 6-9 所示的"编辑属性定义"对话框。在该对话框中，可以重新设置"粗糙度"属性定义的标记、提示文字及默认值。修改完毕后，单击"确定"按钮关闭对话框。

（2）修改块属性的属性定义

将属性块插入到图形文件中后，属性文字和组成块的图形对象均为块属性的对象。此时仍然可以修改该块属性的属性定义，修改结果只影响当前所选块的属性，不影响已经插入的其他块属性。例如，双击图 6-8 中的属性值为"Ra3.2"的块属性，将弹出如图 6-10 所示的"增强属性编辑器"对话框。在对话框中的"属性"页面，列出了当前定义属性的标记、提示文本及属性值。用户可以在"值"文本框中直接输入新的属性值。

图 6-9　"编辑属性定义"对话框

图 6-10　"增强属性编辑器"对话框

切换到"文字选项"页面，可以设置属性值文字的"文字样式"、"对正方式"、"高度值"及"旋转角度"等，如图 6-11 所示。

切换到"特性"页面，可以设置属性值文字的"图层"、"线型"、"颜色"及"线宽"等，如图 6-12 所示。

3．块属性创建案例

下面以六角螺母块属性的创建过程为例，综合说明属性的定义、块属性的创建、块的插入及属性值的修改。

步骤 1　绘制组成六角螺母块属性的图形对象。

新建一个绘图文件，设置好图层、线型、线宽、文字样式等后，绘制如图 6-13 所示的图形对象。

图6-11　在"增强属性编辑器"对话框中修改文字选项　　图6-12　在"增强属性编辑器"对话框中修改属性特性

步骤 2　定义属性。

单击菜单栏中的"绘图"|"块"|"定义属性"命令，弹出"属性定义"对话框。设置属性"标记"为"GG"（即规格），在"提示"文本框中输入"请输入螺母规格"，属性"默认"值设为M16。单击"文字高度"文本框后面的按钮，在绘图区中用鼠标通过指定两点来确定属性文字的高度。设置完成后的"属性定义"对话框如图6-14所示。

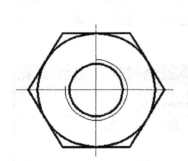

图6-13　绘制六角螺母块属性图形对象　　　　　图6-14　设置属性定义参数

步骤 3　创建块属性。

单击菜单栏中的"绘图"|"块"|"创建"命令，弹出"块定义"对话框，如图6-15所示。在"名称"文本框中输入块的名称"六角螺母"。单击"基点"选项组中的"拾取点"按钮，返回到绘图窗口中。用鼠标拾取六角螺母对称中心线的交点作为插入块的基点，如图6-16所示。单击"对象"选项组中的"选择对象"按钮，返回到绘图窗口中。用鼠标窗选组成块的图形对象和属性定义对象，如图6-17所示。选择完毕后，单击 Enter 键，返回到"块定义"对话框。选中"对象"选项组中的"保留"单选按钮，则块定义结束后，各组成块的图形对象和文字对象仍然会保留在绘图窗口中。其他参数可保持默认值不变，设置完成后的"块定义"对话框如图6-18所示。单击"确定"按钮，关闭"块定义"对话框。

步骤 4　插入块属性。

在命令行中输入"INSERT"命令，单击 Enter 键，弹出块"插入"对话框。从名称下拉列表中选择"六角螺母"；在"插入点"选项组中，选中"在屏幕上指定"复选框；在"比例"选项组中，选中"统一比例"复选框，设置"X"坐标方向的比例值为1。其他参数保持默认值不变，如图 6-19 所示。

图 6-15 "块定义"对话框

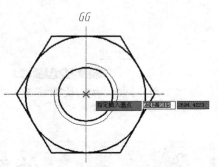

图 6-16 指定块的插入基点

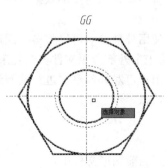

图 6-17 选择块属性对象

图 6-18 六角螺母块定义参数设置

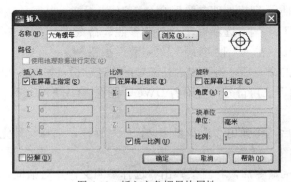

图 6-19 插入六角螺母块属性

步骤 5 修改块属性值。

单击块插入对话框中的"确定"按钮，关闭"插入"对话框，返回到绘图窗口中。用鼠标拾取插入块的基点位置后，光标处将提示用户输入螺母规格，并显示属性的默认值"M16"，如

图 6-20 所示。将属性值更改为 M20，得到的块属性如图 6-21 所示。

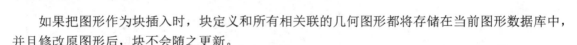

图 6-20　修改六角螺母块属性的默认属性值　　　　　　图 6-21　修改属性值后的六角螺母块属性

6.2　外部参照

如果把图形作为块插入时，块定义和所有相关联的几何图形都将存储在当前图形数据库中，并且修改原图形后，块不会随之更新。

与块相比，外部参照提供了另一种更加灵活的图形引用方法。使用外部参照可以将多个图形链接到当前图形中，并且参照图形会随着原图形的修改而更新。无论一个外部参照文件多么复杂，AutoCAD 都会把它作为一个单一对象来处理，而不允许进行分解。用户可对外部参照进行比例缩放、移动、复制、镜像或旋转等操作，还可以控制外部参照的显示状态。

6.2.1　附着外部参照

附着外部参照，又称为插入外部参照，是将外部参照图形插入到当前图形文件中。

在 AutoCAD 2012 中，可以通过以下常用的几种方式来插入外部参照。

单击菜单栏中的"插入"|"外部参照"命令；

单击菜单栏中的"工具"|"选项板"|"外部参照"命令；

在选项卡面板上单击"插入"|"参照"|"附着"按钮 。

当执行前两种方式的命令后，将弹出"外部参照"选项板，如图 6-22 所示。单击选项板左上角的"附着"按钮 的下三角符号，可附着 DWG、图像、DWF、DGN、PDF 5 种格式的外部参照，如图 6-23 所示。

选择其中一种格式后，将弹出"选择参照文件"对话框，选择文件完毕后将弹出"附着外部参照"文件对话框，如图 6-24 所示。

当执行第三种方式的命令后，将直接弹出"选择参照文件"对话框。

"附着外部参照"对话框与插入块时的"插入"对话框相似，设置方法也相似。"比例"、"插入点"和"旋转"选项组分别用于设置插入外部参照的比例值、插入位置和旋转角度等。"名称"列表框显示了该外部参照的名称，其他各选项的功能如下。

（1）"参照类型"选项组：用于确定外部参照的类型，包括"附着型"和"覆盖型"。选中"附着型"单选按钮时,将显示出嵌套参照中的嵌套内容;选中"覆盖型"单选按钮时,则不显示嵌套参照中的嵌套内容。

图 6-22 "外部参照"选项板

图 6-23 可附着的外部参照文件格式

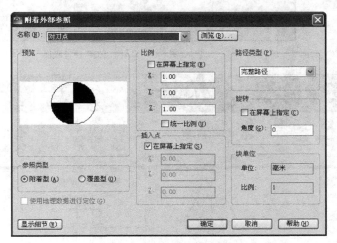

图 6-24 "附着外部参照"对话框

(2)"路径类型"下拉列表框:用于指定保存外部参照的路径类型,包括"完整路径"、"相对路径"和"无路径"3 种类型。若将"路径类型"设置为"相对路径",则必须先保存当前图形。

设置完毕后,单击"确定"按钮,在绘图窗口中指定外部参照的插入点后,即可将参照文件附着到当前图形文件中。

6.2.2 插入参考底图

AutoCAD 2012 提供了插入"DWF 参考底图"、"DGN 参考底图"及"PDF 参考底图"的功能，该功能与"附着外部参照"相同。单击"插入"菜单，将显示出插入参考底图的子菜单，如图 6-25 所示。选中其中一种参考底图后，将弹出"选择参照文件"对话框，选择文件完毕后将弹出"附着外部参照"文件对话框，具体设置方法与上节相同。

　　例如，当在"插入"菜单中选中"PDF 参考底图"，在"选择参照文件"对话框中选择一个 PDF 文件后，弹出"附着 PDF 参考底图"对话框，如图 6-26 所示。单击"确定"按钮，返回到绘图窗口中，指定 PDF 参考底图的插入位置和缩放比例后，即可完成操作。最终显示效果如图 6-27 所示。

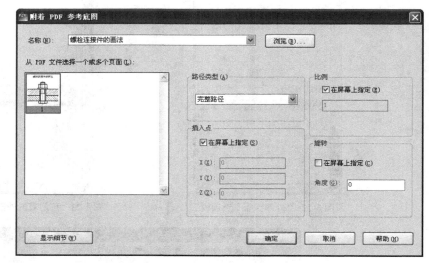

图 6-25　"插入参考底图"菜单　　　　　　图 6-26　"附着 PDF 参考底图"对话框

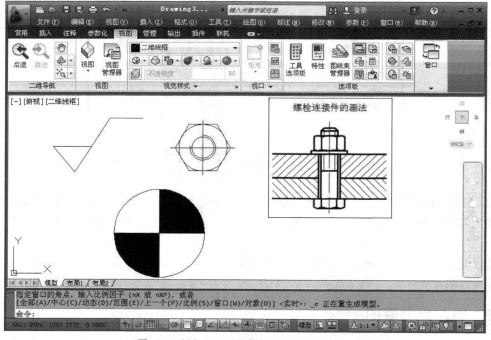

图 6-27　插入"PDF 参考底图"后的图形窗口

6.2.3 管理外部参照

将外部参照插入到绘图文件中后，还可以对参照图形进行编辑、剪裁、更新和绑定等操作。

1．编辑外部参照

选中插入到绘图文件中的外部参照文件后，在工具栏上的"外部参照"选项板上单击"在位编辑参照"按钮，弹出"参照编辑"对话框，如图6-28所示。

在该对话框中列出了参照的名称，预览图形等。单击"确定"按钮，进入"在位参照编辑"状态。此时绘图窗口并没有改变，只是被编辑的外部参照不再显示为单独的对象，从而可以在当前窗口中对它们进行编辑。编辑完成后，单击"外部参照"选项板上的"保存修改"按钮，弹出提示对话框，如图6-29所示。单击"确定"按钮，完成参照图形的修改。

在当前绘图窗口中对参照图形在位编辑后，修改结果将会影响到参照图形的外部源文件。例如，修改6-28图中"对刀点"参照的填充区域后，再打开该参照的外部源文件，将显示为修改后的对刀符号，如图6-30所示。

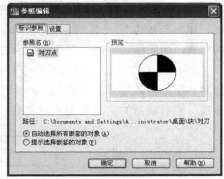

图6-28 "参照编辑"对话框

图6-29 保存参照修改提示对话框

 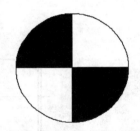

（a）参照图形的源文件形状　（b）编辑后的参照图形源文件形状

图6-30 编辑前、后的参照图形源文件

2．剪裁外部参照

外部参照将外部图形文件全部参照到当前图形中并显示出来，但有时仅仅需要在某个区域内引用外部参照图形的一部分，此时可以使用剪裁外部参照来定义一个剪裁边界以显示外部参照的有限部分。剪裁既可以用于外部参照，也可以用于块。

在工具选项卡面板上单击"插入"|"参照"|"剪裁"按钮，命令行将提示"选择要剪裁的对象"。对象选择完毕后，将分别在命令行和光标附近显示提示命令，如图6-31所示。各选项参照的含义说明如下。

（1）"开（ON）"：用于打开外部参照剪裁功能。

（2）"关（OFF）"：用于关闭外部参照剪裁功能，选择该选项后可显示全部参照图形，不受边界的限制。

（3）"剪裁深度（C）"：用于为参照的图形设置前剪裁面和后剪裁面，系统将不显示由边界和指定深度所定义的区域外的对象。

（4）"删除（D）"：用于删除指定外部参照的剪裁边界。

（5）"生成多段线（P）"：用于自动绘制一条与剪裁边界重合的多段线。

（6）"新建边界（N）"：用于设置新的剪裁边界。

图 6-31　剪裁选项参数设置

第一次对外部参照进行剪裁时，一般选择"新建边界"选项，新建剪裁边界。选择该选项后，命令行提示：

指定剪裁边界或选择反向选项:[选择多段线（S）/多边形（P）/矩形（R）/反射剪裁（I）]<矩形>：

其中，"S"选项，可以选择已有的多段线作为剪裁边界。"P"选项，可以绘制一条封闭的多边形作为剪裁边界。"R"选项，可以绘制一个矩形作为剪裁边界。"I"选项，用于反转剪裁边界的模式，即隐藏边界内的对象，显示边界外的对象。

图 6-32（a）所示为插入了一个外部参照图形（轴）到当前绘图窗口中；图 6-32（b）所示为指定一矩形剪裁边界；图 6-32（c）所示为用矩形边界剪裁后的参照图形；如果选择"反向剪裁"选项，则剪裁后的结果如图 6-32（d）所示。

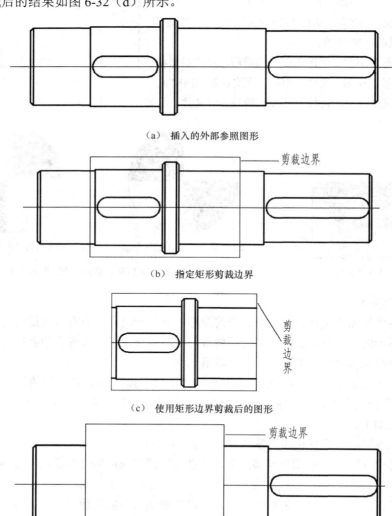

（a）　插入的外部参照图形

（b）　指定矩形剪裁边界

（c）　使用矩形边界剪裁后的图形

（d）　使用反向剪裁后的图形

图 6-32　剪裁外部参照

3．使用"外部参照"选项板编辑外部参照

单击菜单栏中的"工具"|"选项板"|"外部参照"命令，可以打开"外部参照"选项板。如果当前图形中已经插入了一个或多个外部参照，它们都将显示在"文件参照"列表中。在列表中选择某个参照文件后，该参照的"参照名"、"状态"、"大小"、"类型"等信息都将显示在"详细信息"列表中，如图6-33所示。

在"外部参照"选项板中，可以实现参照源文件的打开、参照的附着、卸载、重载、拆离和绑定操作。选中"文件参照"列表中的某个参照文件，单击鼠标右键，弹出编辑参照的快捷菜单，如图6-34所示，各选项的功能介绍如下。

图6-33　外部参照选项板

图6-34　在外部参照选项板中编辑外部参照

（1）"打开（O）"：选择该菜单项后，将在新的绘图窗口中打开当前所选参照的外部源文件。

（2）"附着（4）"：选择该菜单项后，将打开"附着外部参照"对话框，在该对话框中可以选择需要插入到当前图形文件中的外部参照文件。

（3）"卸载"（u）：选择该菜单项后，将从当前图形中移走该外部参照文件，但移走后仍保留该参照文件的部分信息，当需要再参照该图形文件时，选择"重载"即可。

（4）"重载"（R）：选择该菜单项后，将在不退出当前图形的情况下，将已"卸载"的参照文件重新附着到当前图形中，或者将需要更新的参照文件更新。

（5）"拆离"（D）：选择该菜单项后，将从当前图形文件中移去该外部参照图形文件。

（6）"绑定（B）"：选择该菜单项后，参照图形将以块的形式转变成当前图形文件中的固有部分，而不再是外部参照文件。当参照外部源文件修改时，将不再反映到当前图形中。单击该选项，将弹出"绑定外部参照"对话框，如图6-35所示。

图6-35　"绑定外部参照"对话框

"绑定（B）"单选按钮：将外部参照文件以绑定的形式转换成块。

"插入（I）"单选按钮：将外部参照文件以插入的方式转换成块。

选择一种"绑定"类型后，单击"确定"按钮，完成外部参照的绑定。

6.3 思考练习

1．什么是块？相对于一般图形对象而言，块对象有哪些优点？

2．试分析内部块与外部块的区别。

3．试分析块与块属性的区别和联系。

4．请自己动手创建一个带属性的粗糙度符号块。

5．试分析外部参照与块的区别和联系。

第7章 图形输出与打印

在 AutoCAD 2012 中创建的图形文件格式为 DWG，除此格式外，系统还提供了多种格式图形文件的输入与输出接口。用户不仅可以将其他应用程序中处理好的数据传送给 AutoCAD，还可以将在 AutoCAD 中绘制好的图形打印出来，或者把它们的信息传送给其他应用程序，如 PDF、Web 页等。

7.1 图形的输入与输出

AutoCAD 2012 支持多种格式图形文件的输入，如 3D Studio 文件、ACIS 文件、图元文件、DGN 文件及其他三维 CAD 软件创建的图形数据等。支持的输出文件格式种类也较多，包括三维 DWF 文件、位图文件、PS 文件、IGES 文件及平板印刷文件（stl 文件）等。

7.1.1 图形的输入

在 AutoCAD 2012 中，可以通过以下常用的几种方式来输入其他格式的文件。

单击菜单栏中的"插入"项，从中选择想要插入的文件类型；

单击菜单栏中的"文件"|"输入"命令；

直接在命令行输入命令：IMPORT。

选择方式 1 时，可以从"插入"菜单中选择相应的文件格式输入到 AutoCAD 中。输入菜单项如图 7-1 所示。

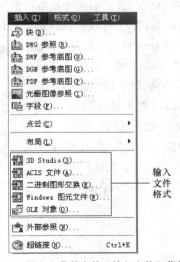

图 7-1　"插入"菜单中的"输入文件"菜单项

选择方式 2 和方式 3 时，将弹出"输入文件"对话框，如图 7-2 所示。从"文件类型"下拉列表中，选择要输入的文件格式类型，如图 7-3 所示。

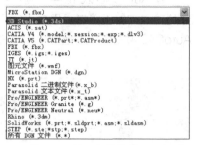

图 7-2 "输入文件"对话框   图 7-3 "输入文件类型"列表

3D Studio 文件：输入 3D Studio 文件时，将读取其几何图形和渲染数据，包括网格、材质、贴图、光源和相机等。

ACIS（*.sat）文件：ACIS 是美国 Spatial Technology 公司推出的三维几何建模引擎，它集线框、曲面和实体建模于一体，并允许这三种方式共存于统一的数据结构中。ACIS 提供了两种模型存储文件格式：以 ASCII 文本格式存储的 SAT（save as text）文件，以二进制格式存储的 SAB（save as binary）文件。

IGES 文件：IGES 标准是美国国家标准，也是国际上产生最早、应用最广泛的图形数据交换标准。目前，几乎所有有影响的 CAD 系统均配有 IGES 接口，并通过 IGES 接口输入/输出有关图形的 IGES 文件。

STEP 文件：STEP 是一套关于产品整个生命周期中的产品数据的表达和交换的国际标准。它提供了一种不依赖具体系统的中性机制，旨在实现产品数据的交换和共享。

Parasolid（*.X_T）文件：Parasolid X_T 可以提供精确的几何边界表达，能在以它为几何核心的 CAD 系统间可靠地传递几何和拓扑信息。它的拓扑实体包括点、边界、环、面、壳体、区域、体。

AutoCAD 2012 除了能支持多种格式的文件输入之外，还支持嵌入 OLE 对象。OLE（对象的链接和嵌入）用于将不同应用程序创建的数据合并到 AutoCAD 文档中。单击菜单栏中的"插入" | "OLE 对象"，弹出"插入对象"对话框，如图 7-4 所示。从中选择需要插入的应用程序类型，即可插入各种程序创建的文件，实现数据共享。

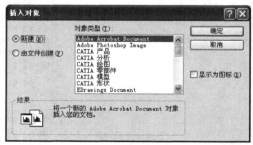

图 7-4 "插入对象"对话框

7.1.2 图形的输出

在 AutoCAD 2012 中，可以通过以下常用的几种方式将绘制的图形输出为其他格式的文件。

单击菜单栏中的"文件"|"另存为"命令；

单击菜单栏中的"文件"|"输出"命令；

直接在命令行输入命令：EXPORT。

选择方式 1 时，将弹出"图形另存为"对话框，如图 7-5 所示。从对话框中的"文件类型"列表中，可以选择将 AutoCAD 2012 创建的图形文件输出为低版本 AutoCAD 文件，也可以选择输出为 DXF（二维图形数据交换格式）文件。"文件类型"列表中支持的输出文件格式如图 7-6 所示。

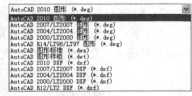

图 7-5 "图形另存为"对话框   图 7-6 "另存为"文件类型列表

选择方式 2 和方式 3 时，将弹出"输出数据"对话框，如图 7-7 所示。从对话框中的"文件类型"列表中，可以选择输出文件的类型，如图 7-8 所示。

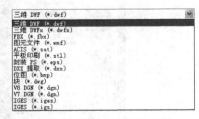

图 7-7 "输出数据"对话框   图 7-8 "输出文件类型"列表

1. 输出 PDF 文件

PDF 是 Adobe 公司发布的文件格式，AutoCAD 2012 可将 DWG 格式文件输出为 PDF 文件。单击工具选项板中的"输出"|"PDF 输出"按钮，弹出"另存为 PDF"文件对话框，如图 7-9 所示。在该对话框中，用户可以指定输出文件位置、名称、设置输出选项参数、输出文件范围及输出文件页面等。

图 7-9　"输出 PDF 文件"列表

2．输出 DWF 文件

为了能够在 Internet 上显示 AutoCAD 图形，Autodesk 采用了一种称为 DWF（Drawing Web Format）的新文件格式。DWF 文件格式支持图层、超级链接、背景颜色、距离测量、线宽、比例等图形特性。用户可以在不损失原始图形文件数据特性的前提下通过 DWF 文件格式共享其数据和文件。DWF 文件可以被压缩，压缩后的文件大小比原来的 DWG 图形文件小很多，在网络上传输较快，而且 DWF 格式比 DWG 格式在数据交换时更为安全。

在"输出数据"对话框的"文件类型"列表中，选择"三维 DWF（*.dwf）"文件，单击"保存"按钮即可。DWF 文件可以在 Autodesk Design Review 或 Autodesk DWF Viewer 中浏览。在安装 AutoCAD 2012 时，可以从安装程序中选择安装 Autodesk DWF Viewer 浏览器。DWF 格式既支持二维图形数据的浏览，又支持三维图形数据的浏览。图 7-10 所示为轮胎-悬架三维模型在 DWF Viewer 浏览器中查看的效果。

图 7-10　用 Autodesk DWF Viewer 浏览器查看三维模型

3．发布到 Web 页

AutoCAD 2012 可以方便地将图形输出发布到 Web 页，然后将其发布到因特网上浏览。单击菜单栏中的"文件"|"网上发布"命令，可以根据弹出的"网上发布"向导，快速、简单地创建出格式化的网页。"网上发布"向导的初始页面如图 7-11 所示。

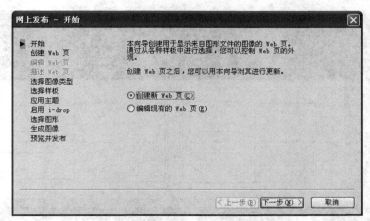

图 7-11　"网上发布向导"初始页面

根据发布向导，依次设置 Web 页的"名称"、页面中图像的类型、页面的布局样板、外观主题、页面显示的图形对象等，设置完成后显示"预览并发布"对话框，如图 7-12 所示。

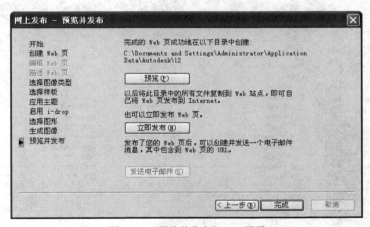

图 7-12　"预览并发布"Web 页面

单击图中的"预览"按钮，在 Microsoft Internet Explorer 中可以预览发布的网页。图 7-13 所示为 Web 页面的预览效果。

单击图中的"立即发布"按钮，弹出"发布 Web"对话框，如图 7-14 所示。在对话框中选择发布 Web 文件的文件夹后，单击"保存"按钮，将创建的 Web 文件保存在本地文件夹中。打开保存 Web 页面的文件夹，双击"acwebpublish.htm"文件，可以在 Microsoft Internet Explorer 浏览器中查看 Web 页面。

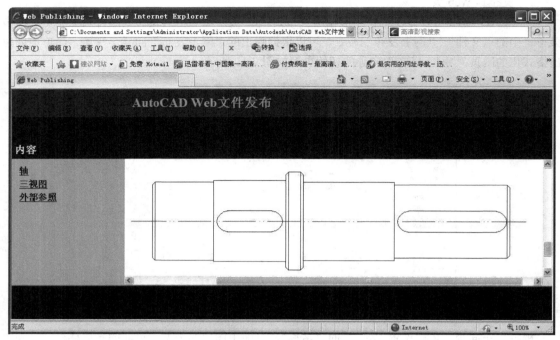

图 7-13　"预览" Web 页面

图 7-14　"发布 Web"对话框

7.2 创建与管理布局

　　AutoCAD 中有"模型空间"和"布局空间"两种不同的工作环境，可以通过绘图区底部附近的"模型"和"布局"选项卡相互切换。

　　模型空间是完成绘图和设计工作的工作空间。布局空间是图纸布局环境，通常是为了打印图纸而设置。在布局空间可以指定图纸大小、添加标题栏、显示模型的多个视图等。一个模型空间可以包含多个布局空间，每个布局对应一张可打印的图纸，可以分别设置不同的的图纸尺寸和打印参数。

7.2.1 创建布局

　　单击菜单栏中的"插入"|"布局"命令，从弹出的"布局"子菜单中，可以选择一种创建布局的方式，如图 7-15 所示。

　　1. 新建布局

　　用于创建一个新的布局，创建时不做任何设置。选择该子菜单后，光标和命令行均将提示："输入新布局名"。输入名称后即完成创建，同时在绘图区左下角的"模型/布局"选项卡上将显示新创建的布局。

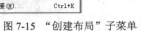

图 7-15 "创建布局"子菜单

　　2. 来自样板的布局

　　用于将样板文件中的布局插入到当前图形文件中。选择该子菜单后，将弹出"从文件选择样板"对话框，如图 7-16 所示。默认选择文件路径为 AutoCAD 安装文件目录下的 Template 文件夹。选择好要导入布局的样板文件后，将弹出"插入布局"对话框，如图 7-17 所示。选择要插入到当前文件中的布局后，单击"确定"按钮即可完成创建，同时在绘图区左下角的"模型/布局"选项卡上将显示新创建的布局。

图 7-16 "从文件选择样板"对话框

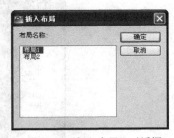

图 7-17 "插入布局"对话框

　　3. 创建布局向导

　　布局向导以向导的方式引导用户一步一步完成布局的创建。选择该子菜单后，将弹出"创建布局 - 开始"对话框，如图 7-18 所示。

　　输入新布局的名称后，单击"下一步"按钮，进入"打印机"设置对话框，如图 7-19 所示。绘图仪列表中列出了当前可用的所有打印机，选择好用于打印布局图纸的打印机后，单击"下一步"按钮，进入"图纸尺寸"设置对话框，如图 7-20 所示。

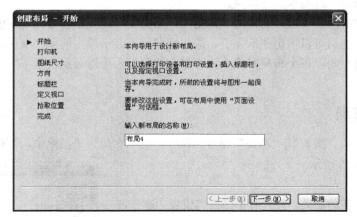

图 7-18　"创建布局–开始"对话框

图 7-19　"创建布局–打印机"对话框

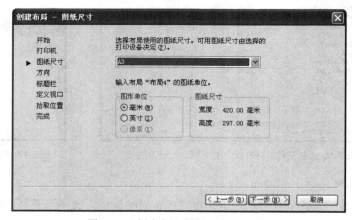

图 7-20　"创建布局–图纸尺寸"对话框

　　从"图纸尺寸"对话框中可以选择布局图纸的尺寸及图形单位。图 7-21 用于设置图形在布局图纸上的方向。

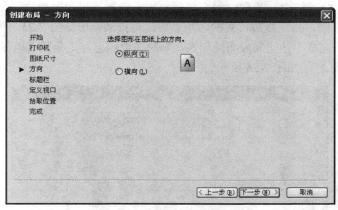

图 7-21 "创建布局–方向"对话框

图 7-22 所示的"创建布局–标题栏"对话框用于指定布局图纸中的标题栏。"路径"列表中列出了当前可插入的标题栏，选择后会在"预览"框中显示标题栏预览。"类型"选项组用于设置标题栏插入到布局图纸中的方式。可以"块"或者"外部参照"的方式插入到布局图纸中。单击"下一步"按钮，进入"创建布局–定义视口"对话框，如图 7-23 所示。

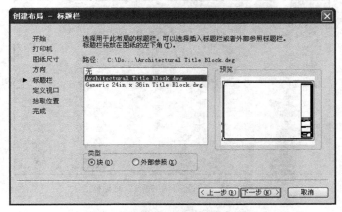

图 7-22 "创建布局–标题栏"对话框

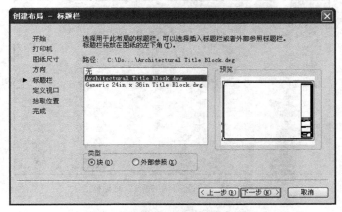

图 7-23 "创建布局–定义视口"对话框

图 7-24 所示的"创建布局–拾取位置"对话框用于选择视口配置的位置。单击"选择位置"按钮，返回到布局空间，指定视口位置的对角点后，将自动弹出如图 7-25 所示的"创建布局–完成"对话框。单击"完成"按钮完成布局创建，同时在绘图区左下角的"模型/布局"选项卡上将显示新创建的"布局 4"，如图 7-26 所示。

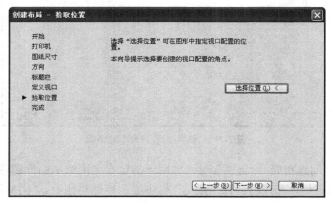

图 7-24　"创建布局–拾取位置"对话框

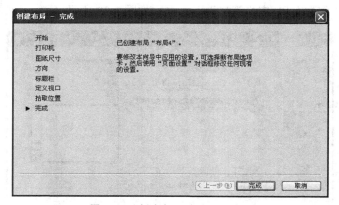

图 7-25　"创建布局–完成"对话框

图 7-26　"模型/布局"选项卡上新创建的布局 4

7.2.2　管理布局

布局创建完毕后，可以对布局进行删除、移动、复制和重命名等操作。在 AutoCAD 2012 中，可以通过两种方式对布局进行管理。

（1）在布局选项卡上单击鼠标右键，弹出快捷菜单，如图 7-27 所示。

（2）在命令行输入命令：LAYOUT，单击 Enter 键后，命令行提示如下。

输入布局选项[复制（C）/删除（D）/新建（N）/样板（T）/重命名（R）/另存为（SA）/设置（S）/?]<设置>:

图 7-27 "布局"选项卡上的快捷菜单

7.3 使用浮动视口

在布局图纸中无法编辑模型空间中的对象。如果要编辑模型，必须先进入模型空间，或者激活布局图纸中的浮动视口，进入浮动模型空间。在构造布局图纸时，可以将浮动视口视为图纸空间的图形对象，并对其进行移动和调整。浮动视口可以相互重叠或分离，也可以通过夹点调整浮动视口的大小，还可以对视口进行剪裁或者调整视口中显示图形的比例等。

7.3.1 创建浮动视口

在 AutoCAD 2012 中，可以通过以下常用的几种方式在布局空间创建浮动视口。

（1）单击菜单栏中的"视图"|"视口"菜单项，弹出创建视口子菜单，如图 7-28 所示。

（2）激活工具选项板中的"视图"|"视口"选项板，从中选择相应的工具按钮创建新视口，如图 7-29 所示。

图 7-28 "创建视口"子菜单　　　　图 7-29 "创建视口"工具选项板

（3）直接在命令行输入命令：VPORTS，弹出视口对话框，如图 7-30 所示。

创建视口时，可以一次创建单个视口，也可以一次创建多个视口。可以创建矩形视口，也可以创建多边形视口（只有在布局空间才能创建）。从"视口"对话框的"标准视口"列表中，选择要创建的视口类型，在右边的"预览"框中将会显示视口布局的预览。可以设置各视口之间的间距，设置视口应用于三维模型还是二维图纸，设置每个视口的视图及视觉样式等。

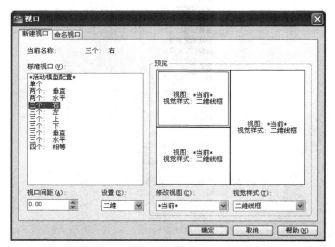

图 7-30　"视口"对话框

图 7-31 所示为"轴承座"三维模型在布局图纸空间显示的三个浮动视口。视口除了可以在布局空间创建之外，还可以应用于模型空间，用来显示三维模型或二维图纸的不同部位，便于设计观察，如图 7-32 所示。

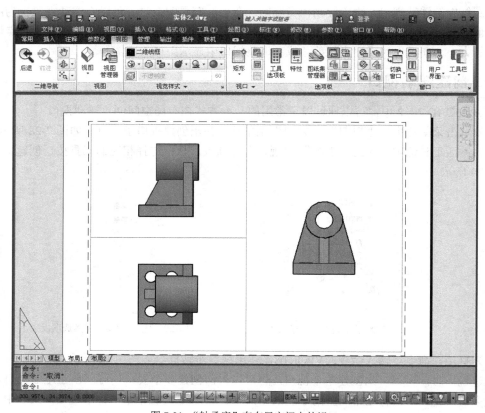

图 7-31　"轴承座"在布局空间中的视口

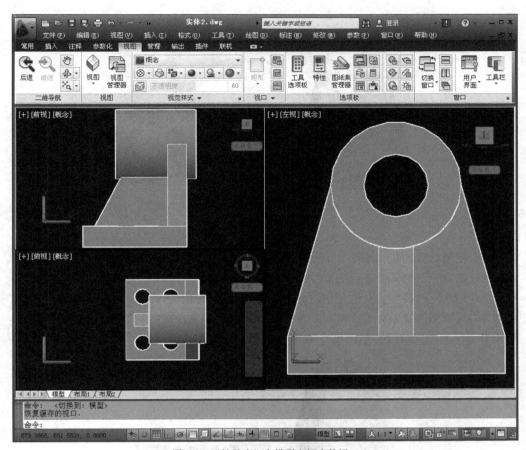

图 7-32 "轴承座"在模型空间中的视口

7.3.2 剪裁视口

在绘制一些复杂三维模型或二维图纸时，有时希望对模型或图纸的某些局部细节进行突出表示，而并不需要将整个视口中的模型或图纸全部表达出来。此时可以通过剪裁视口工具对浮动视口进行剪裁，只保留用户需要的某一部分模型或图纸。

在 AutoCAD 2012 中，可以通过以下常用的几种方式对视口进行剪裁。

（1）单击图 7-29"创建视口"工具选项板中的"剪裁"按钮回。

（2）直接在命令行输入命令：VPCLIP。

执行以上任一操作后，命令行将提示：

　　选择要剪裁的视口：

用鼠标在布局空间中想要剪裁的视口边界上单击选取视口，此时命令行提示：

　　选择剪裁对象或[多边形（P）]<多边形>:

单击 Enter 键，选择默认选项"多边形"，用鼠标在视口中的图形区域绘制一个闭合的多边形，单击 Enter 键完成视口的剪裁。剪裁视口的多边形和剪裁后视口显示的图形如图 7-33 所示。

在布局空间，除了可以通过绘制多边形来剪裁视口外，还可以用矩形、圆、闭合的样条曲线等对象来剪裁视口。具体操作方法如下。

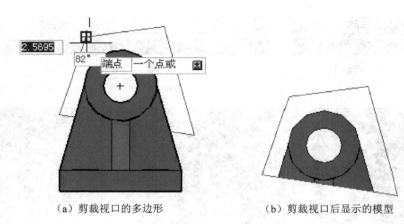

（a）剪裁视口的多边形　　　　　　（b）剪裁视口后显示的模型

图 7-33　用多边形剪裁视口

步骤 1　　在要剪裁的视口图形区域绘制一个闭合的矩形或圆或样条曲线。

步骤 2　　在命令行输入命令：VPCLIP，单击 Enter 键。

步骤 3　　用鼠标选择要剪裁的视口边界框。

步骤 4　　用鼠标选择预先绘制的矩形或圆或样条曲线对象，完成视口的剪裁。

用矩形对象剪裁视口后得到的模型如图 7-34 所示。

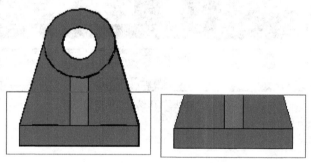

图 7-34　用矩形剪裁视口

用圆剪裁视口后得到的模型如图 7-35 所示。

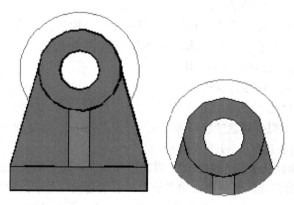

图 7-35　用圆剪裁视口

用样条曲线剪裁视口后得到的模型如图 7-36 所示。

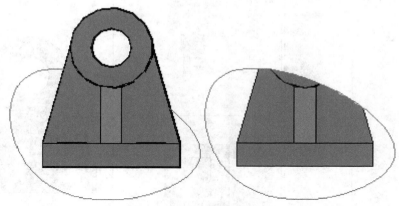

图 7-36 用样条曲线剪裁视口

需要说明的是，虽然在模型空间和布局空间都能创建视口，但"剪裁视口"只能应用于布局空间，不能在模型空间使用。

7.3.3 调整视口

1. 调整视口大小

在布局空间中，用鼠标选中视口的边界框，将显示其夹点，通过拉伸夹点可以对视口的大小进行调整。拉伸夹点时，位于视口边界框之外的图形将不显示，其效果类似于用矩形对象剪裁视口。图 7-37 所示为用夹点调整视口的大小。

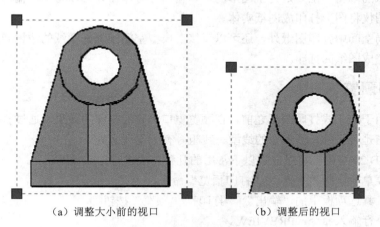

（a）调整大小前的视口　　　　　　（b）调整后的视口

图 7-37 使用夹点调整视口大小

2. 调整视口比例

除了视口的大小可以调整外，视口中显示图形的比例也可以调整。选择要缩放比例的视口，然后单击状态栏右下方的"视口比例"按钮，弹出"视口比例"列表，如图 7-38 所示。从列表中选择一个合适的比例值或者选择"自定义"选项，添加一个自定义比例。调整视口比例后显示的图形如图 7-39 所示。

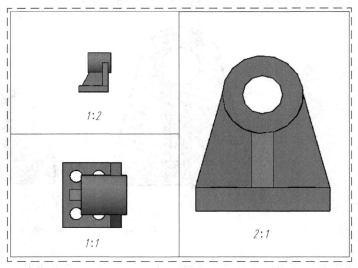

图 7-38　"视口比例"列表　　　　图 7-39　调整视口比例后显示的图形

7.4　打印图形

对布局图纸的编辑，主要是为了图形的打印输出。打印命令可以将图形输出到文件，或者通过打印机或绘图仪将图形打印成图纸实体。

除了在布局空间中打印图纸外，还可以直接在模型空间绘制好图纸的边框和标题栏等信息，在模型空间中完成图纸的打印。

7.4.1　打印预览

打印预览用于在正式打印图纸之前，在预览窗口中查看打印的效果。通过打印预览，可以检查视口图纸分布是否正确，图形中的线型、线粗等有无错误之处。

在 AutoCAD 2012 中，可以通过以下常用的几种方式进行打印预览。

（1）单击菜单栏中的"文件"|"打印预览"命令。

（2）单击工具选项板中的"输出"|"打印"|"预览"按钮 。

（3）在命令行输入命令：PREVIEW。

执行以上任一命令后，将弹出图纸的打印预览窗口，如图 7-40 所示。

在预览窗口中，可以按住鼠标左键并上、下移动来放大或缩小图形。还可以通过预览窗口左上角的工具栏对图形进行"打印"、"平移"、"缩放"、"关闭"等操作。

需要说明的是，如果在执行"打印预览"命令时，当前模型空间或布局空间没有指定打印机或绘图仪，那么命令行将提示如下：

未指定绘图仪。请用"页面设置"给当前图层指定绘图仪。

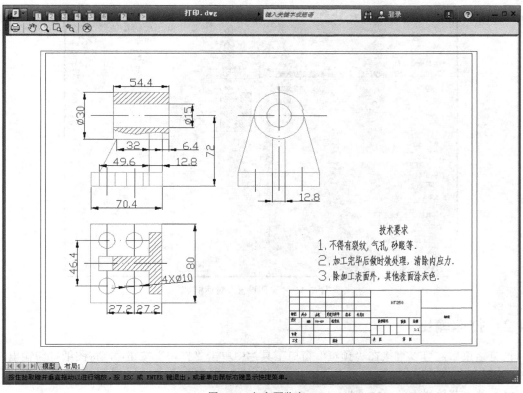

图 7-40   打印预览窗口

单击工具选项板中的"输出"|"打印"|"页面设置管理器"按钮，将弹出"页面设置管理器"对话框，如图 7-41 所示。"页面设置"选项组中列出了当前布局空间所包含的布局图纸。选择要进行页面设置的布局名称，单击"修改"按钮，进入"页面设置"对话框，如图 7-42 所示。在"打印机/绘图仪"名称列表框中，选择用于打印当前布局图纸的打印机或绘图仪，单击"确定"按钮，退出后再执行"打印预览"命令，即可实现图纸的打印预览。

图 7-41   "页面设置管理器"对话框

图 7-42 "页面设置"对话框

7.4.2 打印输出

预览结束后，可以直接在"预览"窗口工具栏中单击"打印"按钮🖨，将图纸打印输出。在 AutoCAD 2012 中，还可以通过以下常用的几种方式打印图纸。

（1）单击菜单栏中的"文件"|"打印"命令。

（2）单击工具选项板中的"输出"|"打印"|"打印"按钮🖨。

（3）在命令行输入命令：PLOT。

执行以上任一命令后，将弹出"打印"对话框，如图 7-43 所示。"打印"对话框与"页面设置"对话框相似，在"打印"对话框中可以进行详细的打印参数设置。

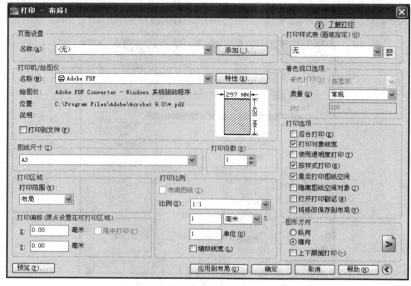

图 7-43 "打印"对话框

1.“页面设置”选项组：页面设置用来确定打印设备和设置其他影响最终输出外观和格式的参数。可以修改这些设置并将其应用到其他打印输出中。在“名称”选项组中，选择不同的“页面设置”项，则“打印”窗口中其他各选项组的参数会随之更新。

2.“打印机/绘图仪”选项组：在该选项中可以选择输出设备、显示输出设备名称及一些相关信息，具体设置方法与“页面设置”对话框相同。此外，在该选项组中还有一个“打印到文件”复选框。如果选中该复选框，将会把打印的图纸输出到文件，而不是打印机或绘图仪。若选中该选项，单击对话框中的“确定”按钮后，将弹出“浏览打印文件”对话框。

3.“图纸尺寸”选项组：在该选项组中，用户可以选择图纸的尺寸大小。图纸的大小是由打印机的型号所决定的，选择不同的打印机或绘图仪后，图纸尺寸列表框中将显示不同的图纸大小。

4.“打印区域”选项组：用于指定要打印的图形区域。在“打印范围”列表中，有 4 个选项可供选择。

（1）布局：选取该项，将打印所选布局图纸可打印区域内的所有图形。如果从模型空间打印，该选项将会变成“图形界限”，表示将打印绘图界限设定区域内的所有图形。

（2）窗口：该选项可以让用户在绘图窗口中通过鼠标指定两个角点来确定打印区域。

（3）范围：选取该项，将打印当前绘图空间内的全部图形，包括不在当前屏幕显示的图形对象。

（4）显示：选取该项，表示输出当前屏幕显示的图形。

5.“打印偏移”选项组：用于指定打印区域相对于图纸左下角的偏移量。

（1）居中打印：选择该选项后，系统会自动计算 X 和 Y 的偏移值，将打印图形置于图纸正中间。

（2）X 文本框：指定打印原点在 X 方向的偏移量。

（3）Y 文本框：指定打印原点在 Y 方向的偏移量。

6.“打印比例”选项组：用于设置输出图形与实际图形的比例值。选中“布满图纸”复选框时，系统将自动缩放打印图形，并将其布满整个打印图纸。

7.“打印样式表”选项组：用于选择打印样式或新建打印文件的名称及类型。

8.“着色视口选项”：指定着色和渲染视口的打印方式，并确定它们的分辨率大小和 DPI 值。

9.“打印选项”选项组：用于设置打印时的方式、图形对象的线宽、打印样式、打印次序、打印戳记等参数。

10.“图纸方向”选项组：用于指定图形在图纸上放置的方位。

（1）纵向：将图纸的短边放置在打印纸页面的顶部。

（2）横向：将图纸的长边放置在打印纸页面的顶部。

（3）上下颠倒打印：将图形对象在图纸页面中上下颠倒放置后打印。

11.“预览”按钮：单击该按钮，将弹出“打印预览”对话框，显示图纸的打印预览。

12.“应用到布局”按钮：单击该按钮，可以将“打印”对话框中的各项设置保存到当前布局中。

参数设置完毕后，单击对话框中的“确定”按钮，被打印的图形对象将会在所选打印机或绘图仪上自动打印输出。

7.5 思考练习

1．请列举出至少 5 种 AutoCAD 能支持的输入文件格式，并查阅相关资料，详细了解每种格式的含义。

2．请自己绘制一张 AutoCAD 图纸，并将其输出为 PDF 文件。

3．请将第 2 题中绘制的图纸发布为 Web 文件。

4．请创建一个新的布局，要求图纸大小为 A3，横向放置，并采用"标准三维工程视图"视口。

5．请在布局图纸空间对某个视口进行剪裁，要求剪裁后的视口为非矩形视口。

6．请为第 4 题中每个布局视口设置不同的缩放比例。

第二部分
AutoCAD 绘制机械图样

第8章

制作机械样板文件

在 AutoCAD 图形设计中，制作样板文件非常重要。样板文件包含一定的绘图环境和专业参数设置，通常还包含一些通用和常用的图形对象，其扩展名为 ".dwt"。在样板文件的基础上绘图，能够避免许多参数的重复设置，这不仅提高了绘图效率，还可以使绘制的图形更标准、更符合规范。

针对不同的设计内容，样板文件有所也不同，本章将通过制作一个 A3 幅面的机械制图样板文件，学习样板文件的具体制作过程。

8.1 制作机械样板文件的准则

8.1.1 基本准则

使用 AutoCAD 制作机械样板文件时，应该遵循以下几点基本准则：

（1）严格遵守国家标准的有关规定；

（2）使用标准线型；

（3）设置适当图形界限，以便能包含最大操作区；

（4）将捕捉和栅格设置为在操作区操作的尺寸；

（5）按标准的图纸尺寸打印图形。

8.1.2 其他说明

由于行业不同，各企业加工生产的产品在形状、结构及性能上有着巨大差异，因此，除了基本准则外，还应考虑以下几点：

（1）结合本行业的特点，也可以融入设计、定制或者二次开发的专用功能；

（2）应全面考虑本单位、本部门的标准规范及长期形成的做法；

（3）在考虑标准性、规范性的前提下，以提高设计效率为最终出发点，尽可能多地提供通用性支持。

8.2 机械制图的基本规定

我国国家标准《机械制图》中，对图纸的幅面大小、字体、图线的线型、线宽、尺寸标注样式等都有明确的规定，用户需要依据国标创建满足需要的样板文件。

8.2.1　图纸幅面和格式

根据 GB/T 14689—1993 的规定，在绘制机械图样时应优先选择如表 8-1 所示的基本幅面，如有必要可以选择如表 8-2 所示的加长幅面。每张图幅内一般都要求绘制图框，并且在图框的右下角绘制标题栏。图框的大小和标题栏的尺寸都有统一的规定。图纸还可分为留有装订边和不留装订边两种格式，如图 8-1 所示。

表 8-1　　　　　　　　　　　　　　图纸基本幅面

幅面代号	A0	A1	A2	A3	A4
B×L	841×1189	594×841	420×594	297×420	210×297
e	20			10	
a	25				
c	10			5	

表 8-2　　　　　　　　　　　　　　图纸加长幅面

幅面代号	A3×3	A3×4	A4×3	A4×4	A4×5
B×L	420×891	420×1189	291×630	297×841	297×1051

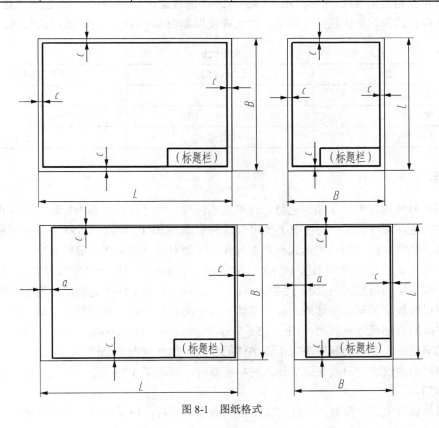

图 8-1　图纸格式

　　在图框的右下角必须画出标题栏，标题栏中的文字方向一般为看图方向。国家标准规定的生产上用的标题栏内容较多、较复杂，在制图作业中可以简化，建议采用如图 8-2 所示的简化标题栏。

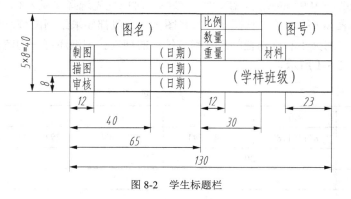

图 8-2　学生标题栏

8.2.2　比例

　　图中图形与其反映的实物相应要素的线性尺寸之比称为"比例"。优先采用 1:1 的比例，这样可以从图样中直接反应出实物的大小。由于零件的大小、形状差别很大，所以根据情况选择合适的绘图比例也是相当重要的。根据 GB/T 14690-1993 的规定，绘制机械图样时应优先选择如表 8-3 所示的应选取的比例，如未能满足要求，也允许使用如表 8-3 所示的允许选取的比例。

表 8-3　　　　　　　　　　　　　　绘图比例

种　类	应选取的比例	允许选取的比例
与实物相同	1:1	
缩小的比例	1:2　　1:5　　1:10	1:1.5　1:2.5　1:3　1:4　1:6
放大的比例	5:1　　2:1	4:1　2.5:1

8.2.3　字体

　　在完整的机械图样中除了图形之外，还有文本注释、尺寸标注、基准标注、表格内容及其他说明等文字，这要求用户在不同情况下使用合适的字体。GB/T 14691—1993 中规定了机械图样中书写的字母、数字、汉字的结构形式和基本尺寸。下面对这些规定作简要的介绍。

　　（1）字母及数字分 A 型和 B 型，在同一张图纸上只允许采用同一种字母及数字字体。

　　（2）A 型字体的笔划宽度（d）为字高（h）的 1/14；B 型字体的笔划宽度为字高的 1/10。

　　（3）字母和数字可写成斜体或正体。斜体字头应向右倾斜，与水平基准线成 75°。

　　（4）字高的公称尺寸系列为：1.8，2.5，3.5，5，7，10，14，20mm。如需书写更大的字，其字高应按比率递增。字体的高度决定了该字体的号数。如字高为 7mm 的文字表示为 7 号字。

　　（5）图样中的汉字应写成长仿宋体，汉字的高度不应小于 3.5 mm，其字宽一般为 h/$\sqrt{2}$（约为字高的 2/3）。

　　（6）用作极限偏差、分数、脚注、指数等的数字与字母，应采用小一号的字体。

8.2.4 图线

绘制图样时，所采用的各种线型及其应用场合应符合国际规定，机械图样是由各式各样的线条组成的。GB/T 17450-1998中规定了15种基本线型及多种基本线型的变形和图线的组合，适用于机械、建筑、土木工程及电气等领域。在机械制图方面，常用线条的名称、线型、宽度及一般用途见表8-4。

机械制图所用线条分为粗线、细线两种，其宽度比例为 2:1。具体的线条宽度（d），应根据图纸幅面的大小和所表达对象的复杂程度，在给出的系列中选择（公式比为 $1:\sqrt{2}$）：0.13，0.18，0.25，0.35，0.5，0.7，1，1.4，2mm。

表 8-4　　　　　　　　　　　机械制图中常用的图线

图 线 名 称	图 线 形 式	宽　　度	主要用途及线素长度
粗实线	———————————	d	表示可见轮廓线、可见相贯线
细实线	———————————	d/2	表示可见尺寸线、尺寸界线、剖面线、引出线、重合断面的轮廓、引出线、螺纹的牙底线、齿轮的齿根等
虚线	12d　　3d	d/2	表示不可见轮廓线、不可见相贯线
波浪线	～～～～～～～	d/2	表示断裂处的边界线，视图和剖视的分界线等
对折线	～/\～/\～/\～	d/2	表示断裂处的边界线等
细点画线	24d　3d　≤0.5d	d/2	表示轴线、对称中心线、轨迹线、齿轮的分度圆及分度线等
粗点画线	24d　3d　≤0.5d	d	表示限定范围表示线
双点画线	24d　3d　0.5d	d/2	表示相邻辅助零件的轮廓线、可动零件极限位置的轮廓、重心线、成型前轮廓线、轨迹线、中断线等

8.2.5 尺寸标注

机械图样主要用来表达机件的结构与形状，具体大小由所标注的尺寸来确定。无论机械图样视图是以何种绘图比例绘制，标注的尺寸都要求反映实物的真实大小，即以真实尺寸来标注。尺寸标注是机械图样中非常重要的部分，GB/T4458.4-2003规定了尺寸标注的方法。

1．尺寸标注的规则

（1）机件的大小应以视图上所标注的尺寸数值为依据，与图形的大小及绘制的准确性无关。

（2）视图中的尺寸默认为零件加工完成之后的尺寸，如果不是，则应另加说明。

（3）标注的尺寸以 mm 为单位时，不必标注尺寸计量单位的名称与符号。

（4）尺寸的标注不允许重复，并且要求标注在最能反映机件结构的视图上。

（5）标注尺寸时，应尽可能使用符号和缩写词。

2．尺寸的四要素

一个完整的尺寸由尺寸界线、尺寸线、尺寸终端与尺寸数字四个基本要素组成，如图 8-3 所示。

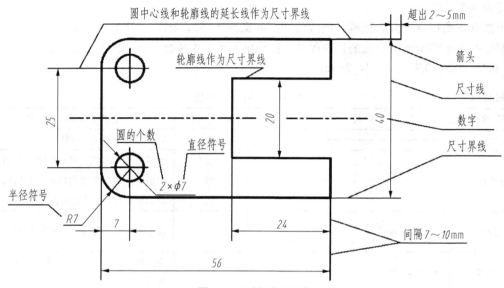

图 8-3　尺寸组成及注法

（1）尺寸界线：尺寸界线表明尺寸的界限，用细实线绘制。尺寸界线可以从图形的轮廓线、中心线、轴线或对称中心线处引出，也可以直接使用轮廓线、中心线、轴线或对称中心线为尺寸界线。

（2）尺寸线：尺寸线用以放置尺寸数字，规定使用细实线绘制，通常与图形中标注该尺寸的线段平行。尺寸线不能用其他图线代替，不能与其他图线重合，不能画在视图轮廓的延长线上。尺寸线之间或尺寸线与尺寸界线之间应避免出现交叉情况。

（3）机械制图中的尺寸终端为实心箭头，表明尺寸的起止。

（4）尺寸数字一般用 3.5 号斜体，也允许使用正体。要求以 mm 为单位，这样不必标注计量单位的名称与符号。

3．尺寸标注的类型

（1）线性标注

线性尺寸的数字一般应注写在尺寸线的上方，也允许注写在尺寸线的中断处。线性尺寸数字的方向，一般应按图 8-4（a）所示的方向注写，并尽可能避免在图示 30°范围内标注尺寸，可按照图 8-4（b）处理。

（2）圆的标注

标注圆的直径时，尺寸线应通过圆心，尺寸线的两个终端应画成箭头，在尺寸数字前应加注符号"ϕ"，如图 8-5（a）所示。当图形中的圆弧线大于该圆全部弧线的一半时，尺寸线应略超过圆心，此时仅在尺寸线的一端画出箭头，如图 8-5（b）所示。

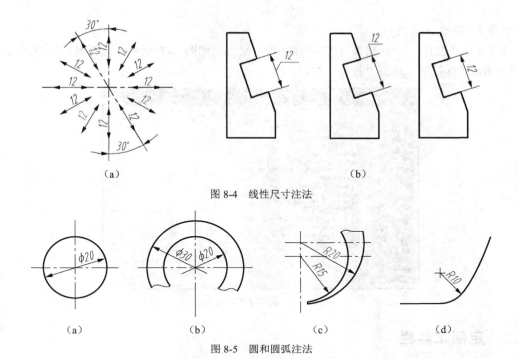

图 8-4　线性尺寸注法

图 8-5　圆和圆弧注法

（3）圆弧的标注

标注圆弧的半径时，尺寸线的一端一般应画到圆心，以明确表明其圆心的位置，另一端画成箭头，在尺寸数字前应加注符号"R"，如图 8-5（c）、（d）所示。

（4）角度的标注

标注角度时，尺寸线应画成圆弧，其圆心是该角的顶点，尺寸界线应沿径向引出。角度的数字应一律写成水平方向，一般注写在尺寸线的中断处，必要时也可以注写在尺寸线的上方或外面，也可引出标注，如图 8-6 所示。

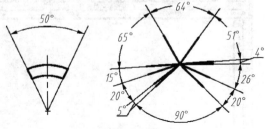

图 8-6　角度的注法

8.3 制作机械样板文件的步骤

AutoCAD 提供了许多样板文件，但这些样板文件和我国的国标不完全符合。所以不同的专业在绘图前都应该建立符合各自专业国家标准的样板文件，保证图纸的规范性。下面以建立符合我国机械制图国家标准的 A3 机械样板文件为例，介绍机械样板文件创建的一般方法与步骤。

8.3.1　新建文件

步骤 1　启动 AutoCAD 软件。

步骤 2　新建 dwg 文件。

单击菜单"文件"|"新建",打开新建文件对话框,如图 8-7 所示,选择最接近中国国标的"acadiso.dwt "样板后,单击"打开"按钮。

图 8-7　新建文件对话框

8.3.2　定制工具栏

将鼠标指针移动至已显示的工具栏上,右击分别调出绘图工具栏、修改工具栏、标注工具栏及查询工具栏,并拖动至如图 8-8 所示的位置。

图 8-8　定制工具栏

8.3.3　设置绘图单位与精度

单击菜单"格式"|"单位",打开图形单位对话框,如图 8-9 所示。在绘图时,单位制都采用

十进制，长度精度为小数点后 2 位，角度精度为小数点后 0 位。系统默认基准角度为 0°（东），逆时针方向为正。设置完毕后单击"确定"按钮。

图 8-9 设置绘图单位与精度

8.3.4 设置图层

单击菜单"格式"|"图层"，打开图层特性管理器，如图 8-10 所示。

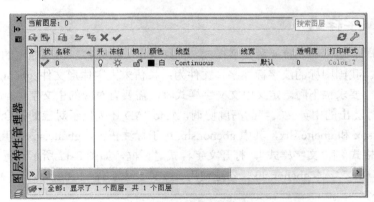

图 8-10 图层特性管理器

步骤 1 创建粗实线层。

单击新建图层按钮，新建一图层，修改图层名称为粗实线，颜色为白色（索引颜色 7），线型为 Continuous，线宽为 0.7mm。

步骤 2 创建细实线层。

单击新建图层按钮，新建一图层，修改图层名称为细实线，颜色为红色（索引颜色 1），线型为 Continuous，线宽为 0.35mm。

步骤 3 创建中心线层。

单击新建图层按钮，新建一图层，修改图层名称为中心线，颜色为洋红色（索引颜色 6），加载 CENTER 线型并选择设置，线宽为 0.35mm。

步骤 4 创建虚线层。

单击新建图层按钮，新建一图层，修改图层名称为虚线，颜色为青色（索引颜色 4），加载

DASHED 线型并选择设置，线宽为 0.35mm。

步骤 5　创建双点画线层。

单击新建图层按钮，新建一图层，修改图层名称为双点画线，颜色为绿色（索引颜色 4），加载 DIVIDE 线型并选择设置，线宽为 0.35mm。

步骤 6　保存图层。完成上述操作后，样板文件图层设置完成，结果如图 8-11 所示，单击"确定"按钮，保存。

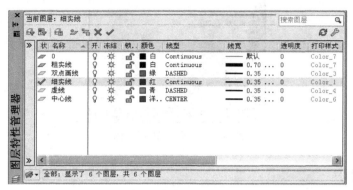

图 8-11　图层设置结果

8.3.5　创建文字样式

在绘制图形时，通常要设置 4 种文字样式，分别用于一般注释、标题栏中的零件名、标题栏注释和尺寸标注。我国国标的汉字标注字体文件为：长仿宋大字体形文件 gbcbig.shx。文字高度对于不同的对象，要求也不同。定义中文文字样式时，需要有对应的中文字体。另外，当中、英文混排时，为使标注出的中英文文字的高度协调，AutoCAD 还提供了对应的符合国家制图标准的英文字体 gbenor.shx 和 gbeitc.shx，其中 gbenor.shx 用于标注正体，gbeitc.shx 则用于标注斜体。

单击菜单"格式"|"文字样式"，打开文字样式对话框，如图 8-12 所示设置，新建文字样式名称为国标 3.5，SHX 字体 gbenor.shx，勾选使用大字体，大字体 gbcbig.shx，字高 3.5，单击"应用"按钮。

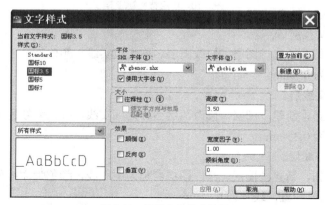

图 8-12　设置文字样式结果

同"国标 3.5"文字样式相同的步骤，创建"国标 5"、"国标 7"及"国标 10"文字样式，除字高分别为 5、7、10 之外，其余设置相同。

说明：

（1）gbenor.shx、gbcbig.shx 字体在设计时，已经考虑到宽高比例 0.7，故在文字样式中不再设置，宽度比例为 1；

（2）一般注释文字字高为 7 mm，零件名称文字字高为 10 mm，标题栏中其他文字字高为 5 mm，尺寸文字字高为 3.5 mm。

8.3.6　设置标注样式

从 8.2.3 小节中，已经了解了 GB/T4458．4-2003 对尺寸标注的一般要求。尺寸标注类型有线性尺寸标注、圆的尺寸标注（直径）、圆弧的尺寸标注（半径）及角度标注，而且每种类型的尺寸标注都有所区别。样板文件标注样式的设计必须以此为出发点。具体过程如下。

步骤 1　打开标注样式管理器。

单击菜单"格式"|"标注样式"，打开标注样式管理器，如图 8-13 所示。

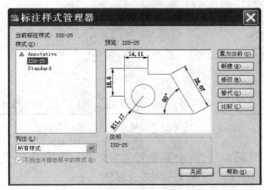

图 8-13　标注样式管理器

步骤 2　修改 ISO-25 总体样式（基于线性标注）。

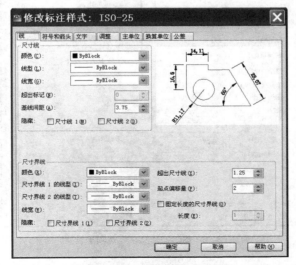

图 8-14　ISO-25 "线"选项卡设置

（1）单击"修改"按钮，打开修改标注样式对话框，如图 8-14 所示。

（2）"线"选项卡（见图 8-14）：主要用于设置、调整尺寸线、尺寸界线的相应参数，除起点偏移量设置为 2 外，其余均取默认值。

（3）"符号和箭头"选项卡（见图 8-15）：主要设置箭头、圆心标记、弧长符号及半径标注折弯相应参数，在此只调整箭头大小为 3.5，与尺寸数字大小相同，其余取默认值。

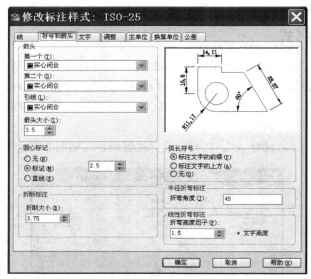

图 8-15　ISO-25 "符号和箭头"选项卡设置

（4）"文字"选项卡（见图 8-16）：主要设置文字外观、文字位置及文字对齐方式，在此文字样式选择"国标 3.5"、文字高度设置为 3.5，其余取默认值。

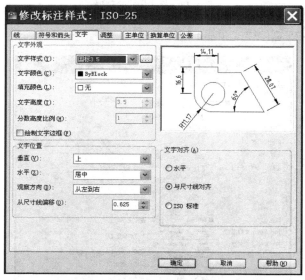

图 8-16　ISO-25 "文字"选项卡设置

（5）"调整"选项卡（见图 8-17）：主要设置有调整选项、文字位置、标注特征比例及优化，在此只将调整选项设置为文字,其余取默认值。

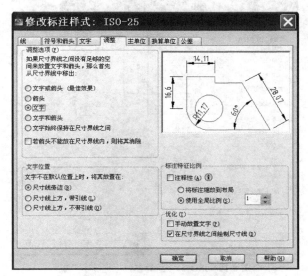

图 8-17 ISO-25"调整"选项卡设置

(6)"主单位"选项卡(见图 8-18):主要设置线性标注和角度标注的单位相关的参数,在此将小数分隔符设置为"."句点,其余取默认值。

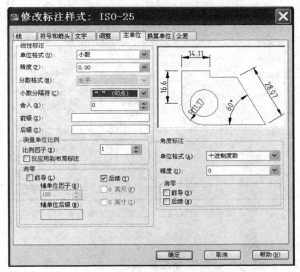

图 8-18 ISO-25"主单位"选项卡设置

(7)"换算单位"选项卡(见图 8-19):均取默认值。

(8)"公差"选项卡(见图 8-20):主要设置公差相关的参数,在此将公差格式中的垂直位置选择为"中",其余取默认值。说明:本书中公差的标注主要讲授采用多行文字堆叠实现的方法,故在标注样式中不做考虑。

(9)完成 ISO-25 样式的修改。单击"确定"按钮,保存 ISO-25 样式,系统自动返回至标注样式管理器。

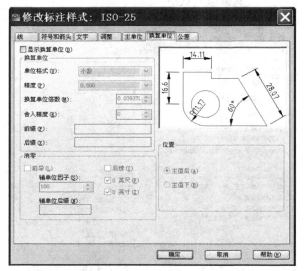

图 8-19　ISO-25 "换算单位" 选项卡设置

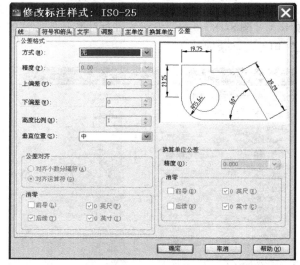

图 8-20　ISO-25 "公差" 选项卡设置

步骤 3　创建线性标注样式。

由于 ISO-25 总体样式修改是基于线性标注样式进行的，所以线性样式的设置无需修改，具体操作如下。

（1）在样式管理器面板单击 "新建" 按钮，弹出如图 8-21 所示的新建标注样式对话框，在用于下拉式菜单中选择 "线性标注"，然后，单击 "继续" 按钮。

（2）在弹出的 "新建标注样式：ISO-25：线性" 对话框中，单击 "确定" 按钮，返回标注样式管理器，如图 8-22 所示，此时，在 ISO-25 标注样式下增加了线性分样式。

步骤 4　创建直径标注样式。

直径标注样式需在 ISO-25 总体样式中进行部分修改，具体操作如下。

图 8-21 创建线性标注样式

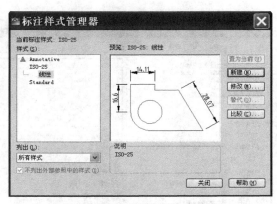

图 8-22 创建新标注样式对话框图

（1）在样式管理器面板单击"新建"按钮，弹出如图 8-23 所示的"创建新标注样式"对话框，在下拉式菜单中选择"直径标注"，然后，单击"继续"按钮。

（2）在"文字"选项卡中，将文字对齐方式修改为"ISO 标准"，如图 8-24 所示。

图 8-23 创建直径标注样式

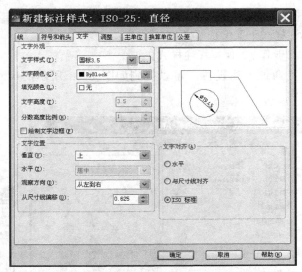

图 8-24 设置直径标注样式"文字"选项卡

（3）在"调整"选项卡中，在优化中勾选手动放置文字，如图 8-25 所示。

（4）单击"确定"按钮，完成直径标注样式的创建，并返回至标注样式管理。此时，在 ISO-25 标注样式下又增加了直径分样式。

步骤 5　创建半径标注样式（同步骤 4）。

步骤 6　创建角度标注样式。

角度标注样式仅需在 ISO-25 总体样式中进行一点修改，具体操作如下。

（1）在样式管理器面板单击"新建"按钮，弹出如图 8-26 所示的"新建标注样式"对话框，在下拉菜单中选择"角度标注"，然后，单击"继续"按钮。

（2）在"文字"选项卡中，将文字对齐方式修改为"水平"，如图 8-27 所示。

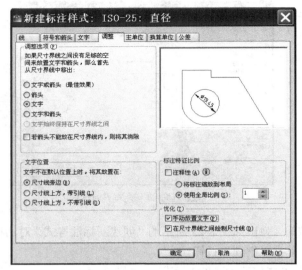

图 8-25　设置直径标注样式

图 8-26　创建角度标注样式

（3）单击"确定"按钮，完成角度标注样式的创建，并返回至标注样式管理。此时，在 ISO-25 标注样式下又增加了角度分样式。

步骤 7　保存标注样式。

通过上述设置，可以得到如图 8-28 所示的尺寸标注样式。单击关闭按钮完成标注样式设置。

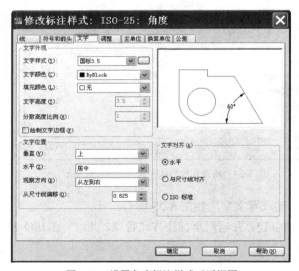

图 8-27　设置角度标注样式对话框图

图 8-28　标注样式设置完成后的结果

8.3.7　绘制图框

利用"绘图"|"直线"命令，采用捕捉追踪、偏移等绘图命令，绘制 A3 图框，具体尺寸参见表 8-1，结果如图 8-29 所示。

图 8-29 绘制 A3 图框

8.3.8 设计常用图块

块是一个或多个对象组成的对象集合，常用于绘制复杂、重复的图形。一旦一组对象组合成块，就可以根据作图需要将这组对象插入到图中任意指定位置，而且还可以按不同的比例和旋转角度插入。在 AutoCAD 中，使用块可以提高绘图速度、节省存储空间、便于修改图形。

本样板中，将设计表面粗糙度、零件图标题栏、装配图标题栏及明细表 3 个块。用户可以根据自己的实际情况，进行增加。

1．表面粗糙度块

步骤 1 绘制表面粗糙度符号。

利用"绘图"|"直线"命令，采用捕捉追踪、偏移等绘图命令，绘制表面粗糙度符号，具体尺寸参考图 8-30，其中 H 为 1.4h（h 为文字高度，这里取尺寸数字高度 3.5 mm），故 H 约等于 5 mm，则 2H 约为 10 mm。

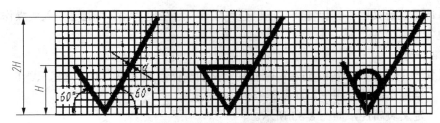

图 8-30 表面粗糙度的画法

步骤 2 定义块属性。

单击"绘图"|"块"|"定义属性"，打开属性定义对话框，如图 8-31 所示，在标记所对应的

文本框内填入"CCD"，在提示所对应的文本框内填入"输入粗糙度值"，在值所对应的文本框内填入"Ra3.2"，文字选项对正选择"中心"，其余取默认值。单击"确定"按钮，返回绘图界面。将块属性放置在适当位置，如图 8-32 所示。

图 8-31　定义块属性　　　　　　　　　　　　图 8-32　放置块属性

步骤 3　创建表面粗糙度块。

单击"绘图"|"块"|"创建"，打开块定义对话框。在名称文本框内填入"表面粗糙度"，拾取基点为粗糙度符号下角点，选择对象为表面粗糙度符号和块属性，其余取默认值，如图 8-33 所示。单击"确定"按钮完成创建。

图 8-33　创建表面粗糙度块

至此，带属性定义的表面粗糙度块已创建完成，今后在使用时，可通过插入块操作轻松完成，详细操作见第 9、10 章。

2．基准符号

带属性定义的基准符号块的创建跟带属性定义的表面粗糙度块类似，这里只给出主要步骤。

步骤 1　绘制基准符号图形，如图 8-34 所示。

步骤 2　定义块属性，如图 8-35 所示。

步骤 3　创建基准符号块，如图 8-36 所示。

3．零件图标题栏块

步骤 1　绘制标题栏框。

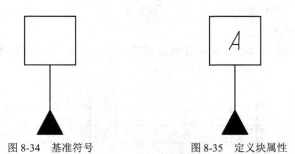

图 8-34　基准符号　　　　　　图 8-35　定义块属性

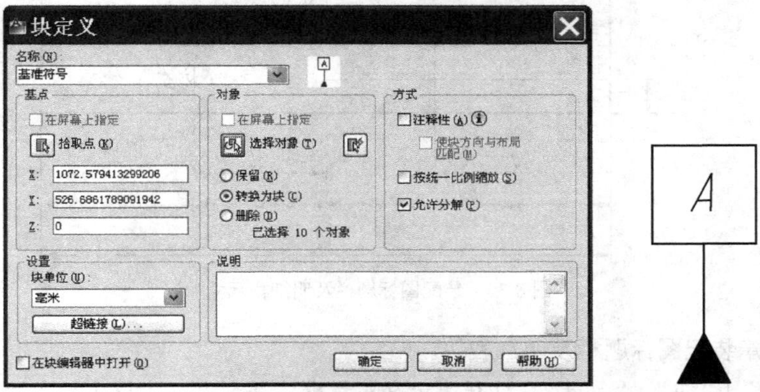

图 8-36　创建基准符号块

利用"绘图"|"直线"命令，采用捕捉追踪、偏移等绘图命令，绘制标题栏，具体尺寸参考图 8-2。

步骤 2　填写标题栏文字。

利用多行文字命令，填写标题栏信息，最终结果见如图 8-37 所示。

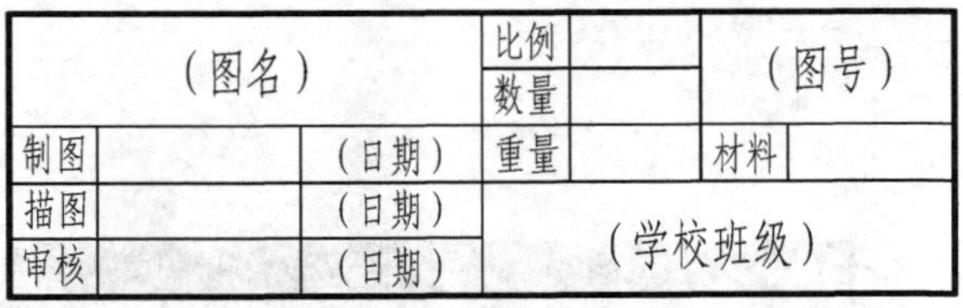

步骤 3　创建零件图标题栏块。

单击"绘图"|"块"|"创建"，打开块定义对话框。在名称文本框内填入"零件图标题栏"，拾取基点为右下角点，选择对象为所有图线和文字，其余取默认值，如图 8-38 所示。单击"确定"按钮完成创建。

（图名）		比例		（图号）	
		数量			
制图		（日期）	重量		材料
描图		（日期）			
审核		（日期）	（学校班级）		

图 8-37　零件图标题栏

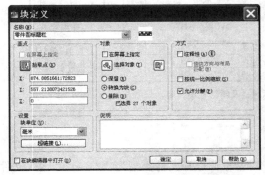

（图名）		比例		（图号）	
		数量			
制图		（日期）	重量		材料
描图		（日期）			
审核		（日期）	（学校班级）		

图 8-38　创建零件图标题栏块

4．装配图标题栏及明细表块

步骤 1　绘制明细表框。

利用"绘图"|"直线"命令，采用捕捉追踪或偏移，绘制装配图标题栏及明细表框，具体尺寸参考图 8-39。

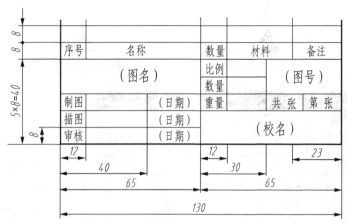

图 8-39　装配图标题栏及明细栏尺寸

步骤 2　创建装配图标题栏及明细表块。

单击"绘图"|"块"|"创建"，打开块定义对话框。在名称文本框内填入"装配图标题栏及明细表"，拾取基点为右下角点，选择对象为所有图线和文字，其余取默认值，如图 8-40 所示。单击"确定"按钮完成创建。

图 8-40　创建装配图标题栏及明细栏块

8.3.9　保存样板文件

单击"文件"|"另存为"，打开"图形另存为"对话框，选择文件类型为"*.dwt"，输入文件名"A3 机械样板文件"，单击保存按钮，如图 8-41，随后弹出样板说明对话框，填入样板相关信

息，单击"确定"按钮保存完成，如图 8-42 所示。

至此，完成了一个 A3 机械样板文件的设计制作过程。

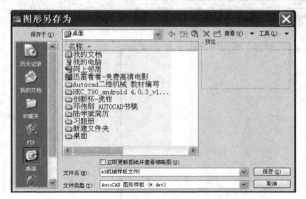

图 8-41　保存样板文件

图 8-42　填写样板说明文字

8.4 机械样板文件的应用

"A3 机械样板文件.dwt"制作完成并保存后，就可以在绘制零件工作图和装配图时使用。依据"A3 样板文件.dwt"创建的零件工作图或装配图"空白"文件，本身就包含在 8.3 节中的所有设置，我们可以直接开始绘制机械图样了。

下面就应用 8.3 节制作的"A3 机械样板文件.dwt"，分别介绍其在绘制零件工作图和装配图时的使用方法。

8.4.1　利用机械样板创建"空白"零件工作图

步骤 1　利用"A3 机械样板文件.dwt"创建 dwg 文件。

单击"文件"|"新建"，打开选择样板文件对话框，选择"A3 机械样板文件.dwt"作为样板，如图 8-43 所示，单击打开按钮新建 dwg 文件，结果如图 8-44 所示。

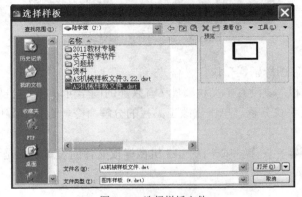

图 8-43　选择样板文件

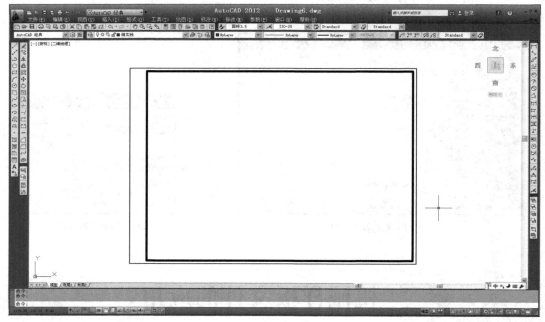

图 8-44　新建的 dwg 文件

步骤 2　插入"零件图标题栏"块。

单击"插入" | "块",打开插入块对话框,如图 8-45,选择"零件图标题栏",单击"确定"按钮,并将插入点设置为图框右下角,结果如图 8-46 所示。

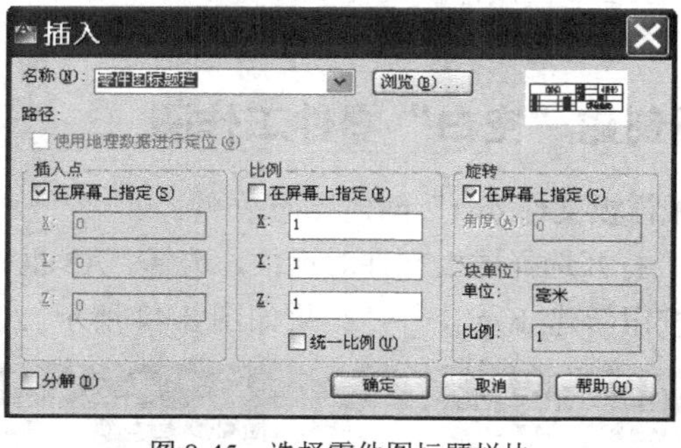

图 8-45　选择零件图标题栏块

步骤 3　分解"零件图标题栏"块。

由于"零件图标题栏"块没有定义块属性(有兴趣的同学可以自己尝试),所以要向标题栏内输入文字信息,必须要将块分解。单击修改工具栏的分解命令,选择"零件图标题栏"块,右击鼠标完成分解。

现在可以开始绘制零件图了。试一试,A3 机械样板文件的设置是不是都"移植"到这个 dwg 文件上了。

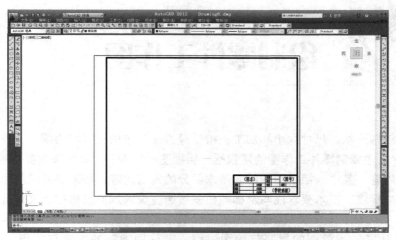

图 8-46　插入零件图标题栏块的结果

8.4.2　利用机械样板创建"空白"装配图

利用"A3 机械样板文件.dwt"创建"空白"装配图与创建"空白"零件工作图的方法类似，只不过在 8.4.1 小节的步骤 2 中，插入"装配图标题栏及明细表"块，其余操作相同，这里只给出最后结果，如图 8-47 所示。

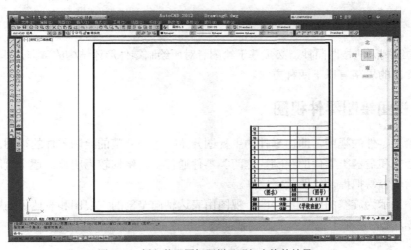

图 8-47　插入装配图标题栏及明细表块的结果

8.5　思考练习

1．使用 AutdAD 绘制零件图样板图时应遵守哪些准则？
2．在 AutocAD 中，样板文件中通常包括哪些内容？
3．参考 8.3 节内容，完成 A4 机械样板文件的制作。

绘制零件工作图

表达零件结构形状、尺寸大小和加工、检验等方面要求的图样称为零件工作图，简称零件图。在 AutoCAD 中绘制零件工作图通常包括一组视图的绘制、尺寸和技术要求的注写、以及标题栏的绘填等内容。其中一组视图的绘制是本部分的重点内容，所涉及的绘图思路、方法技巧较多较杂，尺寸标注、技术要求注写及标题栏多可通过设置好的机械样板文件直接应用（参见第 8 章）。

本章主要从零件图绘制的思路与绘图过程、零件图绘制的方法与技巧、零件图上特殊的尺寸标注和零件图上常见技术要求的注写等方面来介绍一张完整零件工作图的具体绘制过程。

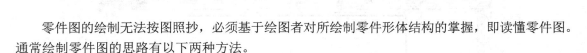

9.1 零件图绘制的思路

零件图的绘制无法按图照抄，必须基于绘图者对所绘制零件形体结构的掌握，即读懂零件图。通常绘制零件图的思路有以下两种方法。

9.1.1 分视图绘制零件视图

分视图绘制零件的视图，即由零件的主视图开始，逐个完整的绘制零件的视图。此种方法一般多用于轴套类和盘盖类零件的绘制。这两类零件通常主体结构较为明显，逐个绘制视图时各视图绘制的准确度容易把握，绘图效率较高。

如图 9-1 所示为旋塞的压盖零件图。视图由表达轴向全剖的主视图和表达径向端面的左视图 2 个视图组成，无论从哪个视图入手绘制都能较为快速的完成。

9.1.2 分形体绘制零件视图

分形体绘制零件视图，即根据组合体形体分析的理论，假想将零件拆成若干个基本形体（或部分），逐个完成每一个基本形体的三视图，最终形成零件完整的各视图。此种方法一般多用于叉架类和盖箱体类零件的绘制。这两类零件的主体结构通常可以看成由两个以上甚至多个基本形体构成，各基本形体的结构特征和相互间的位置关系较为复杂，逐个绘制基本形体的三视图及有利于准确绘制各基本形体的结构特征，也有利于较为高效的处理各基本形体间的位置关系。

如图 9-2 所示为壳体的结构示意图，图 9-3 所示为壳体零件图。壳体是典型的箱体类零件，按形体分析理论可分为上连接部分Ⅰ、双向法兰及其连接部分Ⅱ和主壳体部分Ⅲ三部分。上连接部分Ⅰ在绘图过程中可先从 A 向视图开始，逐步完成主视图和左视图的绘制。主壳体部分Ⅲ的主左视图的视图基本一致，绘制出其中一个，另一个经复制和修整即可得到。双向法兰及其连接部分Ⅱ可先从反应特征视图的左视图入手，再根据投影对正关系完成主视图部分的绘制。

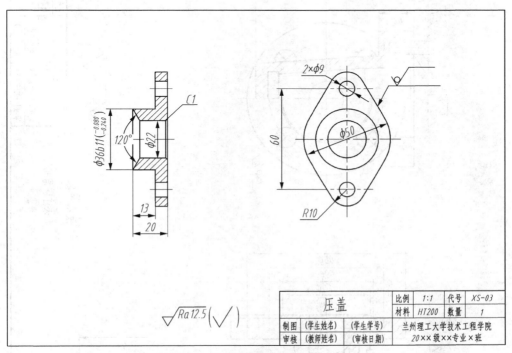

图 9-1　压盖零件图（未含标题栏）

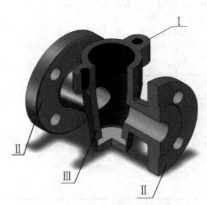

图 9-2　壳体结构示意图

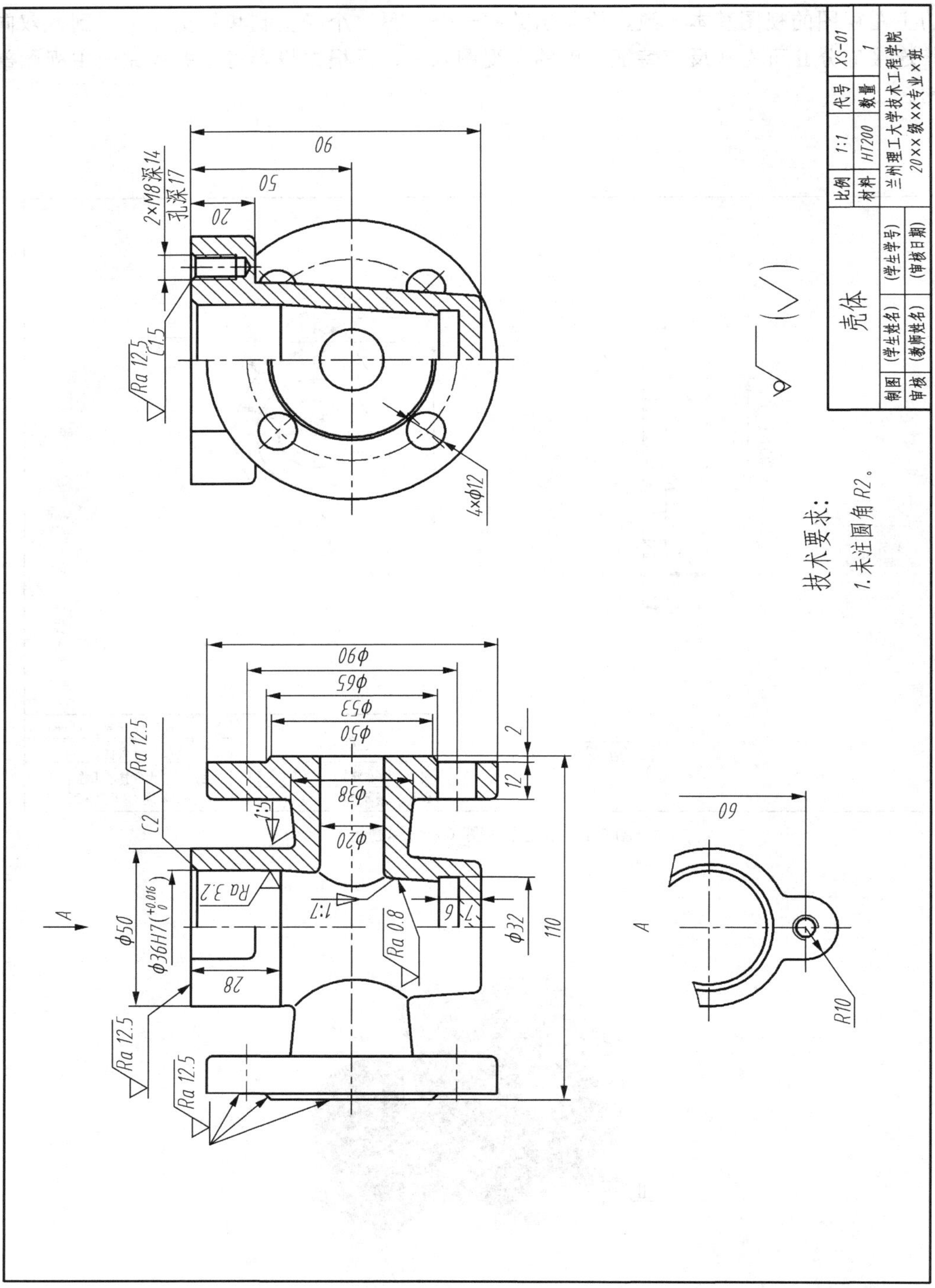

图 9-3 壳体零件图

零件图绘制的原则

在绘制零件图时必须要考虑绘图的准确性和高效性。准确性即绘制图线的位置准确，形状大小与要求一致。高效性即对所绘制图形的修整和删减较少，避免多次的重复绘图和无效绘图。零件图的绘制主要遵循以下原则。

1．先定位原则

在绘制零件图之前应先绘制各视图的对称或回转中心轴线和主要轮廓边界线，以确定各视图中各形体的位置关系，即通常所说的先定位。如图 9-1 所示旋塞的压盖零件图中，应先绘制左视图中一竖三横的中心线和主视图中的三条平行轴线。

2．先整体后局部原则

在零件图的绘制过程中，应先抓住主体结构来绘制。对于主体结构上附属的孔槽和圆角、倒角等工艺结构都可以在主体结构完成之后再进行处理。绘图过程中若过多的关注细节，不但会影响对整体结构的把握，也很容易因局部结构处理不当或绘制错误而导致主体结构变形。

3．特征视图优先原则

无论是按视图绘制零件，还是分形体绘制零件，都应从零件或构成零件基本形体的特征视图入手。特征视图的绘制较为简便，完成特征视图后按照投影的对应关系可较为快捷和准确地绘制出其他视图。如图 9-1 所示旋塞的压盖零件图中，左视图为特征视图。如图 9-3 所示旋塞的壳体零件图中连接部分 I 的 A 向视图为特征视图，双向法兰及其连接部分 II 的左视部分为特征视图。

4．后修剪原则

绘图过程中产生多余的图线和需修整或删除的结构在所难免，但不建议立即对这些结构进行修整和删除。一方面这些结构对其他结构的绘制有参照作用，另一方面修整和删除这些结构的参照图线可能还未画出。如图 9-3 所示旋塞的壳体零件图中，双向法兰及其连接部分 II 的左视部分绘制后应是完整的圆周端面，应结合主壳体部分 III 的左视部分互为参照进行修整。

5．图线统一管理原则

零件图绘制过程中涉及的图线线型以粗实线为主，有少量的细点画线（中心线或轴线）、虚线、细波浪线及双点画线。绘图过程中可全部用粗实线绘制并由粗实线图层统一管理，绘图完成后可通过图层的变换赋予少量非粗实线图线所需线型。

零件图绘制的方法与技巧

9.3.1 连续线性绘图时辅助（精确）绘图命令的使用

1．在绘制中心轴线和轮廓线进行零件视图绘制前期定位时，应打开"正交"按钮，以确保绘出的轴线处于水平或竖直状态，这些图线往往是其他图线的绘图参照，一旦位置不准确，将造成整个零件图结构出现问题。

2．在线性尺寸较多的连续绘图过程中直线命令需与极轴、对象捕捉、对象追踪等绘图命令联合使用。

如图 9-4 所示为旋塞的塞子零件图，图 9-5 所示为塞子零件图中主视图连续线性绘图的过程，保持极轴、对象捕捉、对象追踪按钮处于工作（按下）状态，使用直线命令。操作过程如下。

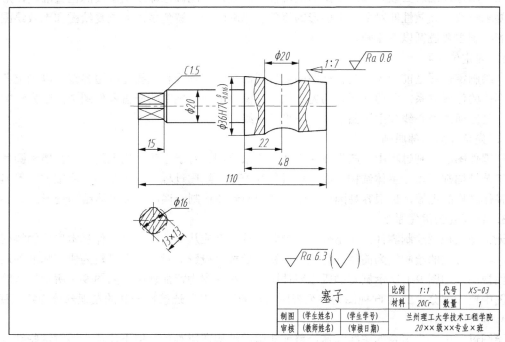

图 9-4　塞子零件图

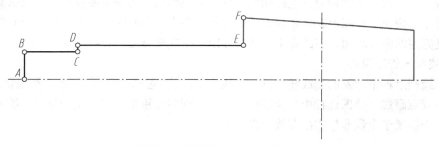

图 9-5　连续线性尺寸的绘制过程

步骤 1　利用对象捕捉命令捕捉到轴线左侧端点，水平向右移动鼠标（对象捕捉追踪启用）出现水平极轴线，键盘输入值 3 或 5，直线第一个端点固定在 A 点。

步骤 2　竖直向上移动鼠标出现竖直极轴线，键盘输入尺寸 8，直线端点固定在 B 点。

步骤 3　水平向右移动鼠标出现水平极轴线，键盘输入尺寸 15，直线端点固定在 C 点。

步骤 4　竖直向上移动鼠标出现竖直极轴线，键盘输入尺寸 2，直线端点固定在 D 点。（此处暂不绘制倒角）

……

9.3.2　关于偏移命令的使用

偏移命令在零件中心轴线与中心轴线之间、中心轴线与重要轮廓线之间定位时使用较多。忌在连续线性绘图时过于频繁地使用该命令，过多的偏移图线会导致定位点过多。

9.3.3　镜像、阵列命令的使用

零件图中主体部分出现对称或基本对称结构时仅需绘制一半或四分之一，其他部分直接使用镜像命令，局部不一样的部分镜像后再做修整。

对于环形均布和线性均布的结构而言，阵列命令的使用较为频繁。应注意进行阵列时，定位需阵列图形的中心轴线应与图形一同阵列。

镜像和阵列的图形及其中心轴线应先做好修整以达到零件图的最终要求，以免阵列或镜像后再逐个修整图形。

9.3.4　修剪、延伸命令的使用

修剪与延伸命令在使用时应注意用必要的批量操作代替逐个操作，如在部分情况下可批量选择修剪或延伸边界。如图9-5所示，选择水平中心轴线为延伸边界，*AB*、*CD* 和 *EF* 线段可同时向轴线延伸。

9.3.5　复制命令的使用

对于零件图中重复出现但又不具备镜像和对称条件的图形建议使用"带基点复制"命令来完成其多次的定位复制。对于文字样式和格式相同的文字注解而言，先使用"带基点复制"命令进行复制，再更改文字内容，效率会较高。

9.3.6　灵活使用视图中的对应和相等关系

"长对正，宽相等，高平齐"是零件整体和局部结构各视图之间联系的基本要求。当绘制出零件或其某一部分的一个视图时，可利用这种对应关系快速地绘制出其他视图。以三视图为例，"长对正"和"高平齐"可直接在竖直和水平方向实现，宽相等的处理主要有两个思路，如图9-6所示：其一，如图9-6（a）所示，利用圆的半径以中心轴线或轮廓边界线进行相对位置定位；其二，如图9-6（b）所示，旋转已绘制的左视图或俯视图与另一视图在水平或竖直方向上保持"宽相等"。

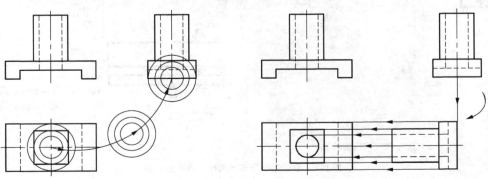

（a）利用圆的半径　　　　　　　　（b）旋转已绘制左（俯）视与俯（左）视对应

图9-6　宽度方向上对应和相等关系的处理

9.3.7　对局部结构的处理

局部结构通常在绘制完成主体结构后集体处理。常见的局部结构有两类：一类为倒角、圆角、退刀槽等工艺结构，另一类为孔或槽类结构。

对于倒角等工艺结构绘制时可以批量处理，如相等的圆角和倒角可以使用命令一次在全图处理完成。对于孔槽类结构，可直接补画，对于常见的如光孔、螺纹孔等结构也可提前存储成块，直接调用进行缩放和定位处理。

9.4　零件图上特殊的尺寸和技术要求标注

9.4.1　加前后缀的线性标注

零件图上的线性尺寸多见的前缀为"ϕ"和"M"，后缀最为常见的为尺寸公差（参见 9.4.3 小节尺寸公差的标注）、孔状结构的深度和一些特殊加工要求的注释。这些前后缀可在标注线性尺寸的同时完成，也可在标注线性尺寸完成后修改尺寸数字完成。一般推荐使用前者，后者多用于数据变更。常见的标注方法有以下几种。

（1）使用"线性标注"命名后，点选尺寸界线的两个引出位置，在键盘上输入快捷键"M"，此时尺寸数字处于可编辑状态，直接移动光标至适合的位置，输入前后缀即可。也可在线性尺寸标注完成后直接双击尺寸标注，此时尺寸数字也处于可编辑状态。

（2）如图 9-7（a）所示，在标注样式中建立单独的样式"ϕ线性"，如图 9-7（b）所示，填写其"主单位"选项中"前缀"内容为"%%C"，设置"ϕ线性"为当前标注样式，所有线性尺寸的标注将自动前缀"ϕ"。不同的前缀与后缀均可通过此方法在"主单位"选项中填写设置。

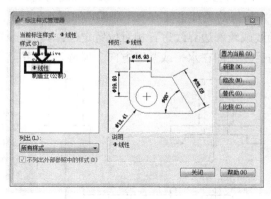
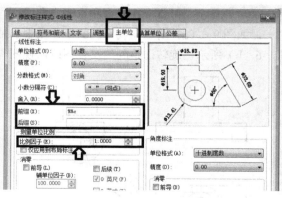

（a）建立独立前后缀样式　　　　　　　　　　　（b）"主单位"选项卡设置

图 9-7　通过标注样式增加尺寸数字前后缀

（3）选择已标注完成的线性尺寸，点选"特性"按钮（快捷键为 Ctrl+1），弹出该线性尺寸的特性选项板，找到"文字"下的"文字替代"，在此输入需要替代的线性尺寸前后缀和"<>"（代表线性尺寸真实值）符号即可。

9.4.2 不完整的尺寸标注

在零件图中经常会出现因半剖和局部剖而产生的尺寸标注不完整情况，处理方法如下。

（1）若此种情况在零件图中出现较少，选择已标注完成的线性尺寸，点选"特性"按钮（快捷键为 Ctrl+1），弹出该线性尺寸的特性选项板，找到"直线和箭头"选项，在不需显示的尺寸界线、尺寸线和箭头后方点选"无"即可。"修改"工具栏中的"分解"命令此处不建议使用，使用该命令后尺寸数字不会再随图形的大小变化而发生改变。

（2）若此种情况出现较多，可考虑在新建"机械样板文件"时设置单独的标注样式，修改内容为"标注样式"中的"线"选项，点选需要隐藏的尺寸线和尺寸界线前面的方框即可。

9.4.3 尺寸公差的标注

尺寸公差的标注形式有三种：标注公差带代号（基本偏差代号和标准公差等级）、标注上下偏差值以及同时标注公差带代号和上下偏差值。仅标注公差带代号时，9.4.1 小节中所介绍到的三种方法均可使用。当出现上下偏差值时可按以下两种方法来处理。

（1）按 9.4.1（1）项所示操作，在后缀部分依次输入上偏差值、"^"符号和下偏差值，光标选中三者，选择弹出"文字格式"选项板中的"a/b"（堆叠），即形成符合要求的标注。注意，当上下偏差值有一个是 0 时，为了保证对齐，0 前需加空格。

（2）按 9.4.1（3）项所示操作，在"文字替代"后的方空格中输入："<>{\H0.7x;\S 0^+0.021;}"其中"H0.7x"控制上下偏差字号，"0^+0.021"为输入的上下偏差值。

9.4.4 块命令在特殊标注中的应用

对于一些特殊的标注可在样板文件中做成"块"，并且定义其属性为变量，在标注过程中直接调用，定义变量即可。块的操作详见"第 8 章图块和外部参照"。通常需要建立成"块"的常见特殊标注有表面粗糙度、形位公差基准符号、斜度和锥度符号、倒角标注、引出标注、深度符号等，图 9-1、图 9-3、图 9-4 中出现的以上相关标注均是调用已建好的"块"。

9.4.5 不同比例图样的标注设置

在同一个 DWG 文档中会同时绘制多幅零件图，不同的零件图所使用的比例可能会不同，每一幅零件图中的部分视图也有选用比例与其他视图不一致的现象，但无论选用何种比例，零件图中只能标注真实尺寸。以上问题的解决可通过"标注样式管理器"→"主单位"→"测量单位比例"下方的比例因子设置来完成，如图 9-7（b）所示。

在标注前按零件图所给定的比例设置含不同比例因子的标注样式，在标注过程中将需要的标注样式设置为当前样式，即可实现对不同比例图样真实尺寸的标注。

9.4.6 尺寸数字优势的处理

在机械图样中任何图线遇到尺寸数字都需断开，以保障尺寸数字准确清晰的显示。在零件图的绘制过程中，部分尺寸数字不可避免地会与中心轴线、轮廓线及剖面线交叠。可在"标注样式管理器"→"文字"→"填空颜色"右侧下拉菜单选择"背景"。这样可以使文字区域出现背景，但颜色与图纸背景一致，达到覆盖文字后方图线的效果。

9.5　零件图绘制过程

以图 9-3 旋塞的壳体零件图为例来说明其绘制过程。

9.5.1　分析零件并确定绘图思路

壳体是旋塞的主体零件，属于箱体类零件，其结构已经在 9.1.2 小节中已经进行了分析。由其结构分析可得到绘图思路，即按照分形体绘制零件图的思路来进行绘制，从特征视图入手，再绘制上连接部分 Ⅰ、双向法兰及其连接部分 Ⅱ 和主壳体部分 Ⅲ 的相关视图。

9.5.2　利用机械样板文件新建图形文件

根据对零件结构、表达方法和尺寸的分析，可确定使用 A3 横置图幅按 1:1 绘制壳体零件图。新建 DWG 文档，选择已经提前建立的"A3 横置零件图"样板文件作为模板开始绘图。

9.5.3　中心线与主要轮廓线构建视图布局

在分形体绘图之前，要根据各视图的形状大小和绘图要求进行合理布图，同时绘制出壳体主视图、左视图和 A 向视图的主要中心轴线和轮廓线，用以定位零件各部分结构的位置关系，保证在绘图过程中总体结构和分形体结构各视图的对应关系，在机械样本文件上利用中心线与轮廓线构建视图，如图 9-8 所示。

9.5.4　绘制零件视图

壳体零件的绘制采用分形体绘制的方法。绘制各部分视图时，应注意先整体后局部的原则，抓住主要结构；同时注意零件各部分的绘制应从特征视图开始。

1．绘制壳体上连接部分 Ⅰ（如图 9-9 所示）

步骤 1　绘制 A 向视图（特征结构）的主要结构。

步骤 2　按照 A 向视图与主视图在长度方向上的投影对正关系绘制出主视图部分。

步骤 3　复制 A 向视图，旋转 90°，使其中心轴线与左视图中心轴线对齐，即可作为该部分结构左视图绘制的依据。

绘图过程中应注意此部分的主、左视图均为基本对称结构，注意镜像命令的使用。

2．主壳体部分 Ⅲ（如图 9-10 所示）

步骤 1　绘制主视图上右侧剖视主要结构，并注意修整与壳体上连接部分 Ⅰ 主视部分的衔接关系。

步骤 2　使用"镜像"命令，将主视图上右侧剖视主要结构复制到左侧，按外部视图要求修改。

步骤 3　直接复制主视图上右侧剖视主要结构至左视相应位置。

3．双向法兰及其连接部分 Ⅱ（如图 9-11 所示）

步骤 1　绘制双向法兰及其连接部分 Ⅱ 左视图（特征视图）的主要结构。

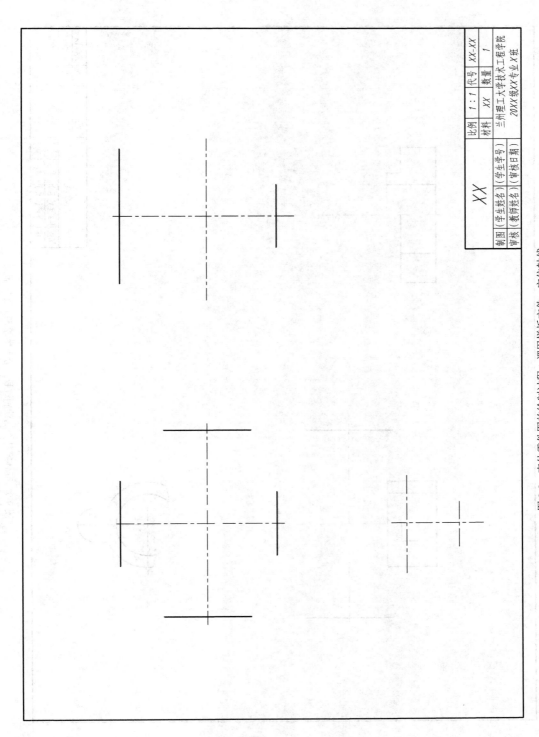

图 9-8 壳体零件图的绘制过程—调用样板文件、定位轴线

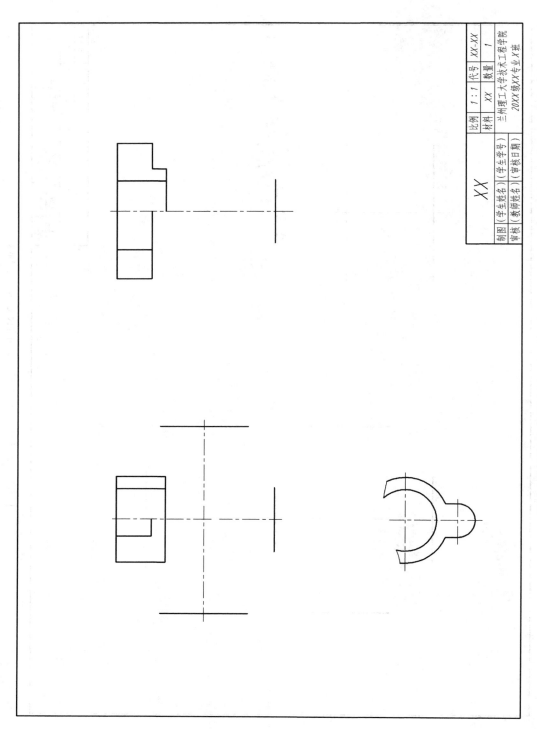

图9-9 壳体零件图的绘制过程—分形体绘制上连接部分 I

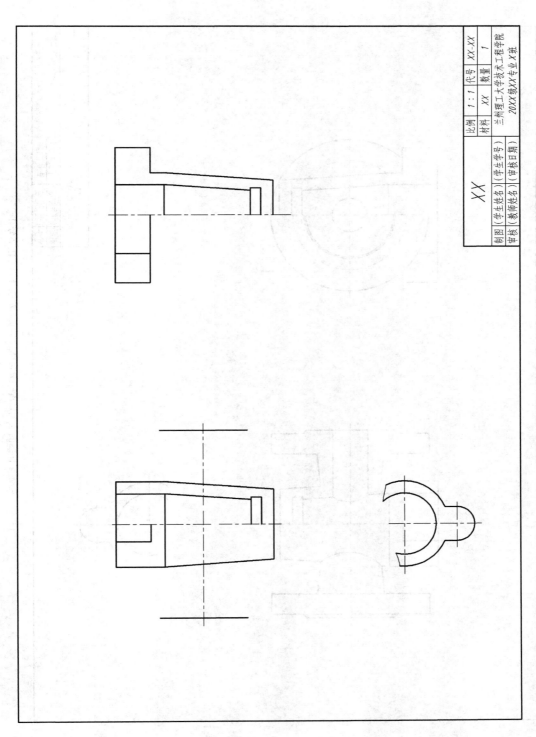

比例	1 : 1	代号	XX-XX
材料	XX	数量	1

兰州理工大学技术工程学院

20XX级XX专业X班

XX		制图	(学生姓名)	(学生学号)
		审核	(教师姓名)	(审核日期)

图 9-10 壳体零件图的绘制过程—分形体绘制主壳体部分Ⅲ

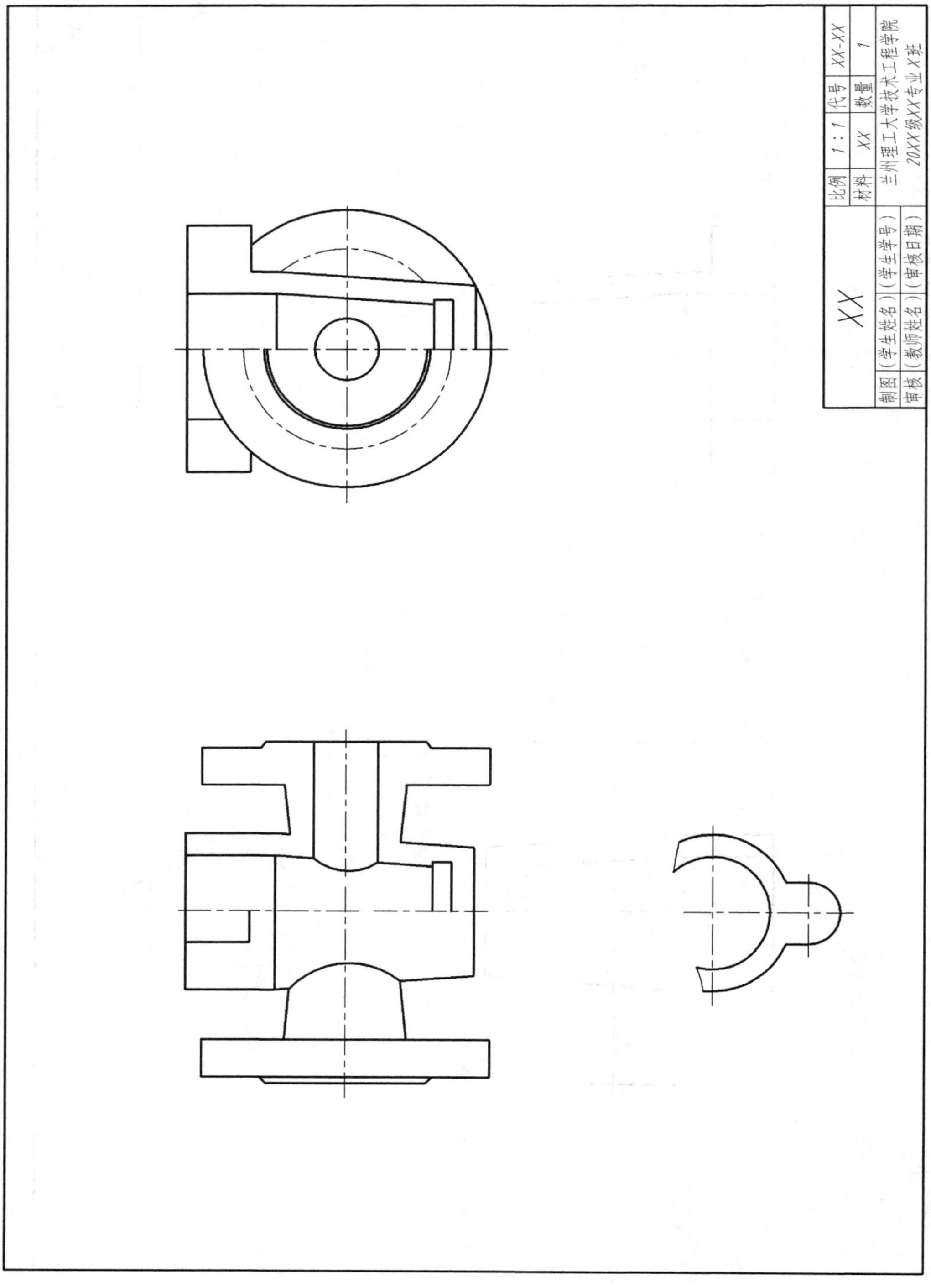

	比例	1:1	代号	XX-XX
	材料	XX	数量	1
XX	兰州理工大学技术工程学院			
	20XX级XX专业X班			
制图 (学生姓名) (学生学号)				
审核 (教师姓名) (审核日期)				

图 9-11 壳体零件图的绘制过程—分形体绘制双向法兰及其连接部分 II

步骤 2 以左视图为参照，按照投影对正关系绘制主视图左侧部分，右侧部分可直接镜像左侧后修整。

步骤 3 在主视图上处理双向法兰及其连接部分 II 与主壳体部分 III 的相贯线。

步骤 4 在左视图上修整双向法兰及其连接部分 II 与主壳体部分 III、壳体上连接部分 I 投影的相交和遮隐关系。

4．局部结构的绘制（如图 9-12 所示）

步骤 1 补画双向法兰及其连接部分 II 主、左视图上均布的通孔，注意简化部分保留定位中心轴线。

步骤 2 补画壳体上连接部分 I 上螺纹孔在 A 向视图和左视图上的投影。

步骤 3 使用"圆角"命令，设定半径为 R2，同时绘制图中所有圆角。图中未出现特殊尺寸的圆角，按技术要求统一标注圆角即可。

步骤 4 在主视图上绘制上连接部分 I 标注为 C1 的倒角结构，并将其复制到左视图，同时补充其在 A 向视图上的投影。

9.5.5 剖面与断面填充

对于同一个零件而言，其各个视图中的剖面线必须保持一致，即剖面线的间隔和倾斜方向一致。此时只需要使用一次"填充"命令，以点选的形式选中主、左视图的剖面区域即可，填充后的零件图如图 9-13 所示。

9.5.6 尺寸标注与技术要求注写

在零件图上标注尺寸的一般步骤是：分析零件的结构，明确设计基准和主要尺寸，先按设计要求标注主要尺寸，再按工艺要求和形体特征标注其他尺寸。对旋塞的壳体而言，其最主要的设计基准为竖直方向和水平方向的回转中心轴心，最主要的工艺基准为上连接部分 I 的上端面和双向法兰的端面。在尺寸标注的过程中应先抓住主要尺寸，如主视图上的 $\phi36H7$、$\phi20$、110，左视图上的 50、90。其他相关尺寸可按分形体的思路标注定位与定形尺寸，最后标注一些局部工艺结构的尺寸。

零件图中的尺寸公差一般会随尺寸标注完成，形位公差、表面粗糙度、基准符号等的标注可直接调入先前建好的"块"。尺寸标注与技术要求注写完成后的零件图如图 9-14 所示。

9.5.7 添加注释文字、填写标题栏

使用"多行文字"命令注释技术要求、向视图的标注，并修改和填写标题栏中的文字。最终形成的零件图如图 9-3 所示。

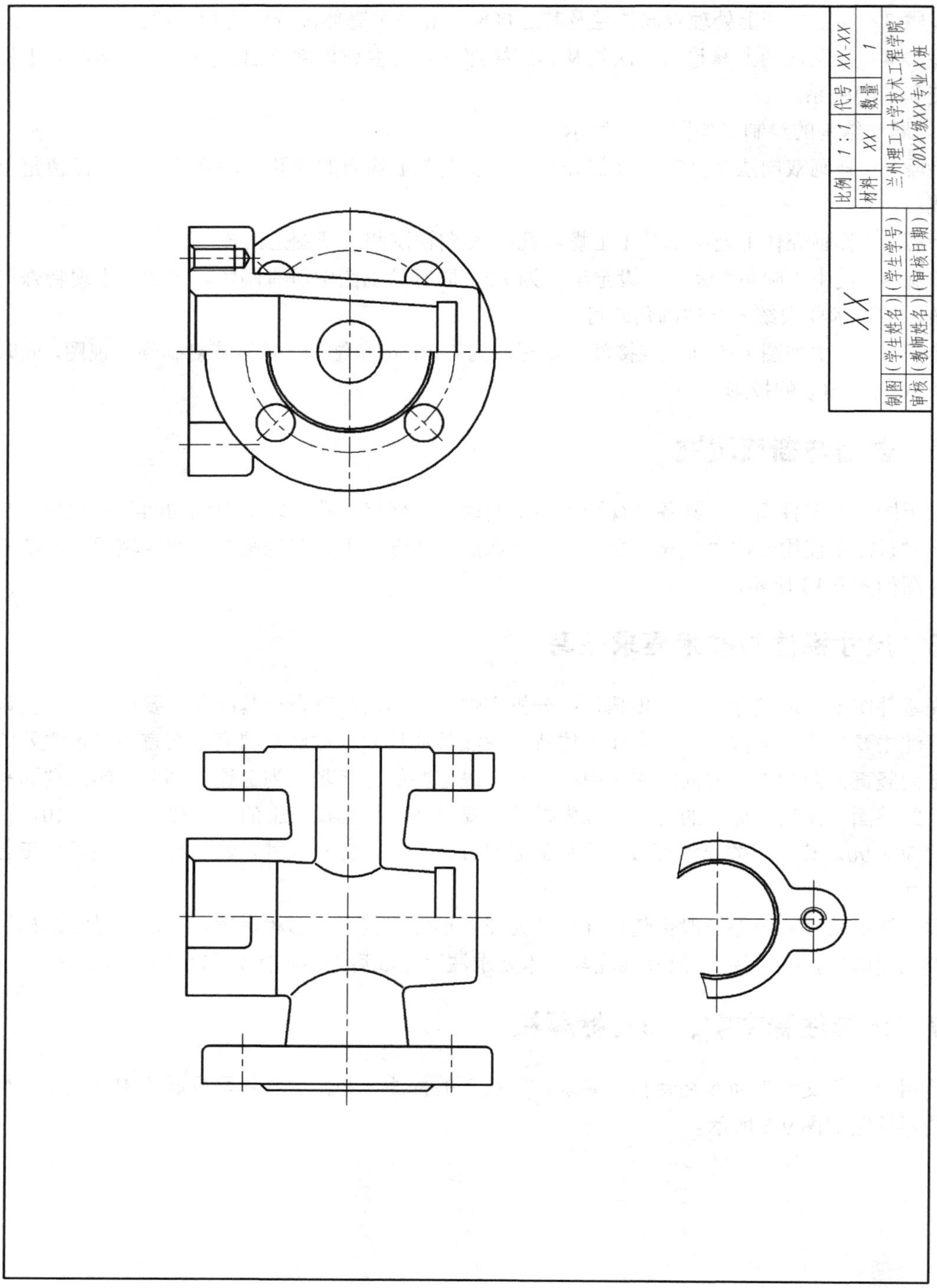

图 9-12 壳体零件图的绘制过程—局部结构的绘制

比例	1：1	代号	XX-XX
材料	XX	数量	1

兰州理工大学技术工程学院
20XX 级XX专业 X 班

XX	(学生姓名)	(学生学号)
制图	(教师姓名)	(审核日期)
审核		

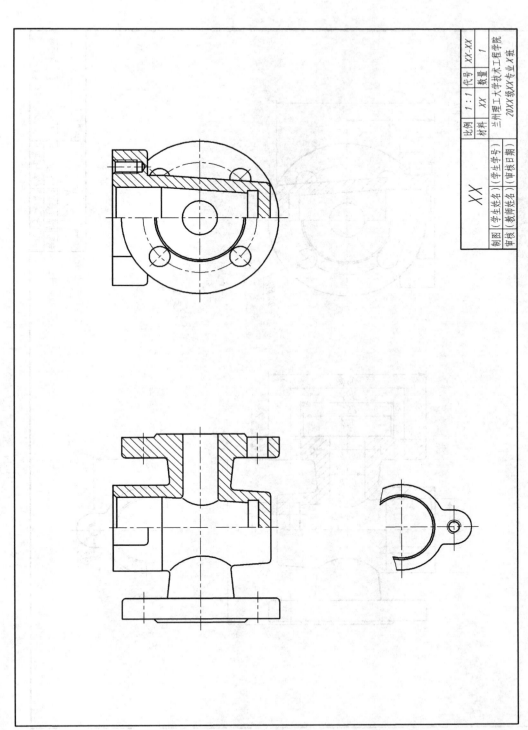

比例	1 : 1	代号	XX-XX
材料	XX	数量	1

XX

兰州理工大学技术工程学院
20XX级XX专业X班

制图（学生姓名）（学生学号）
审核（教师姓名）（审核日期）

图 9-13 壳体零件图的绘制过程—剖面与断面填充

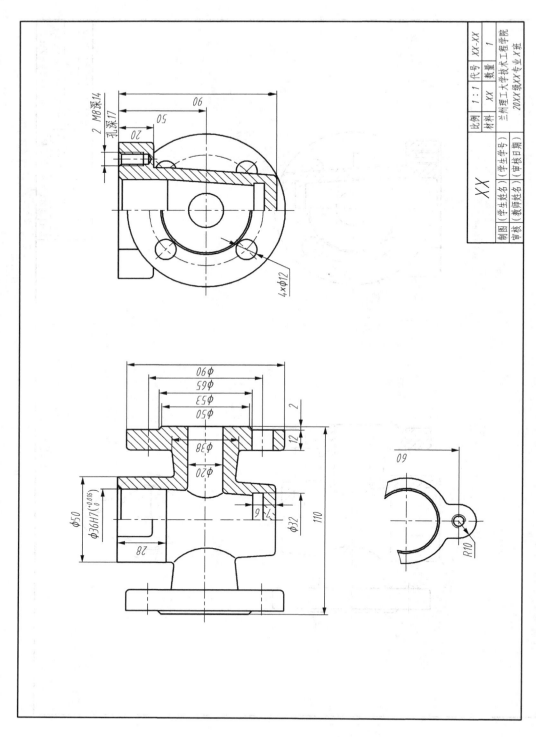

图 9-14　壳体零件图的绘制过程—尺寸标注

9.6 思考练习

1. 分析"分视图绘制"与"分形体绘制"两种零件图绘制基本思路的应用条件，分析并列举 3～5 个零件图。

2. 通过 1 个实例说明"先定位原则"在零件图绘图过程中的重要作用。

3. 练习设置标注样式，使在同一个 AutoCAD 文档中可使用不同比例绘制零件图，并可按真实尺寸直接标注。

4. 从四大类零件中各确定 1 个典型零件，对其进行必要的结构分析，并简述其零件图绘制思路和过程。

第10章 典型机械零件图的绘制

根据国家标准中是否对其进行标准化，零件可分为以螺纹连接件为代表的标准件、常用件和一般零件。一般零件又可根据其结构特点和功能分为轴套类零件、盘盖类零件、叉架类零件和箱体类零件。

本章将通过学习典型机械零件的绘制实例，提升读者对机械专业零件图的表达、识读及绘制技巧等综合能力。

10.1 绘制螺纹连接件

有一些零件被广泛的、大量的、频繁的用于各种机器之上。为了设计、制造和使用方便，国家标准将其型式、结构、材料、尺寸、精度及画法均予已标准化。这类零件称为标准件。

常见的螺纹连接件都属于标准件。在设计时，不必画出它们的零件图，但在装配图中应按规定画法画出。

10.1.1 绘制螺纹连接件的方法

常见螺纹连接件的画法有查表画法、比例画法和简化画法3种。

（1）查表画法：即按国家标准中规定的数据画图。根据螺纹连接件的公称直径 d（或 D），查阅有关标准，得出各部分尺寸后按图例进行绘图。

（2）比例画法：即螺纹连接件其他各部分尺寸都取与公称直径 d（或 D）成一定比例的数值来画图的方法。

（3）简化画法：即在比例画法的基础上，省去螺纹连接件上的一些细部结构，如端部倒角、六角头螺栓头部及六角头螺母的双曲线、孔和螺钉头部槽口等。

为了提高绘图效率，推荐使用比例画法或简化画法来绘制螺纹连接件。

10.1.2 比例画法绘制螺纹连接件

下面以"螺母 GB/T 6170　M16"（公称直径 D=16mm）为例，演示螺纹连接件的比例画法。

步骤 1　绘制基准线，如图 10-1 所示。

步骤 2　绘制左视图，两圆半径分别为 16mm（D）、13.6mm（0.85D），正六边形内接于直径 32mm（2D）的圆，如图 10-2 所示。

图 10-1 绘制基准线 　　图 10-2 绘制左视图

步骤 3　绘制主视图，利用对象捕捉追踪（高平齐），绘制如图 10-3 所示的主视图，螺母厚度为 12.8mm（0.8D）。

步骤 4　在左视图上绘制倒角圆，如图 10-4 所示。

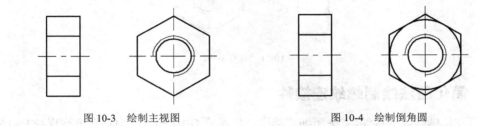

图 10-3 绘制主视图　　　　图 10-4 绘制倒角圆

步骤 5　如图 10-5 所示，从 1 点开始水平追踪 24mm（1.5D）为圆心绘制半径为 24mm（1.5D）的圆，结果如图 10-6 所示。

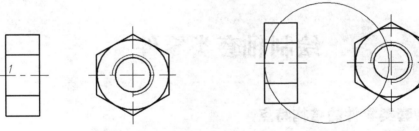

图 10-5 对象捕捉追踪圆心　　　图 10-6 绘制直径 24mm 的圆

步骤 6　修剪步骤 5 所绘圆，如图 10-7 所示。

步骤 7　绘制如图 10-8 所示直线。

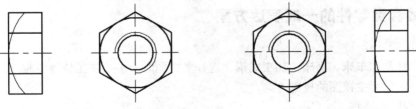

图 10-7 修剪直径 24mm 的圆　　　图 10-8 绘制竖直线

步骤 8　以步骤 7 中的直线中点为圆心，绘制与左端面线线切的圆，并修剪成图 10-9 所示的结果。

步骤 9　绘制与步骤 8 中圆相切，并与竖直方向成 30° 的直线，结果如图 10-10 所示。

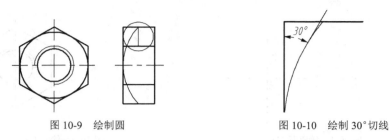

图 10-9　绘制圆　　　　　　　　　　图 10-10　绘制 30°切线

步骤 10　修剪、修改线型并镜像得到最终结果，如图 10-11 所示。

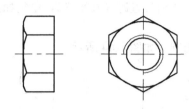

图 10-11　修整图形

10.1.3　简化画法绘制螺纹连接件

简化画法绘制螺纹连接件，省去了细节结构，以"螺母 GB/T 6170　M16"（公称直径 D=16mm）为例，六角头螺母的双曲线可以被省略，故其绘制过程为 10.1.2 小节中步骤 1～3，在此不再重复结果（见图 10-3）。

10.2　绘制轴套类零件

10.2.1　轴套类零件的结构特点

轴套类零件的结构一般比较简单，各组成部分多是同轴线的不同直径的回转体（圆柱或圆锥），而且轴向尺寸大，径向尺寸相对小。这类零件一般起支承和传动零件的作用，因此常带有键槽、轴肩、螺纹及退刀槽、中心孔等结构。

10.2.2　轴套类零件的一般表达方案

1．主视图的选择

轴套类零件常在车床、磨床上加工成形，选择主视图时，多按加工位置将轴线水平放置，以垂直轴线的方向作为主视图的投影方向。

2．其他视图的选择

通常采用断面图、局部剖视图和局部放大图等表达方法表示键槽、退刀槽、中心孔等结构。

10.2.3　绘制轴零件图

图 10-12 所示为轴的零件图，下面以此为例，介绍轴套类零件绘制的步骤及技巧。

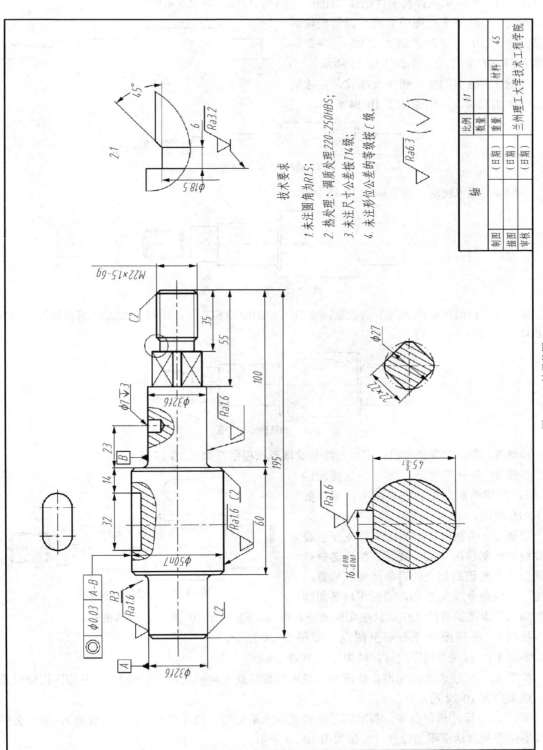

图 10-12 轴零件图

技术要求
1. 未注圆角为R1.5;
2. 热处理：调质处理220-250HBS;
3. 未注尺寸公差按IT14级;
4. 未注形位公差的等级按C级。

步骤 1　利用机械样板文件创建"空白"零件工作图（参见 8.4.1 小节）。

步骤 2　绘制主视图中心线，设置极轴追踪增量角为 30°，依次追踪 0°、90°，并在键盘输入相应的距离，结果如图 10-13 所示。

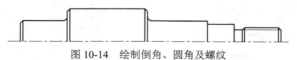

图 10-13　绘制主视图半边轮廓

步骤 3　绘制倒角、圆角及螺纹，并绘制由此产生的轮廓线，结果如图 10-14 所示。

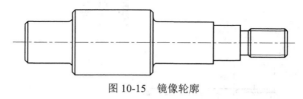

图 10-14　绘制倒角、圆角及螺纹

步骤 4　镜像轮廓，结果如图 10-15 所示。

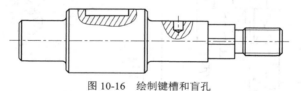

图 10-15　镜像轮廓

步骤 5　利用偏移或者对象捕捉追踪定位，绘制键槽和盲孔，用样条曲线绘制局部剖视的界线并填充，如图 10-16 所示。

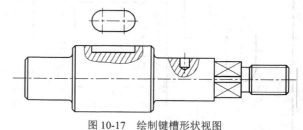

图 10-16　绘制键槽和盲孔

步骤 6　利用对象捕捉追踪定位，绘制键槽形状视图，如图 10-17 所示。

步骤 7　补充两处断面图（注意视图的位置），并根据断面图补充完善主视图，如图 10-18 所示。

步骤 8　绘制局部放大图。首先在主视图要放大的部位画一细实线圆，然后选择被该圆包容和与该圆相交的对象至相应位置，并使用缩放命令放大 2 倍，最后用样条曲线绘制局部放大图的界线（注意只在实体部分有线），修剪成图 10-19 所示的结果。

图 10-17　绘制键槽形状视图

步骤 9　将视图合理布局至图框，如图 10-20 所示。

步骤 10　标注各视图尺寸，结果如图 10-21 所示。

步骤 11　标注表面粗糙度。依次插入表面粗糙度块（样板文件中已设置），并按图纸要求设置，结果如图 10-22 所示。

步骤 12　标注形位公差。基准符号可直接插入基准符号块（样板文件中已设置），形位公差通过形位公差对话框添加设置，结果如图 10-23 所示。

步骤 13　注写技术要求，填写标题栏信息，完成图纸绘制，如图 10-12 所示。

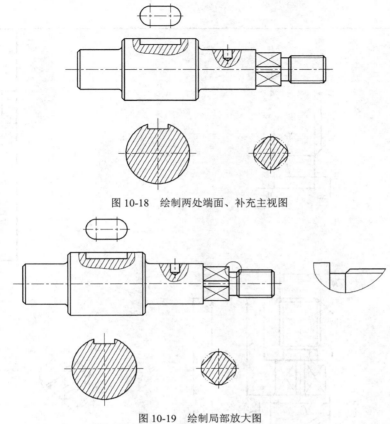

图 10-18 绘制两处端面、补充主视图

图 10-19 绘制局部放大图

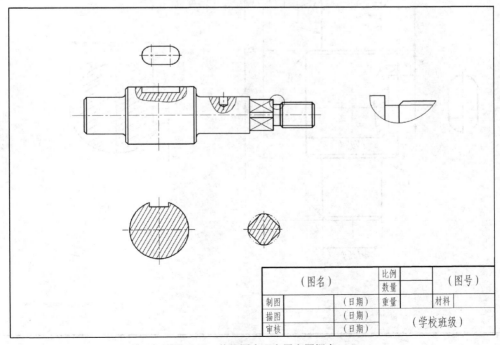

（图名）		比例		（图号）	
		数量			
制图		（日期）	重量	材料	
描图		（日期）		（学校班级）	
审核		（日期）			

图 10-20 将视图合理布置在图框内

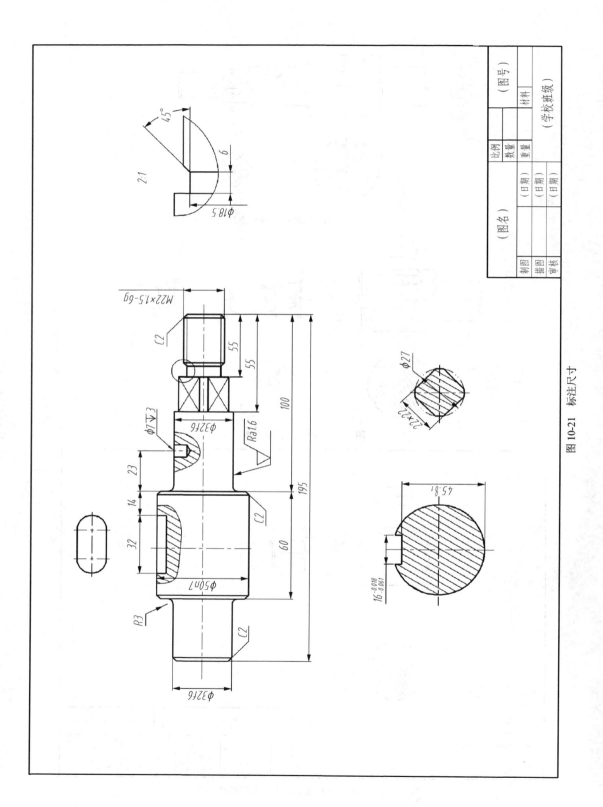

图 10-21　标注尺寸

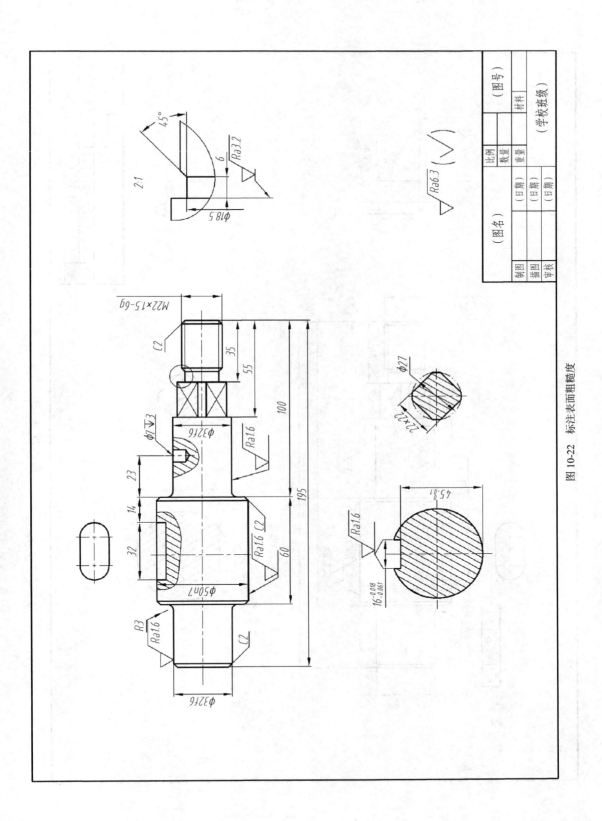

图 10-22 标注表面粗糙度

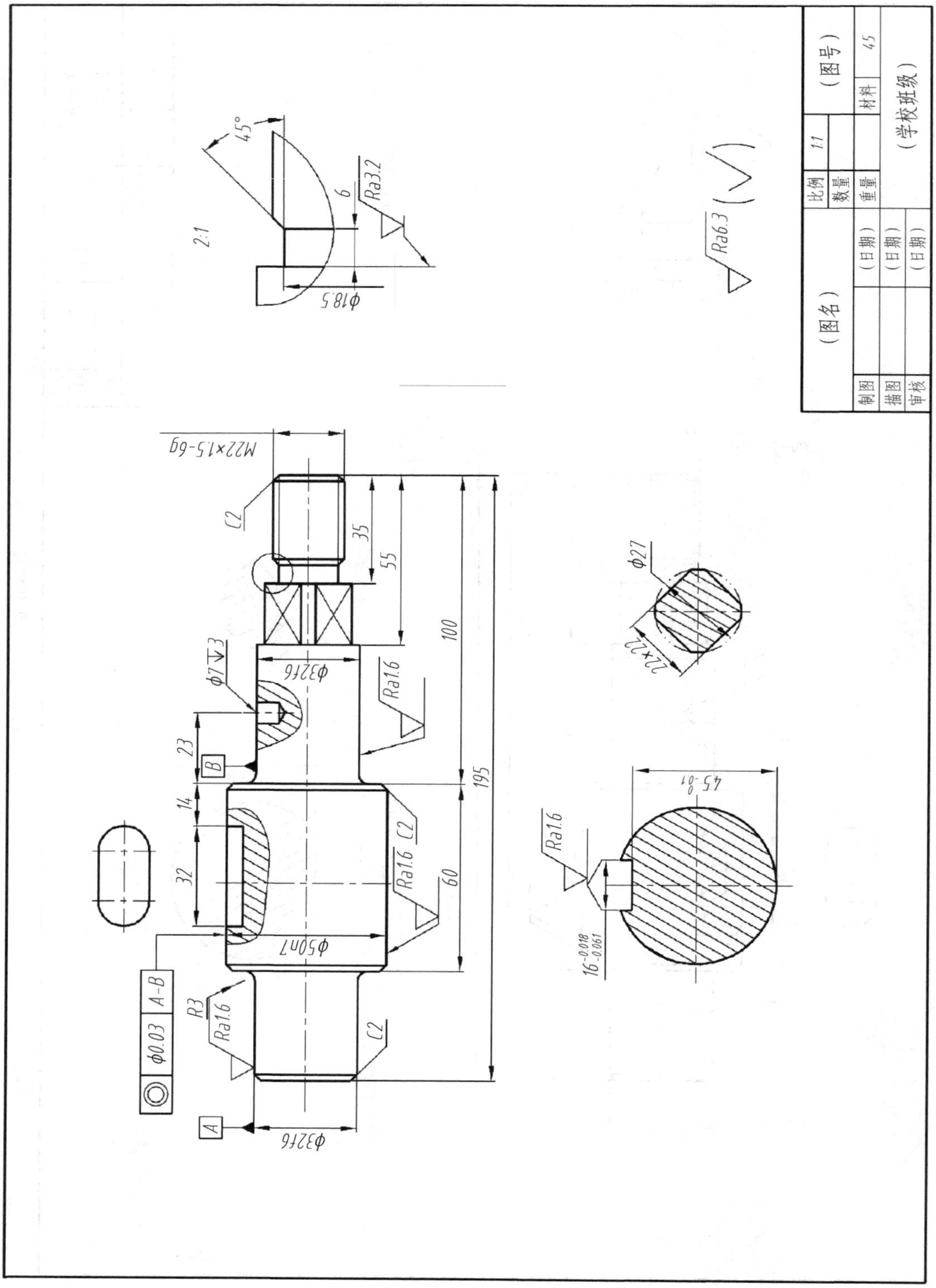

图 10-23　标注形位公差

10.3 绘制盘盖类零件

10.3.1 盘盖类零件的结构特点

盘盖类零件的主体结构也是同轴线回转体或其他平板形，且厚度方向的尺寸比其他两个方向的尺寸小，包括各种端盖、皮带轮、齿轮等盘状传动件。端盖在机器中起密封和支承轴、轴承或轴套的作用，往往有一个端面是与其他零件连接的重要接触面，因此，常设有安装孔、支承孔等；盘状传动件（如齿轮、皮带轮等）一般带有键槽，通常以一个端面与其他零件接触定位。

10.3.2 盘盖类零件的一般表达方案

1．主视图的选择

同轴套类零件一样，盘盖类零件常在车床上加工成形，选择主视图时，应按加工位置将轴线水平放置，以垂直轴线的方向作为主视图的投影方向，并用主视图表示内部结构及其相对位置。

2．其他视图的选择

有关零件的外形和各种孔、肋、轮辐等的数量及其分布状况，通常选用左（或右）视图来补充说明。如果还有细小结构，则还需增加局部放大图。

10.3.3 绘制传动箱盖零件图

图 10-24 所示为传动箱盖的零件图，下面以此为例，介绍盘盖类零件绘制的步骤及技巧。

步骤 1　利用机械样板文件创建"空白"零件工作图（参见 8.4.1 小节）。

步骤 2　绘制左视图中心线，并按图纸数据绘制 7 个同心圆，结果如图 10-25 所示。

步骤 3　绘制端面阶梯孔，结果如图 10-26 所示。

步骤 4　环形阵列阶梯孔，结果如图 10-27 所示。

步骤 5　绘制凸台结构，结果如图 10-28 所示。

步骤 6　环形阵列凸台结构，结果如图 10-29 所示。

步骤 7　利用对象捕捉追踪，绘制主视图半边主轮廓，结果如图 10-30 所示。

步骤 8　修整主视图半边轮廓，结果如图 10-31 所示。

步骤 9　镜像主视图轮廓并填充，结果如图 10-32 所示。

步骤 10　将视图合理布局至图框，如图 10-33 所示。

步骤 11　标注各视图尺寸，结果如图 10-34 所示。

步骤 12　标注表面粗糙度。依次插入表面粗糙度块（样板文件中已设置），并按图纸要求设置，结果如图 10-35 所示。

步骤 13　标注形位公差。基准符号可直接插入基准符号块（样板文件中已设置），形位公差通过形位公差对话框添加设置，结果如图 10-36 所示。

步骤 14　注写技术要求，填写标题栏信息，完成图纸绘制，如图 10-24 所示。

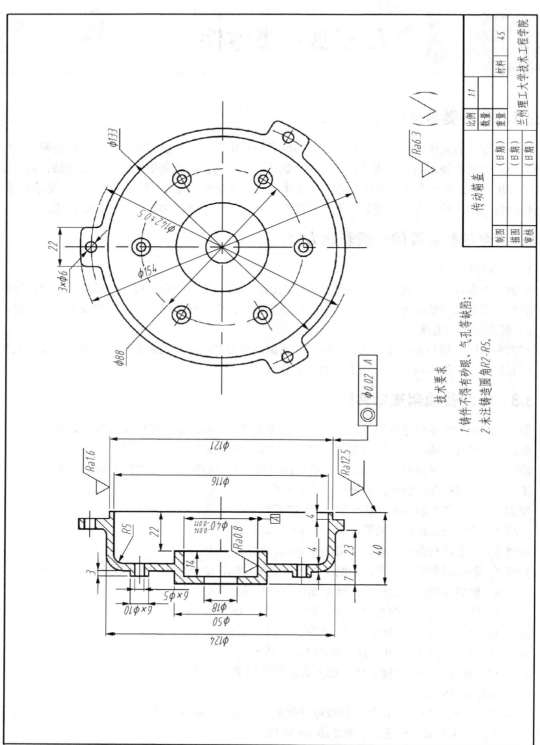

图 10-24　传动箱盖零件图

图 10-25　绘制左视图同心圆

图 10-26　绘制阶梯孔

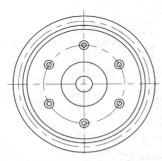
图 10-27　环形阵列阶梯孔

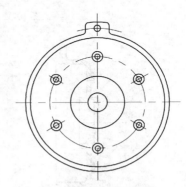
图 10-28　绘制凸台结构

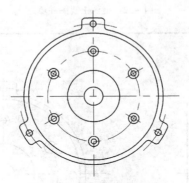
图 10-29　环形阵列凸台结构

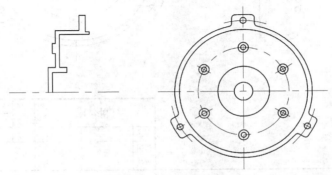
图 10-30　绘制主视图半边主轮廓

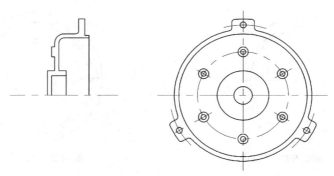

图 10-31　修整主视图半边轮廓

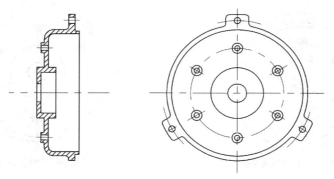

图 10-32　镜像主视图并填充

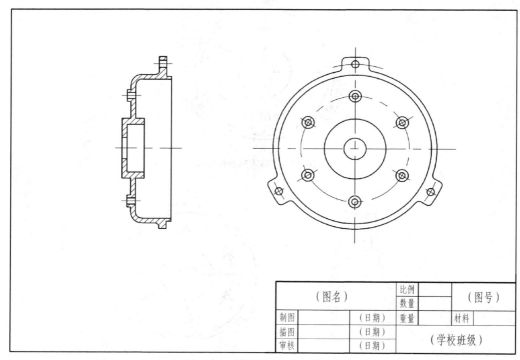

图 10-33　将视图合理布局至图框

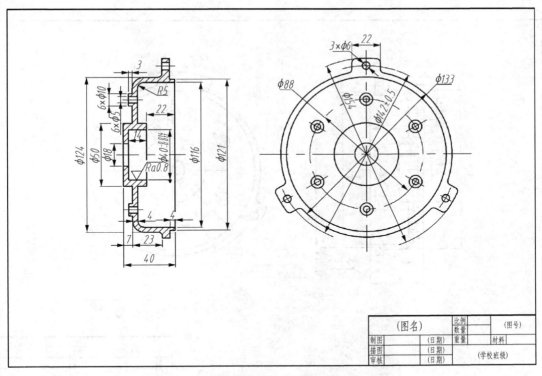

图 10-34 标注各视图尺寸

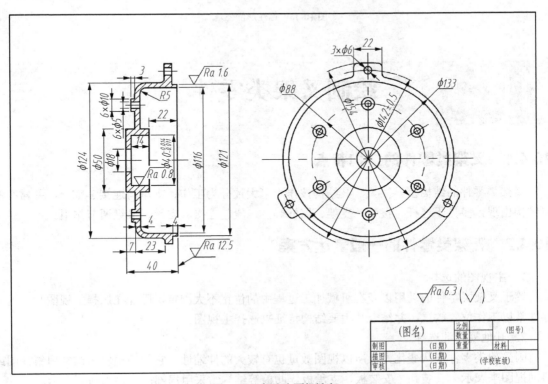

图 10-35 标注表面粗糙度

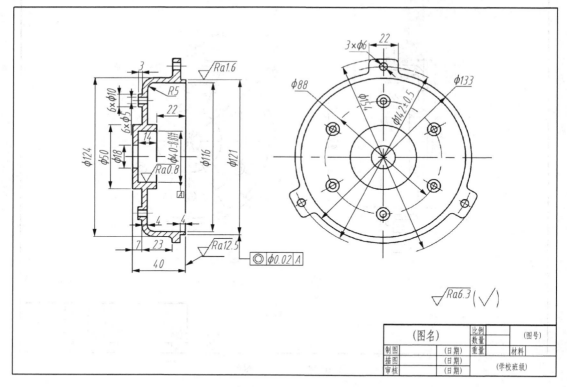

图 10-36　标注形位公差

10.4　绘制叉架类零件

10.4.1　叉架类零件的结构特点

叉架类零件的结构差异很大，其结构按作用可大致分为工作、支承与连接 3 部分，并常有倾斜结构出现，多见于连杆、拨叉、支架、摇杆等，一般起连接、支承、操纵调节作用。

10.4.2　叉架类零件的一般表达方案

1．主视图的选择

鉴于叉架类零件的功用以及在机械加工过程中的位置不大固定，因此在选择主视图时，这类零件常以工作位置放置，并结合其主要结构特征来选择主视图。

2．其他视图的选择

因叉架类零件形状变化大，所以视图数量也有较大的伸缩性。它们的倾斜结构常用斜视图或斜剖视图来表示。安装孔、安装板、支承板、肋板等结构常采用局部剖和移出断面表示。

10.4.3　绘制托脚零件图

图 10-37 所示为托脚的零件图，下面以此为例，介绍叉架类零件绘制的步骤及技巧。

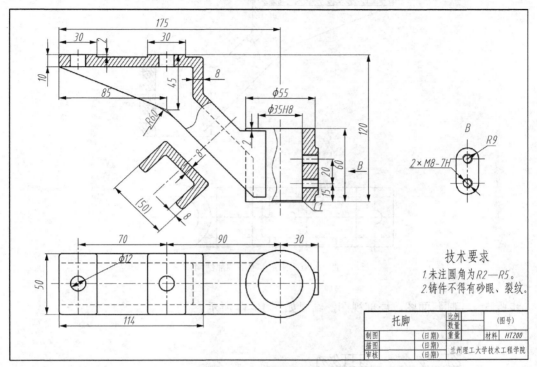

图 10-37　托脚零件图

步骤 1　利用机械样板文件创建"空白"零件工作图（参见 8.4.1 小节）。
步骤 2　绘制俯视图中心线，并按图纸数据绘制图形轮廓，结果如图 10-38 所示。
步骤 3　利用对象捕捉追踪，绘制出主视图大概轮廓，结果如图 10-39 所示。

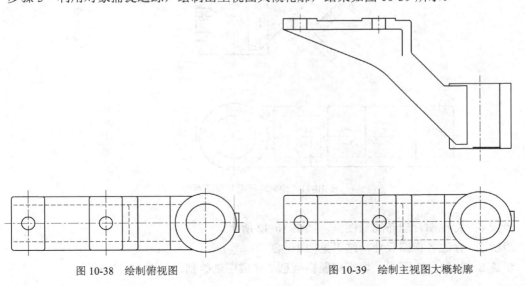

图 10-38　绘制俯视图　　　　　　图 10-39　绘制主视图大概轮廓

步骤 4　补充主视图细部结构，结果如图 10-40 所示。

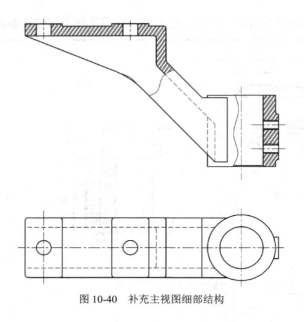

图 10-40　补充主视图细部结构

步骤 5　绘制断面图、局部视图，结果如图 10-41 所示。

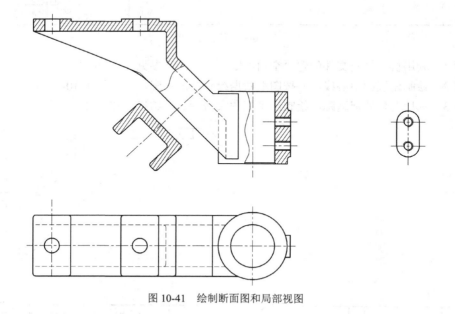

图 10-41　绘制断面图和局部视图

步骤 6　将视图合理布局至图框，如图 10-42 所示。

步骤 7　标注各视图尺寸，结果见图 10-43。

步骤 8　注写技术要求，填写标题栏信息，完成图纸绘制，如图 10-37 所示。

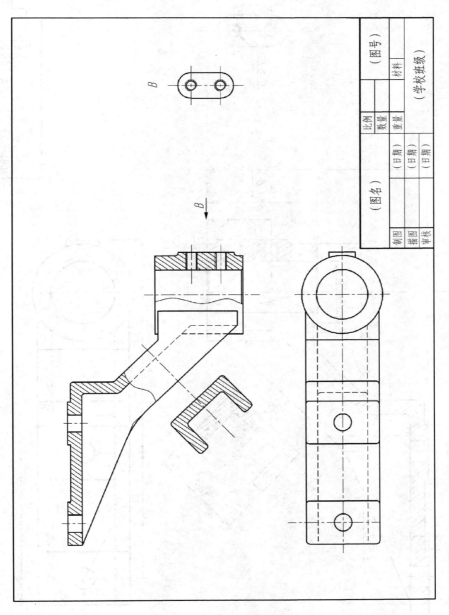

图 10-42 将视图合理布置在图框内

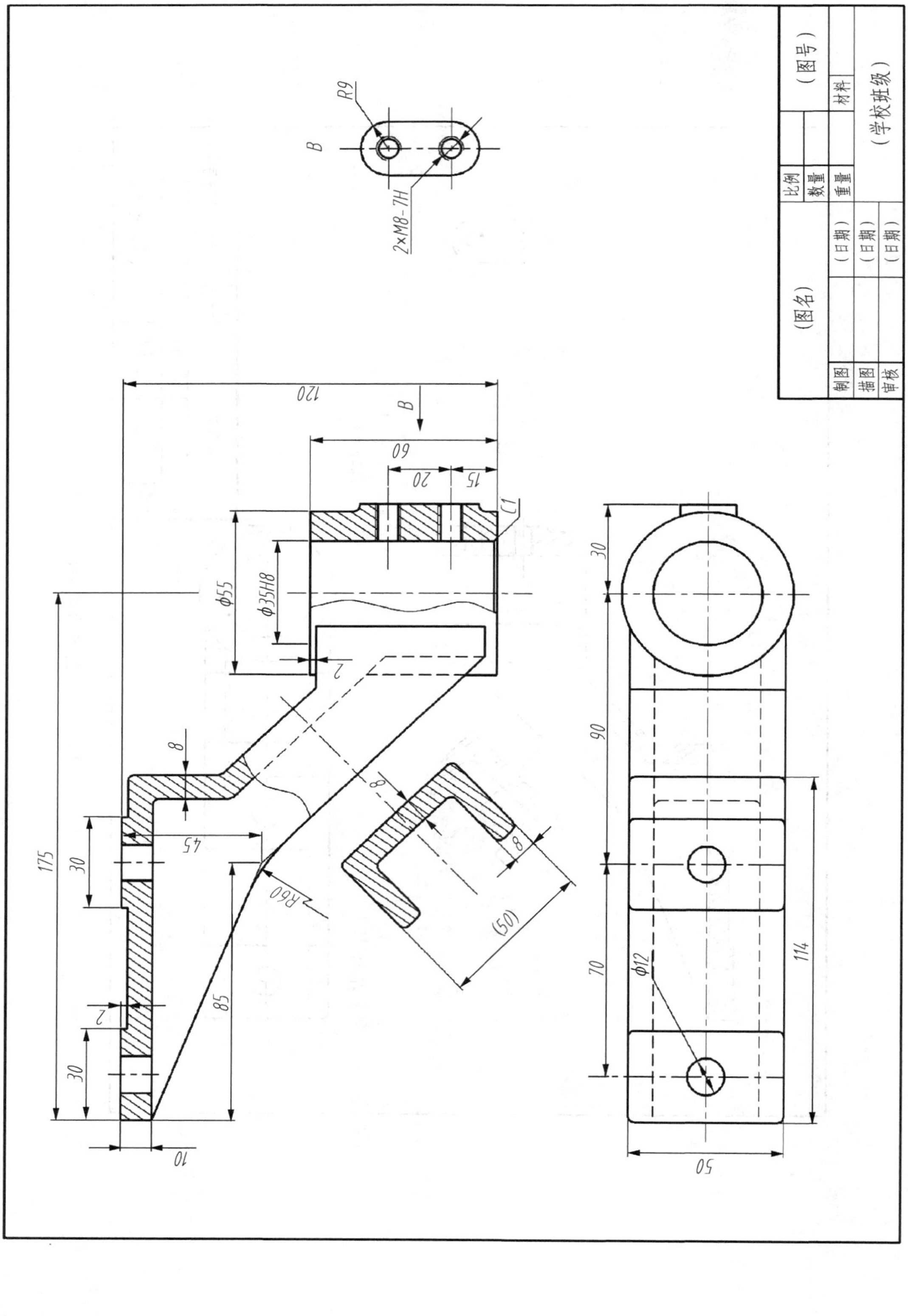

图 10-43 标注视图和尺寸

10.5 绘制箱体类零件

10.5.1 箱体类零件的结构特点

箱体类零件是组成机器或部件的主要零件之一，其内、外结构形状一般都比较复杂，多为铸件。它们主要用来支承、包容和保护运动零件或其他零件，因此，这类零件多为有一定壁厚的中空腔体，箱壁上伴有支承孔和与其他零件装配的孔或螺孔结构。为使运动零件得到润滑与冷却，箱体内常存放有润滑油，因此，有注油孔、放油孔和观察孔等结构。为了使它与其他零件或机座装配在一起，这类零件有安装底板、安装孔等结构。

10.5.2 箱体类零件的一般表达方案

1．主视图的选择

选择主视图时，箱体类零件常按零件的工作位置放置，以垂直主要轴孔中心线的方向作为主视图的投影方向，常采用通过主要轴孔的单一剖切平面、阶梯剖、旋转剖及全剖视图来表达内部结构形状；或者沿着主要轴孔中心线的方向作为主视图的投影方向，主视图着重表达零件的外形。

2．其他视图的选择

对于主视图上未表达清楚的零件内部结构和形状，需采用其他基本视图或在基本视图上取剖视来表达；对于局部结构常用局部视图、局部剖视图、斜视图、断面等来表达。

10.5.3 绘制涡轮箱零件图

图 10-44 所示为涡轮箱的零件图，下面以此为例，介绍箱体类零件绘制的步骤及技巧。

步骤 1 利用机械样板文件创建"空白"零件工作图（参见 8.4.1 小节）。

步骤 2 在主视图绘制回转体视图，结果如图 10-45 所示。

步骤 3 利用对象捕捉追踪，由主视图绘制左视图，如图 10-46 所示。

步骤 4 将左视图向下复制，并顺时针旋转 90°，利用对象捕捉追踪由此图定位宽度、由主视图定位长度，绘制回转体的俯视图，如图 10-47 所示。

步骤 5 绘制底板俯视图，并利用对象捕捉追踪和底板高度数据，完成底板主视图的绘制，结果如图 10-48 所示。

步骤 6 将俯视图向右复制，中心与左视图在一条竖直线上，并绕中心逆时针旋转 90°，利用对象捕捉追踪由此图定位宽度、由主视图定位高度，绘制底板的左视图，如图 10-49 所示。

步骤 7 绘制底板与同转体连接部分，先由主视图开始绘制，然后绘制左视图，最后完成俯视图的绘制，结果如图 10-50 所示。

步骤 8 绘制螺纹孔，并填充图形，结果如图 10-51 所示。

步骤 9 缩放所有视图，并合理布置在图框内。选中所有视图对象，使用缩放命令，缩放比例为 0.5，并将各视图放置到 A3 图框内，同时调整各视图位置（注意保持视图间的对应关系），如图 10-52 所示。

步骤 10 标注尺寸。打开标注样式管理器，调整标注总体比例因子设置为 2，完成各视图的尺寸标注，结果如图 10-53 所示。

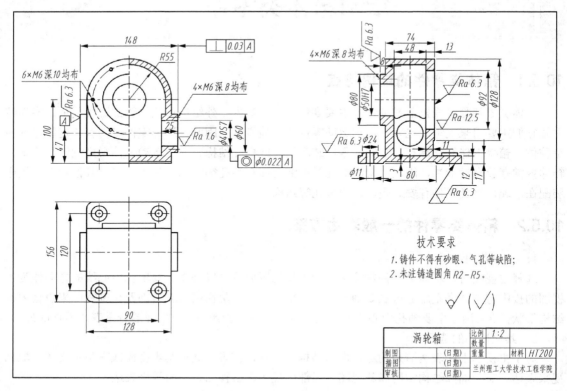

图 10-44 涡轮箱零件图

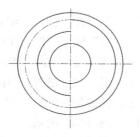

图 10-45 绘制回转体主视图

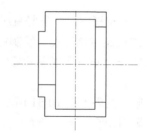

图 10-46 绘制回转体左视图

步骤 11 标注表面粗糙度。依次插入表面粗糙度块（样板文件中已设置），并按图纸要求设置，结果如图 10-54 所示。

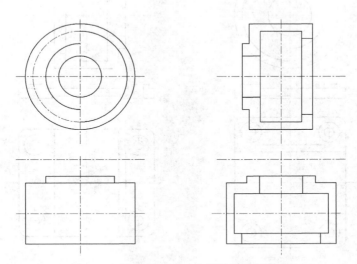

图 10-47 配合回转体主、左视图完成其俯视图

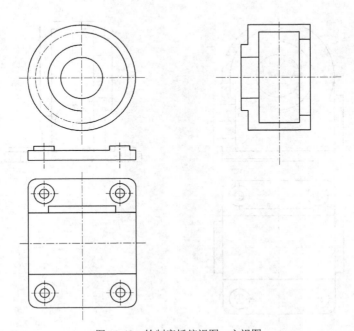

图 10-48 绘制底板俯视图、主视图

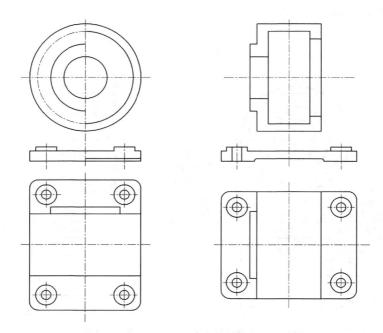

图 10-49　配合底板主、俯视图完成其左视图

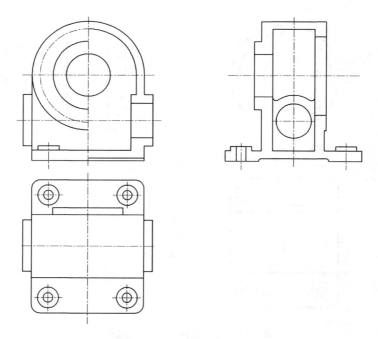

图 10-50　绘制底板与回转体连接部分

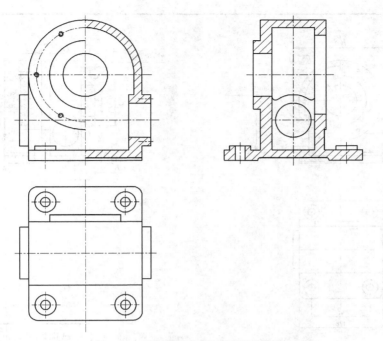

图 10-51　绘制螺纹孔等细部结构并填充

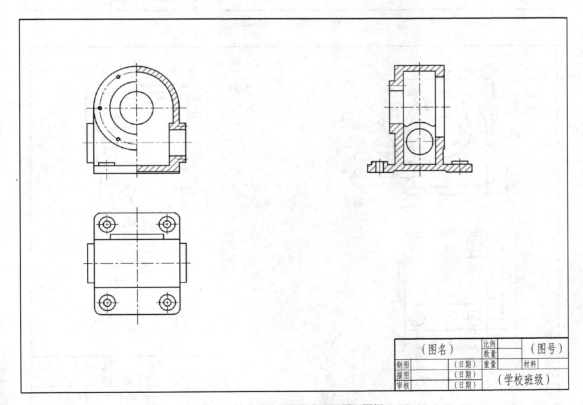

（图名）		比例		（图号）
		数量		
制图	（日期）	重量	材料	
描图	（日期）		（学校班级）	
审核	（日期）			

图 10-52　缩放并合理布局视图至图框

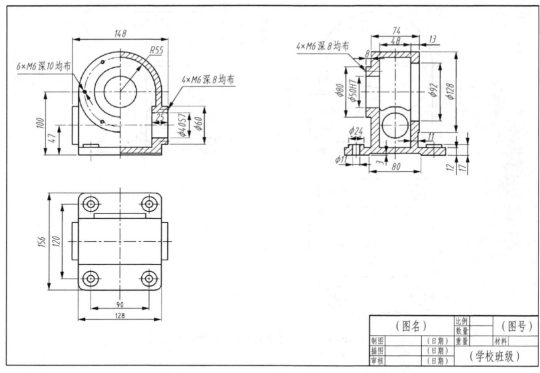

图 10-53　标注各视图尺寸

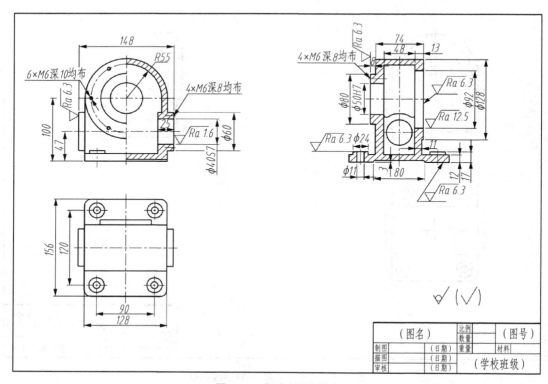

图 10-54　标注表面粗糙度

步骤 12 标注形位公差。基准符号可直接插入基准符号块（样板文件中已设置），形位公差通过形位公差对话框添加设置，结果如图 10-55 所示。

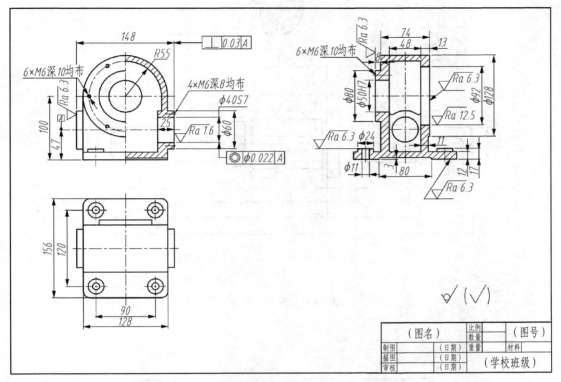

图 10-55 标注形位公差

步骤 13 注写技术要求，填写标题栏信息，完成图纸绘制，如图 10-44 所示。

10.6 思考练习

1．一般零件可分为几类？每一类的结构特点和常用表达方法是什么？

2．绘制如图 10-56 所示的螺钉零件图。

3．绘制如图 10-57 所示的涡轮轴零件图（材料：45）。

4．绘制如图 10-58 所示的端盖零件图（材料：HT150）。

5．绘制如图 10-59 所示的箱体零件图（材料：HT200）。

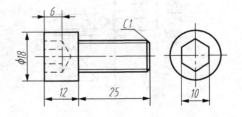

注：螺钉 M12×25   GB/T70.1-2008。

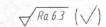

图 10-56 螺钉零件图

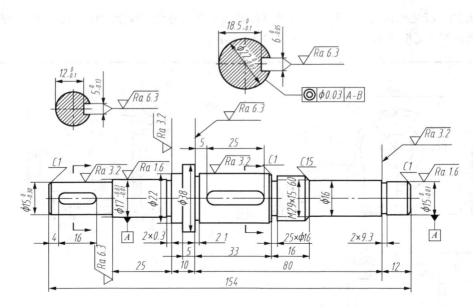

图 10-57　涡轮轴零件图

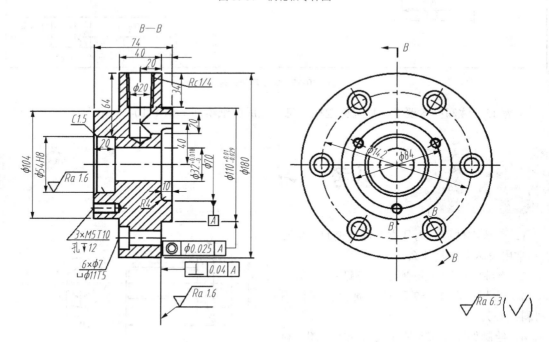

技术要求
1. 未注圆角为 R2—R5；
2. 铸造毛坯不得有砂眼、裂纹。

图 10-58　端盖零件图

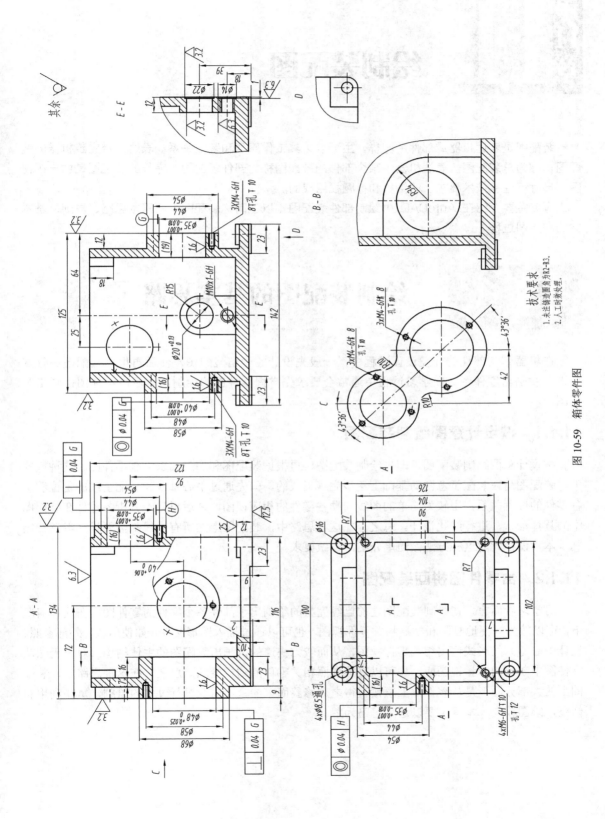

技术要求
1. 未注铸造圆角为R2~R3。
2. 人工时效处理。

图 10-59　箱体零件图

绘制装配图

装配图是表达机器或部件的图样,主要表达其工作原理和装配关系。表达一台完整机器的装配图,称为总装配图。表达机器中某个部件的装配图称为部件装配图。完整的装配图是由一组视图、尺寸标注、技术要求、明细栏和标题栏组成的。

本章主要介绍在 AutoCAD 中绘制部件装配图(以下简称装配图)的基本思路、原则、基本方法和绘图过程。

11.1 绘制装配图的基本思路

在机器或其部件的开发设计过程中,一般先设计并画出装配图,然后再根据装配图进行零件设计并画出零件图。在学习过程中通常会要求先掌握零件图的绘制,然后由零件图拼画出装配图。

11.1.1 按设计意图绘制装配图

按设计意图绘制装配图,即先绘制装配图,再根据装配图和加工要求绘制零件图。这种模式下,装配图是在装配示意图的基础上逐步完善形成的,即先通过中心轴线和装配主线的定位明确各零件的位置关系,用较为简单的图线勾勒各零件的相应视图,之后再逐步分析各零件在装配图中的具体形状,进行细化设计。总之,在这种思路中,装配图上的所有图线都需要设计者逐一绘制。本章仅在此对这种方法做简单介绍,不做要求。

11.1.2 由零件图拼画装配图

对学习者而言,在绘制装配图之前已经完整的绘制出了部件各个零件的零件图。在这种情况下,可以较为方便地复制和粘贴相关零件视图,也可以通过插入图形文件(如使用块、外部参照、设计中心等)的形式调用相关零件视图,从而较为快速的拼画出装配图的主体结构。对于无法从零件图中获得的少量视图或结构可以直接参照相关零件的结构绘制。总之,在这种思路中,装配图上的大部分图形是从零件图上直接获得之后修整而来的,不需要进行过多的绘制,重在利用和修整,绘图较少。本章主要以这种思路为主。

11.2 由零件图拼画装配图的一些注意事项

11.2.1 零件图中多余信息的处理

在复制或调用零件图相关视图至装配图时，只需要视图上的轮廓线和中心轴线。此时需要将零件图上的可见轮廓线（粗实线）和主要中心轴线（细点画线）保留。将尺寸标注、技术要求注释（表面粗糙度等）、剖面区域（剖面线与细波浪线）、不可见轮廓线（细虚线）、假想轮廓线（细双点画线）进行修整，即删除不需要的，修改需保留图线的属性（如将不可见轮廓线改成可见轮廓线）。以上删改主要通过"图层"对图元对象的管理来实现。

（1）复制一份所需要的零件图，通过"图层"相关命令的操作，将需要保留的非粗实线和中心线（主要是一些不可见和假想轮廓的投影）图线的线型变更为粗实线（即归粗实线图层来管理）。

（2）打开"图层特性管理器"，选中 "粗实线"和"中心线"图层，并将二者锁定（此时这两个图层不能被操作）。

（3）框选需要的视图或区域，使用"删除"命令，即除已被锁定的"粗实线"和"中心线"图层上的需要图形外，其他图层上的多余图形全部删除。

（4）打开"图层特性管理器"，解锁"粗实线"和"中心线"图层。

11.2.2 零件视图的修整

零件视图的修整主要涉及以下几个问题。

第一，因装配图和零件图对同一零件表达方法的不一致，需要变更内外部表达。如图 9-2 壳体零件图中主视图为半剖，而图 11-1 所示旋塞装配图中壳体零件的主视图为全剖。需要将壳体零件图的主视图由半剖修整为全剖。有时也会出现相反的情况，如零件图采用的是剖视，而装配图需要视图。

第二，装配图中所需要的视图在零件图中并未给出。此时需充分利用相关零件图中的各视图对应关系补画出装配图所需要的零件视图。

第三，零件图中的同一个视图在装配图中两次（见图 11-1 中塞子的同一视图在装配图中使用两次）或多次使用，表达要求有时也会不同。这时需要提早对所需视图进行复制备份，根据不同需要进行针对性修改。

11.2.3 标准件及填充材料的处理

标准件和填充材料并没有零件图，在装配图的绘制过程中需要单独绘制或通过插入图形文件的形式完成。

对于常见的螺纹连接件、滚动轴承等标准件可通过 AutoCAD 的设计中心逐个调入，也可以按比例画法提前绘制好常见的几种螺栓连接、螺钉连接及双头螺柱连接形式，存储为可定义属性的"块"，使用时直接调入修整即可。如图 11-1 左视图中的双头螺柱连接就是调入后修改过轴向长度的"块"。

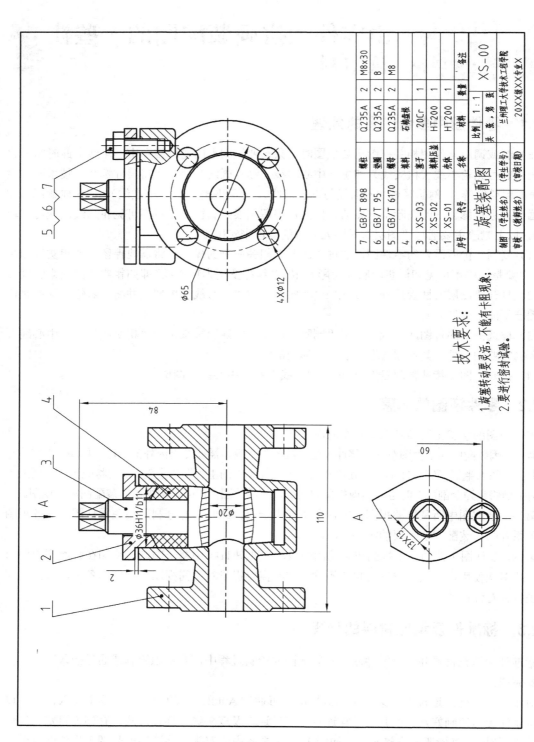

图 11-1 旋塞装配图

对于键、销等标准件和填充材料而言，它们的外部轮廓边界通常与其他零件的轮廓边界重合，没有必要完整绘制其视图，只在装配图上直接画出所需轮廓范围即可。

11.3　由零件图拼画装配图的基本方法

修整完成的零件视图拼画装配图的最主要问题有两个：其一，零件之间的定位；其二，零件之间互为参照修整后，被遮盖图线。在这个过程中通常会根据装配的难易程度和零件的结构特征来选择不同的方法，下面介绍四种常用的方法。需要说明的是这四种方法在使用过程中各有利弊，需根据装配的实际情况综合选用。

11.3.1　复制组合相关视图

复制组合相关视图是拼画装配图最简便的方法，即将对应的视图逐一复制到相应位置，并及时修整图线。这种方法最大的特点是快速，对于各零件间定位关系、接触情况较为明确，前后遮挡较少的装配较为适用。但是当遇到各零件之间定位关系、接触情况较为复杂，需要相互为参照修整图线较多的情况时，很容易因为图线的从属和前后关系混乱而造成修整效率低下。同时一旦发生某一个零件的定位错误，则需要逐条选择这个零件视图的图线，再进行集体移动，操作较为繁琐，也很容易漏选图线。

11.3.2　利用"颜色"区分零件

当多个零件的视图拼装在一起时，同一颜色很难区分不同零件，这对于图线的修整会造成较大影响。在调入零件视图之前可给不同零件的视图图线设置不同的颜色，以提高分辨效率。此种方法建议与 11.3.1 小节所介绍的方法联合使用。但是该方法并不能从根本上改变因为零件定位失误而造成的影响。

11.3.3　利用"图块"定位图形

在将零件视图拼入装配图时，可先将零件定义成"块"，将其以块的形式插入到装配图中。这种方法中插入的零件视图始终是一个整体，能保证较为快速和准确地为零件视图进行定位，即使定位错误也可以较为方便的进行位置变更。但是这种方法在需要修整图线时就需要对块进行操作，如果分解"块"，将失去其定位优势。

11.3.4　利用"图块"编辑图形

针对上一种方法，在"块"需要修整图线时可以使用"在位编辑块"命令。具体操作过程为：选择需要操作的块，单击鼠标右键，选择"在位编辑块"（此时其他图形暗色显示，不能被操作，但可作为修剪、延伸等命令的参照边界条件），对其所包含的图形按需要进行修整，单击鼠标右键，选择"关闭 REFEDIT 任务"，即完成了对块的编辑。需要说明的是虽然此种方法较为稳妥，但是从建立"块"、插入"块"到在位编辑"块",其操作过程较为冗杂,所耗费的时间较多,若前 3 种方法可快速准确解决问题,应尽量使用前 3 种。

11.4　由零件图拼画装配图的主要过程

下面以旋塞装配图的绘制来说明在 AutoCAD 中由零件图拼画装配图的主要过程,旋塞的装配图如图 11-1 所示,零件图如第 9 章图 9-1、图 9-2 和图 9-3 所示。

11.4.1　分析部件并确定绘图思路

如图 11-1 所示,旋塞是最常见的一种阀体,可控制经过流体的通止和流量。其旋塞主要由壳体 1、压盖 2 和塞子 3 等零件组成,使用时将壳体 1 两端的法兰接入相关管道或设备,塞子 3 下端开圆孔的锥部插入壳体 1 内腔与其下端开有通孔的锥孔配合,在壳体 1 内腔上部通过双头螺柱连接压紧填料和压盖。工作时随着塞子 3 的旋转控制经过旋塞流体的流量和通止状态。

旋塞的装配图中,主视图沿着装配主线(壳体 1、塞子 3、压盖 2 的中心轴线重合)采用了全剖,主要表达各零件的位置关系。左视图以表达外部结构为主,局部剖部分主要表达压盖与壳体的连接情况。A 向视图一方面体现了双头螺柱连接的分布情况,另一方面体现了塞子端部的结构形式。

由以上分析可确定旋塞装配图绘制的基本思路为先修整复制壳体,再依次拼画压盖、壳体,最后补充双头螺柱连接。

11.4.2　利用机械样板文件新建图形文件

根据对部件和各零件的分析,可确定使用 A3 横置图幅按 1:1 绘制部件装配图。新建 DWG 文档,选择已经提前建立的"A3 横置装配图"样板文件作为模板开始绘图。调入模板后绘图准备情况如图 11-2 所示。

11.4.3　修整并复制主体零件所需视图

复制图 9-2 所示壳体零件视图,对其各视图进行修整,主要操作如下。

(1)删除多余图线,锁定"粗实线"和"中心线"图层,全选图形,使用删除命令,使得图形只剩下粗实线与中心线;

(2)修整主视图,将其由半剖改为全剖,删除左侧视图部分,镜像右侧剖视部分;

(3)修整左视图,将其由半剖改为全剖,删除右侧视图部分,镜像左侧剖视部分;

(4)复制修整好的零件图视图至配图文档,调整位置,如图 11-3 所示。

11.4.4　逐个引入其他零件所需视图,并逐一修整

复制图 9-1 所示的压盖零件视图,对其各视图进行修整,主要操作如下。

(1)删除多余图线,锁定"粗实线"和"中心线"图层,全选图形,使用删除命令,使得图形只剩下粗实线与中心线;

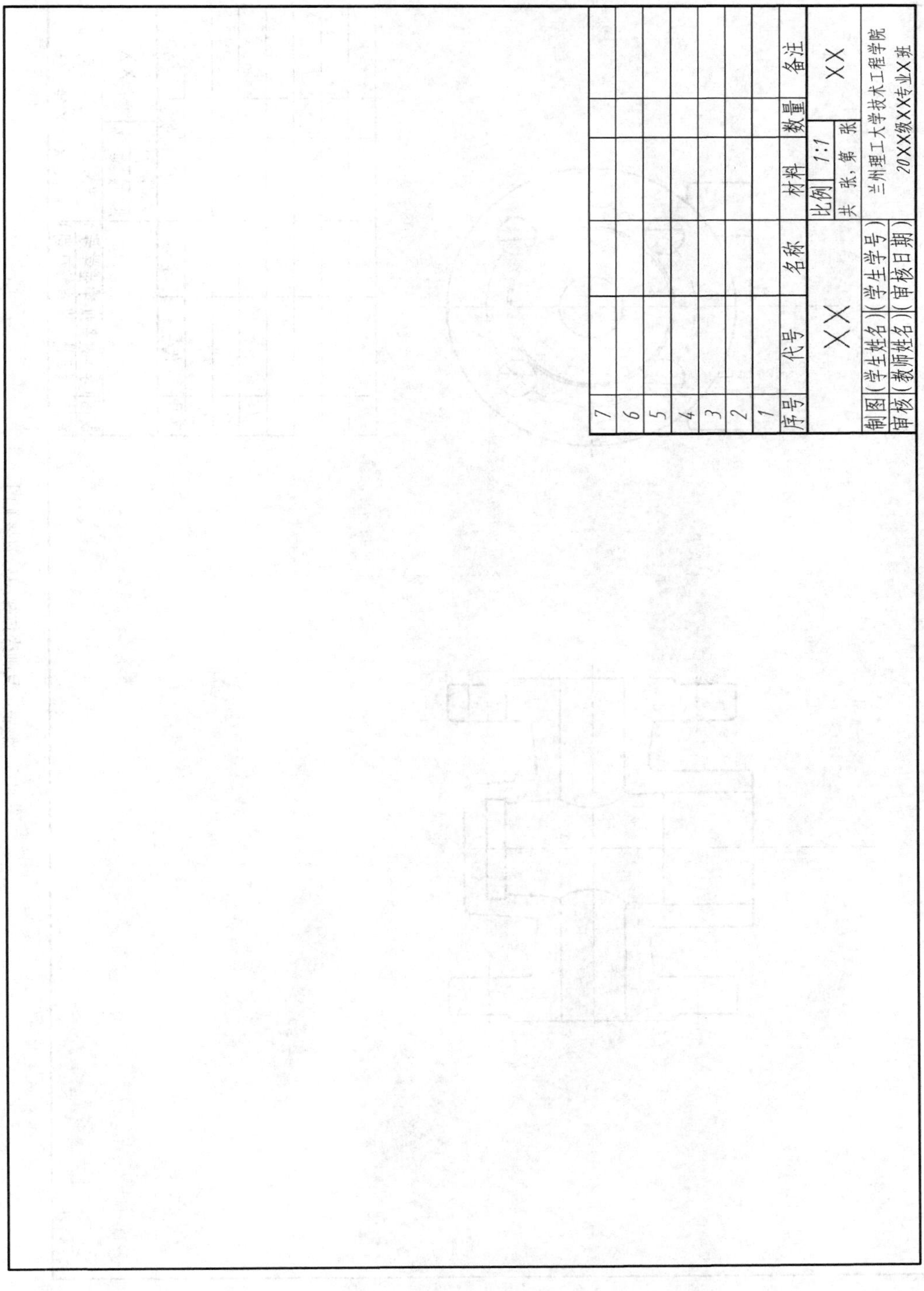

图 11-2 "A3 横置装配图"样板文件应用后的装配图界面

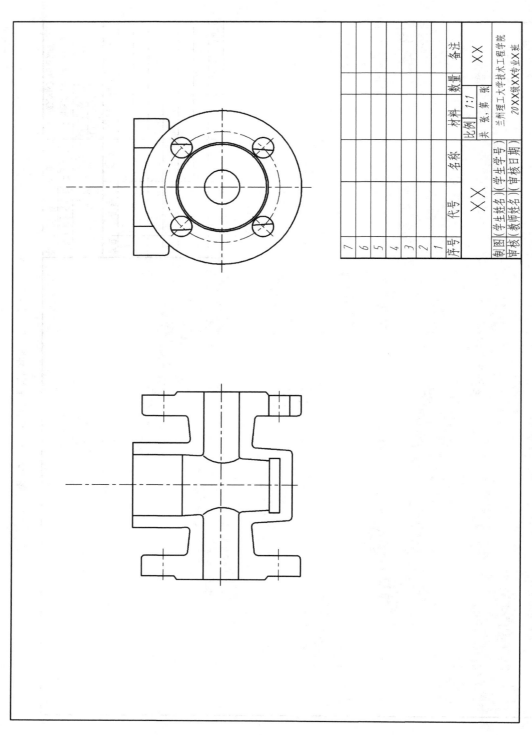

序号	代号	名称	材料	数量	备注
7					
6					
5					
4					
3					
2					
1	XX				XX

制图	（学生姓名）（学生学号）	比例	1:1	兰州理工大学技术工程学院
审核	（教师姓名）（审核日期）	共 张，第 张		20XX级XX专业X班

图 11-3 修整、复制壳体视图后的装配图

（2）将主视图旋转 90°，使其水平放置，复制 1 次；一个视图修整为左视，修整上端部的长度即可，形成"视图 1"；另一个视图仅更改上端部为视图，下端部删除，形成"视图 2"；

（3）保留左视图中心轴线和外部轮廓线，删除内部轮廓线，形成"视图 3"；

（4）更改压盖各修整好的视图的颜色；

（5）将"视图 2"直接复制至装配图左视，使"视图 2"与壳体左视图中心轴线重合，使"视图 2"中压盖底板下端面与壳体上表面的距离为 2mm，删除"视图 2"中心轴线，以壳体上表面为边界修剪"视图 2"超出壳体上表面的图线；

（6）将"视图 3"直接复制至装配图俯视位置；

（7）将"视图 1"直接复制至装配图主视图，使"视图 1"与壳体主视图中心轴线重合，使"视图 1"中压盖底板下端面与距离壳体上表面的距离为 2mm，删除"视图 1"中心轴线。修整壳体主视图被压盖主视图遮住的图线。

压盖视图拼入后装配图如图 11-4 所示。

复制图 9-3 所示的塞子零件视图，对其各视图进行修整，主要操作如下。

（1）删除多余图线，锁定"粗实线"和"中心线"图层，全选图形，使用删除命令，使得图形只剩下粗实线与中心线。

（2）将主视图旋转 90°，使其竖直放置，补画端被删除的"X"型细实线，复制 1 次；一个视图待用，形成"视图 1"；另一个视图仅保留上端部分，下端部删除，形成"视图 2"。

（3）保留断面中心轴线和外部轮廓线，并绘制直径为 $\phi18$ 和 $\phi20$ 的两个同心圆，形成"视图 3"。

（4）将"视图 3"直接复制至装配图俯视中心位置。

（5）将"视图 2"直接复制至装配图左视，使"视图 2"与壳体左视图中心轴线重合，使"视图 2"顶端与壳体水平中心轴线在高度方向上的距离为 84mm，删除"视图 2"中心轴线，以压盖上表面为边界修剪"视图 2"超出压盖上表面的图线。

（6）将"视图 1"做成"块"，插入壳体主视图，插入基准点为图 11-5 所示 A 主视图两中心轴线交点，使"视图 1"与壳体中心轴线重合且二者的锥面素线完全重合。修整压盖和壳体被塞子主视图遮盖的图线。

塞子视图拼入后装配图如图 11-5 所示。

11.4.5　完善表达并补充其他视图

在旋塞装配图的表达方案中，主视图上需通过"填充"命令完成对石棉盘根（填料）投影的处理，左视图和 A 向视图中需要分别补画双头螺柱连接的径向视图和轴向剖视图。具体操作如下。

（1）删除主视图中压盖最下端图线，使用"填充"命令，选择表示非金属材料的剖面线，填充石棉盘根（填料）所占投影区域。

（2）从"设计中心"调出六角螺母径向视图，放置在装配图 A 向视图下部中心轴线相交位置，同时绘制 $\phi18$ 的圆作为平垫圈的 A 向投影。

（3）在装配图左视图的右侧（前方一侧）绘制细波浪线，将细波浪线包络的区域有视图修整为剖视，沿着保留的中心轴线的位置绘制双头螺栓连接，或调用先前已在样板文件中建立的"双头螺栓连接"块，并对其做适应性修整。

完成石棉盘根和标准件投影绘制的装配图，如图 11-6 所示。

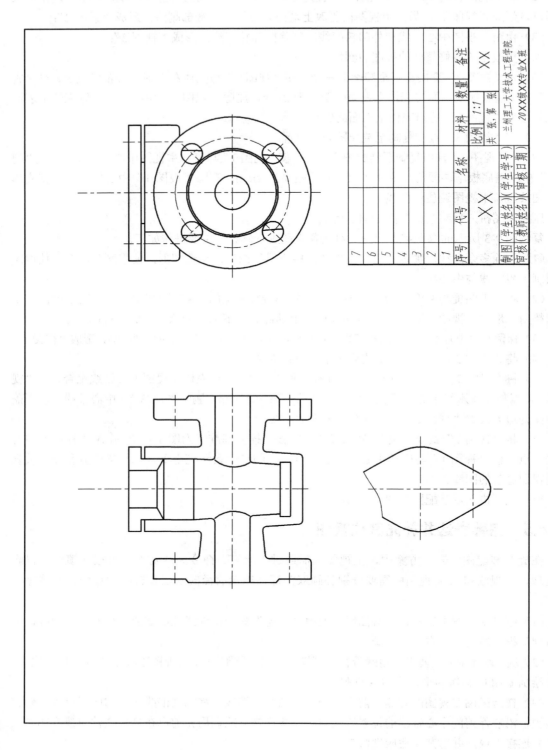

序号	代号	名称	数量	材料	备注
7					
6					
5					
4					
3					
2					
1	XX				

制图	(学生姓名)	(学生学号)	比例	1:1	兰州理工大学技术工程学院
审核	(教师姓名)	(审核日期)	共 张，第 张		20XX级XX专业X班　　XX

图图 11-4　修整、拼入压盖视图后的装配图

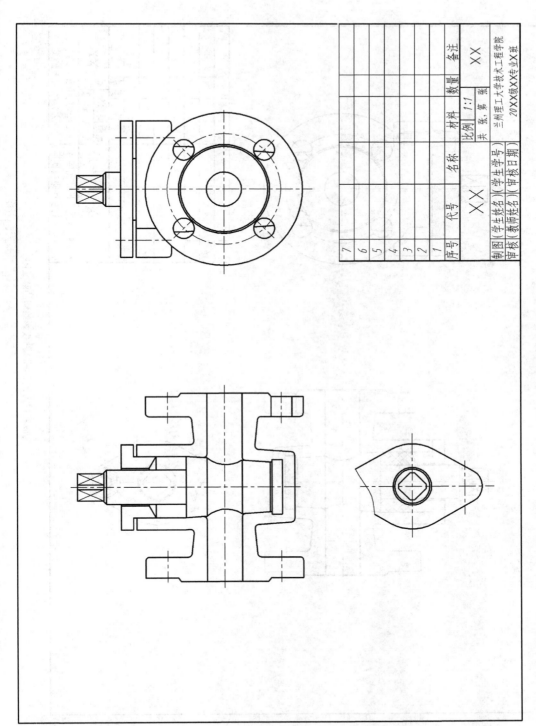

图 11-5 修整、拼入塞子视图后的装配图

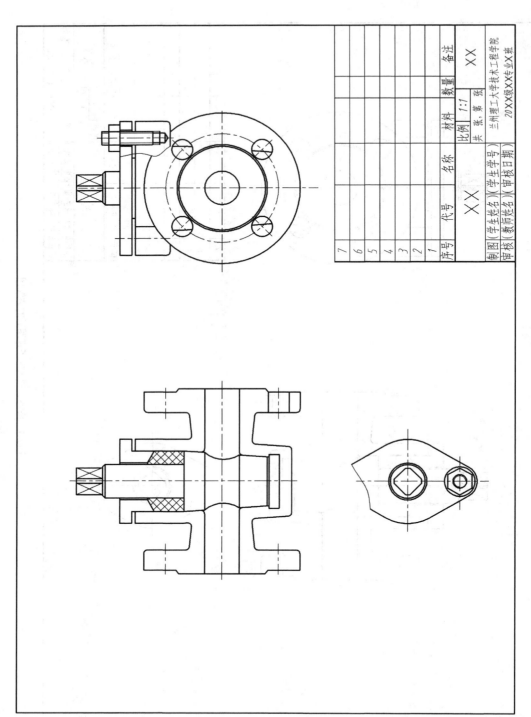

图 11-6 完成石棉盘根和标准件投影绘制的装配图

11.4.6 填充各零件的剖面及断面

装配图上剖面及断面填充的要求有：第一，同一张装配图中不同零件的剖面线形式（剖面线疏密与倾斜角度）不同，这是区分零件的关键；第二，同一零件在同一张装配图样中的各个视图上，其剖面线方向必须一致；第三，两个零件相邻时，其剖面线的倾斜方向应相反，如有第三个零件相邻，则采用疏密间距不同的剖面线，最好与同方向的剖面线错开。

图 11-7 为完成剖面填充的旋塞装配图。

11.4.7 标注尺寸

装配图上一般标注以下几种尺寸：性能尺寸（规格尺寸）、装配尺寸（配合尺寸和相对位置尺寸）、外形尺寸、安装尺寸、总体尺寸以及其他重要尺寸。

如图 11-8 所示，在旋塞的装配图中共有 9 个尺寸。其中孔径 $\phi 20$ 为性能尺寸。主视图中的 $\phi 36H11/b11$ 为装配尺寸中的配合尺寸。主视图中的 84、2 和 A 向视图中的 64 为装配尺寸中的相对位置尺寸。左视图中的 $\phi 65$ 和 $4 \times \phi 12$ 为安装尺寸。俯视图中的 13×13 为外形尺寸。主视图中的 110 为总体尺寸。

完成尺寸标注的装配图如图 11-8 所示。

11.4.8 注写零件编号、技术要求并填写明细表和标题栏

装配图上零件序号的标注要求如下。

（1）字体要比尺寸数字大两号。序号应注在图形轮廓线的外边，并填写在指引线的横线上或圆圈内，也允许直接写在指引线附近。横线或圆圈用细实线画出。

（2）指引线应从所指零件的可见轮廓内引出，并在末端画一个小圆点。若在所指部分内不宜画圆点时，可在指引线末端画出箭头指向该部分的轮廓。

（3）指引线尽可能分布均匀且不要彼此相交，也不要过长。指引线通过有剖面线的区域时，要尽量不与剖面线平行，必要时可画成折线，但只允许弯折一次。

（4）每一种零件在各视图上只编一个序号。

（5）序号要沿水平或垂直方向按顺时针或逆时针次序排列整齐。

装配图上的技术要求一般注写在标题栏的附近，"技术要求"几个字应居中且比内容大一个字号。技术要求的内容一般为装配过程中的注意事项、装配后应满足的要求、检验与试验的条件和要求、操作要求、部件的性能和规格参数、装运和使用时的注意事项以及涂饰要求等。

装配图的明细栏在标题栏上方，左边外框线为粗实线，内格线和顶线为细实线。假如地方不够，也可在标题栏的左方再画一排。明细栏中的零件序号编写顺序是从下往上，以便增加零件时，可以继续向上画格。

注写了零件编号、技术要求，填写了明细表和标题栏后就绘制完成了一张完整的装配图。旋塞的装配图如图 11-1 所示。

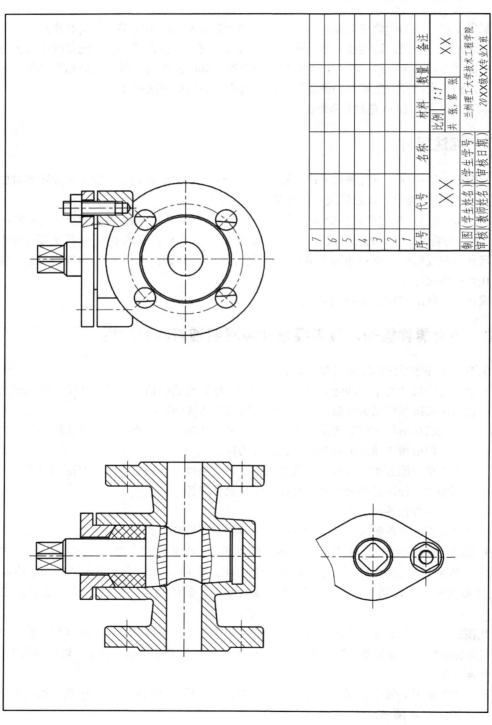

图 11-7 完成剖面填充的装配图

序号	代号	名称	材料	数量	备注
7					
6					
5					
4					
3					
2					
1					
制图（学生姓名）	XX	比例	1:1		XX
审核（教师姓名）			共 张, 第 张		

（学生学号） 兰州理工大学技术工程学院
（审核日期） 20XX级XX专业X班

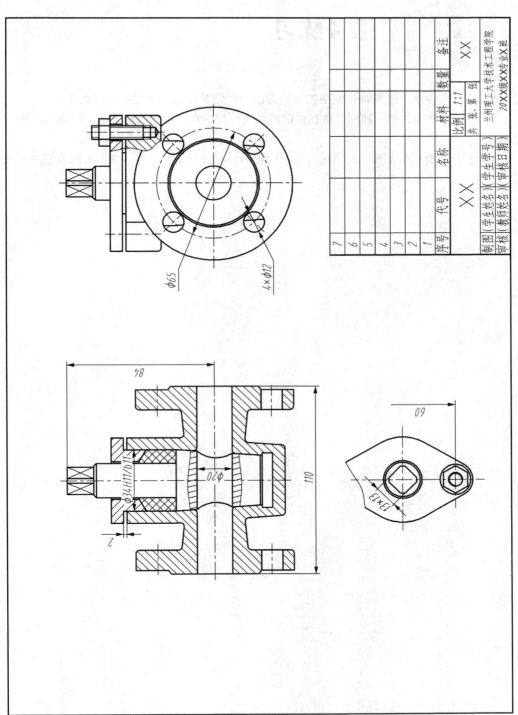

图 11-8 完成尺寸标注的装配图

11.5 思考练习

1．分析并对比由零件图拼画装配图的各种方法，简述其优势、不足和应用条件。

2．简要总结修整零件相关视图以达到装配图要求过程中常用的思路和方法，简述其优势、不足和应用条件。

3．任意选择 1 套机械部件，对其进行必要的结构分析，并简述由其零件图拼画装配图的思路和过程。

典型机械部件装配图的绘制

本章主要以手压阀、平口虎钳两组典型部件装配图的绘制为例，分析在 AUTDCAD 中由零件图拼画装配图的具体操作思路与过程。

12.1 手压阀装配图的绘制

12.1.1 手压阀结构分析与绘图思路确定

如图 12-1 所示为手压阀的装配图，手压阀是吸进和排出液体的一种手动阀门。当握住手柄 8 向下压紧阀杆 7 时，弹簧 3 被压缩阀杆 7 向下移动，液体出入口相通（壳体 4 左右侧孔状结构）；手柄 8 抬起时，阀杆 7 下端锥状结构向上紧贴阀体 4，液体不再通过。

手压阀的装配以两条主要装配主线展开：竖直方向和水平方向（前后）。装配图中，主视图沿着竖直方向装配主线（图上投影为竖直方向中心轴线）采用了全剖，主要表达各零件的装配关系。左视图采用局部剖，剖视部分沿着水平方向装配主线以表达手柄 8、销钉 10、开口销 11 在壳体 4 上端部的装配关系，视图部分主要表达壳体 4 左端的外部连接结构。俯视图采用视图形式，进一步体现相关零件的装配关系。

由以上分析可确定手压阀配图绘制的基本思路为先修整复制阀体 4，再沿着竖直方向装配主线依次拼画调节螺母 1、垫片 2、螺套 6、阀杆 7、填料 5 和弹簧 3，最后沿着水平方向（前后）装配主线依次拼画手柄 8、球头 9、销钉 10 和开口销 11。

手压阀各零件图如图 12-2、图 12-3 和图 12-4 所示。

12.1.2 利用机械样板文件新建图形文件

根据对部件和各零件的分析，可确定使用 A3 横置图幅按 1:1 绘制部件装配图。新建 DWG 文档，选择已经提前建立的"A3 横置装配图"样板文件作为模板开始绘图。

12.1.3 修整并复制"阀体"零件所需视图

复制图 12-2 所示壳体零件的视图，对其各视图进行修整，主要操作如下。

（1）变换所需保留细实线为粗实线，如主、俯、左视图 6 处螺纹孔外径、左视图细波浪线。

（2）删除多余图线，锁定"粗实线"和"中心线"图层，全选图形，使用"删除"命令，使得图形只剩下粗实线与中心线，然后解锁。

（3）将（1）项所涉及图线一次选中，操作图层，变为细实线。

（4）删除主、俯视图上两处不需要的圆。

（5）复制修整好的视图至装配图图框内，如图 12-5 所示。

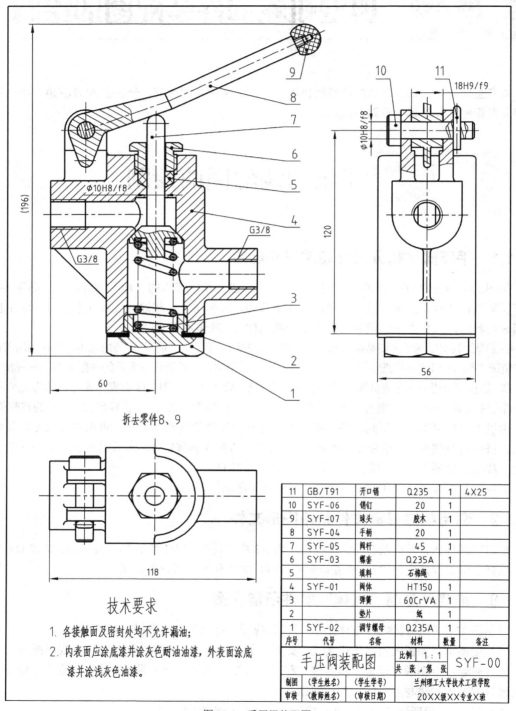

11	GB/T91	开口销	Q235	1	4X25
10	SYF-06	销钉	20	1	
9	SYF-07	球头	胶木	1	
8	SYF-04	手柄	20	1	
7	SYF-05	阀杆	45	1	
6	SYF-03	螺套	Q235A	1	
5		填料	石棉绳	1	
4	SYF-01	阀体	HT150	1	
3		弹簧	60CrVA	1	
2		垫片	纸	1	
1	SYF-02	调节螺母	Q235A	1	
序号	代号	名称	材料	数量	备注

| 手压阀装配图 | 比例 | 1：1 | SYF-00 |
| | 共 张，第 张 | | |

| 制图 | （学生姓名） | （学生学号） | 兰州理工大学技术工程学院 |
| 审核 | （教师姓名） | （审核日期） | 20XX级XX专业X班 |

拆去零件8、9

118

技术要求

1. 各接触面及密封处均不允许漏油；
2. 内表面应涂底漆并涂灰色耐油油漆，外表面涂底漆并涂浅灰色油漆。

图 12-1　手压阀装配图

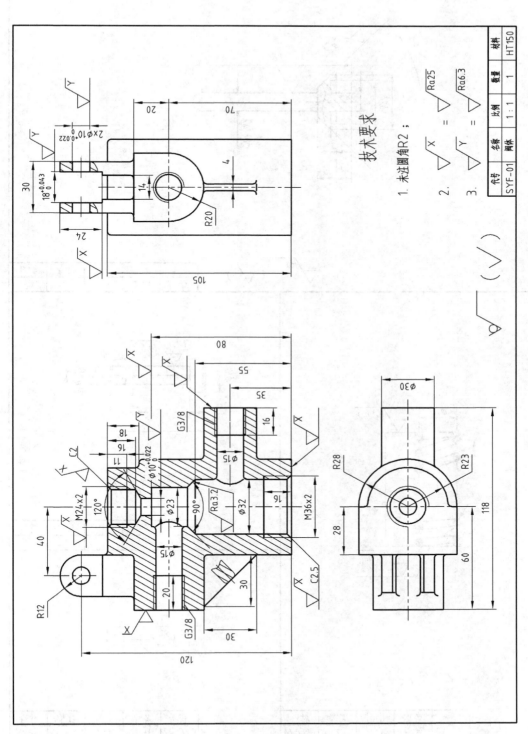

图 12-2 手压阀零件图—阀体

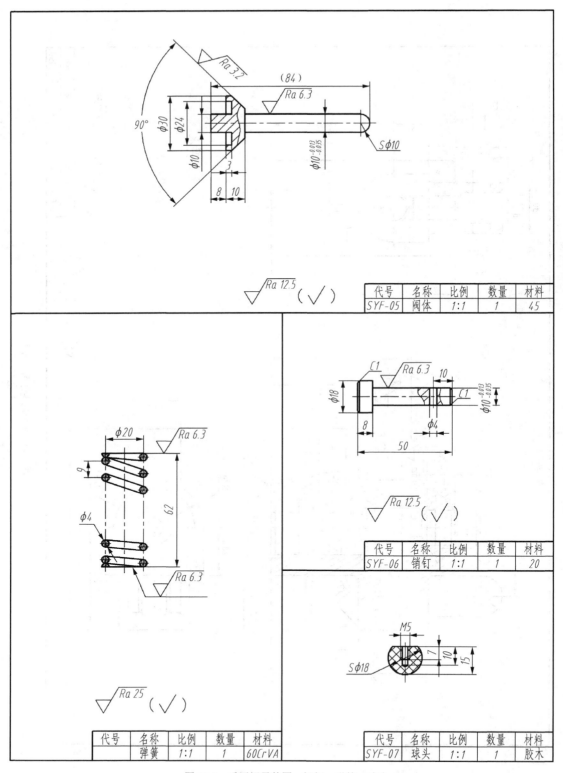

图 12-3　手压阀零件图—阀杆、弹簧、球头

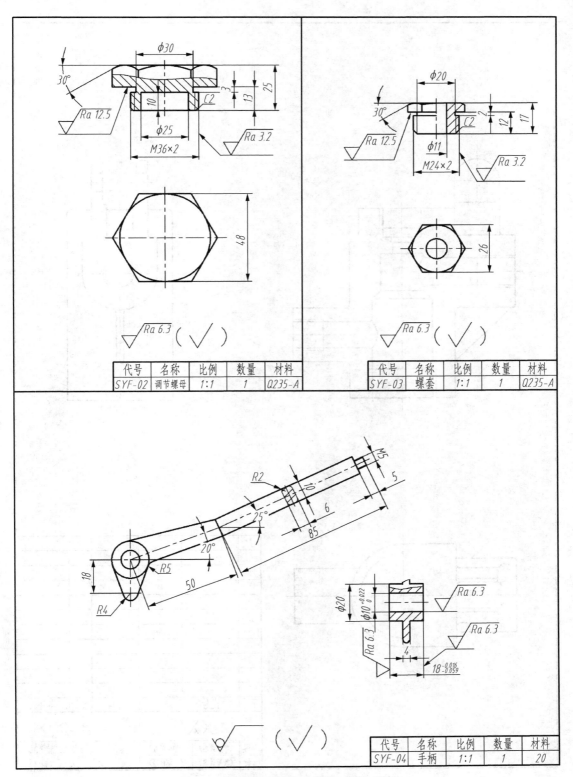

图 12-4 手压阀零件图-调节螺母、螺套、手柄

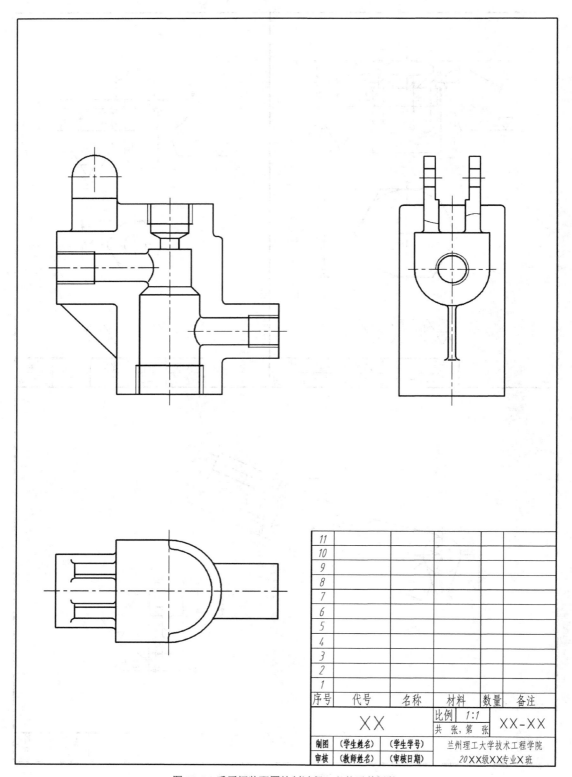

序号	代号	名称	材料	数量	备注
11					
10					
9					
8					
7					
6					
5					
4					
3					
2					
1					

			比例	1:1	
XX			共　张，第　张		XX-XX
制图	(学生姓名)	(学生学号)	兰州理工大学技术工程学院		
审核	(教师姓名)	(审核日期)	20XX级XX专业X班		

图 12-5　手压阀装配图绘制过程—主体零件阀体

12.1.4 沿竖直方向装配主线装配零件并修整视图

1．装配调节螺母 1、垫片 2

步骤 1 保留调节螺母各视图，删除尺寸标注与技术要求。

步骤 2 按装配图需要，根据调节螺母主、俯视图补画左视图（局部）。

步骤 3 旋转主、左视图 180°，达到装配位置要求，删除俯视图。

步骤 4 分别复制主、左视图至装配图，与阀体 4 中心轴线重合，且距离其下底面 2mm。

步骤 5 修整图线，如主视图上螺纹旋合部分等。

步骤 6 直接绘制垫片 2 主、左视图的投影，并用非金属材料剖面线填充或涂黑其主视图。

调节螺母 1、垫片 2 装配后如图 12-6 所示。

2．装配螺套 6

步骤 1 保留螺套各视图，删除尺寸标注与技术要求。

步骤 2 将螺套主视图由半剖修改为全剖。

步骤 3 分别复制修整好的螺套主、俯视图至装配图，主视图与阀体 4 中心轴线重合，且距离其上表面 2mm，俯视图与阀体 4 俯视图中心轴线交点。

步骤 4 修整图线，如主视图上螺纹旋合部分等。

螺套 6 装配后如图 12-7 所示。

3．装配阀杆 7、填料 5

步骤 1 删除阀杆视图上的尺寸标注、技术要求、剖面线。

步骤 2 将阀杆视图逆时针旋转 90°，建立"块"。

步骤 3 在装配主视图上插入阀杆视图建立的"块"，其中心轴线与阀体 4 中心轴线重合，下端 90° 锥面与阀体 4 中部 90° 锥面重合。

步骤 4 分解插入并定位准确的阀杆视图"块"，修整被其遮挡的阀体 4、螺套 6 相关图线。

步骤 5 注意填补左视图螺纹孔内部可看见的阀杆投影图线。

步骤 6 修整填料区域，用非金属材料剖面线填充。

阀杆 7、填料 5 装配后如图 12-8 所示。

4．装配弹簧 3

步骤 1 删除弹簧视图上的尺寸标注、技术要求、剖面线，修整中径中心线。

步骤 2 复制弹簧上半部分、中心轴线、中径轴线至阀杆 7 下部内腔，使其与阀杆 7 中心轴线重合，上端面与阀杆 7 下部内腔上表面重合。

步骤 3 复制弹簧下半部分至调节螺母 1 上部内腔，使其与调节螺母 1 中心轴线重合，下端面与调节螺母 1 上部内腔下表面重合。

步骤 4 修整被弹簧遮挡的阀杆 7、调节螺母 1 相关图线，注意以弹簧中径轴线为界限。

弹簧 3 装配后如图 12-9 所示。

12.1.5 沿水平方向装配主线装配零件并修整视图

1．装配手柄 8

步骤 1 删除手柄视图上的断面、尺寸标注、技术要求、剖面线，修整中径中心线。

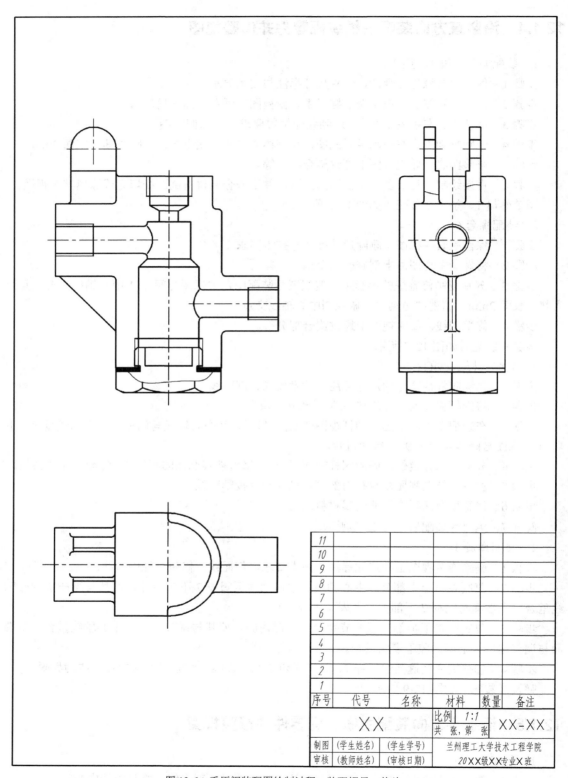

11					
10					
9					
8					
7					
6					
5					
4					
3					
2					
1					
序号	代号	名称	材料	数量	备注

✕✕	比例　1:1	✕✕-✕✕
	共　张，第　张	

制图	(学生姓名)	(学生学号)	兰州理工大学技术工程学院
审核	(教师姓名)	(审核日期)	20✕✕级✕✕专业✕班

图 12-6　手压阀装配图绘制过程—装配螺母、垫片

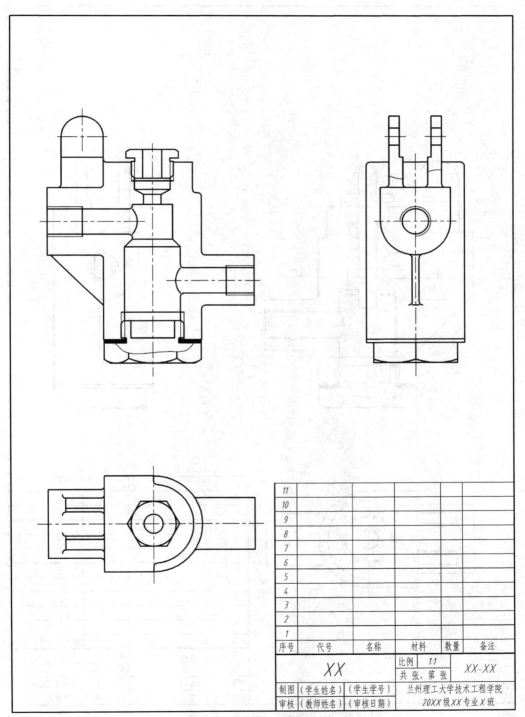

图 12-7　手压阀装配图绘制过程—装配螺套

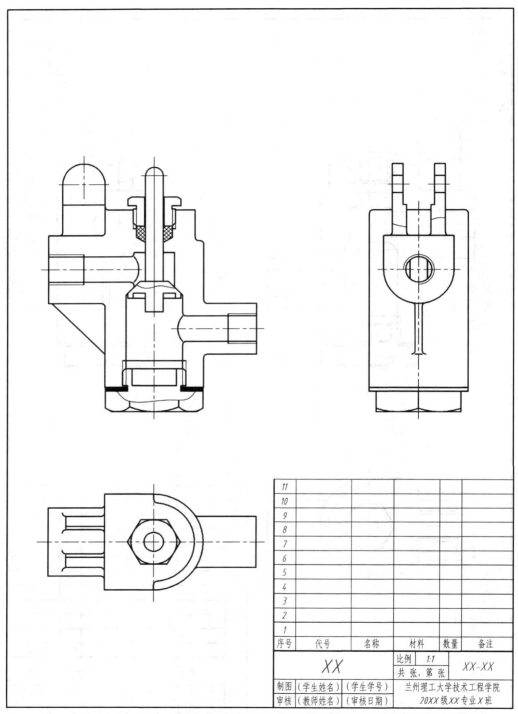

11					
10					
9					
8					
7					
6					
5					
4					
3					
2					
1					
序号	代号	名称	材料	数量	备注

XX	比例	1:1	XX-XX
	共 张，第 张		

制图	（学生姓名）	（学生学号）	兰州理工大学技术工程学院
审核	（教师姓名）	（审核日期）	20XX级XX专业X班

图 12-8　手压阀装配图绘制过程—装配阀杆、填料

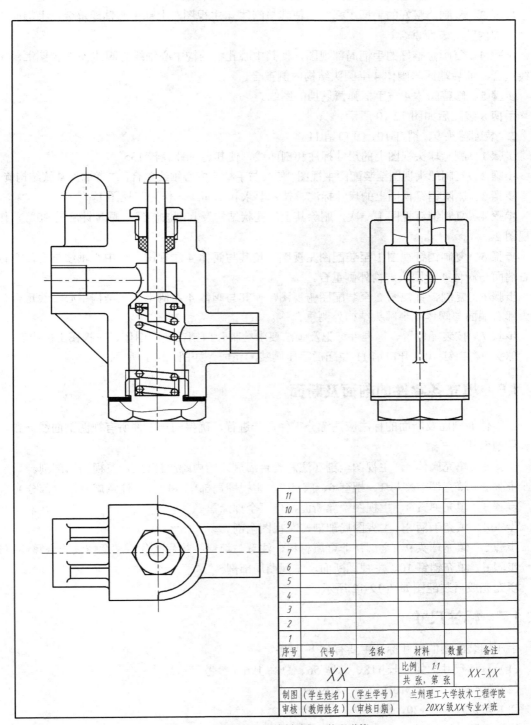

11					
10					
9					
8					
7					
6					
5					
4					
3					
2					
1					
序号	代号	名称	材料	数量	备注

XX	比例	1:1	XX-XX
	共 张，第 张		

制图	（学生姓名）	（学生学号）	兰州理工大学技术工程学院
审核	（教师姓名）	（审核日期）	20XX级XX专业X班

图 12-9　手压阀装配图绘制过程—装配弹簧

步骤 2　将手柄主视图改为局部剖，修整局部视图上部结构。

步骤 3　复制修整好的手柄主视图，使其与阀体 4 主视图左上部中心轴线重合，上端面与阀杆 7 下部内腔上表面重合。

步骤 4　复制修整好的手柄局部视图，使其中心孔状结构中心轴线与阀体 4 左视图上部中心轴线重合，前后端面与阀体 4 半圆头结构内侧重合。

步骤 5　修整阀体 4 被手柄弹簧遮挡的图线。

手柄 8 装配后如图 12-10 所示。

2．装配球头 9、销钉 10、开口销 11

步骤 1　删除球头视图上的尺寸标注和剖面线，使其逆时针旋转 135°。

步骤 2　复制球头视图至装配图主视图，使其与手柄 8 中心轴线重合，二者端部螺纹结构旋合。

步骤 3　删除销钉视图上的尺寸标注、技术要求和剖面线，作为其视图 1。

步骤 4　复制销钉视图 1 一次，删除其上的孔状结构及其细波浪线，顺时针旋转 90°，作为其视图 2。

步骤 5　复制销钉视图 1 至装配图左视图，使其与阀体 4 左视图上部中心轴线重合，销钉头部右端面与阀体 4 半圆头结构外侧重合。

步骤 6　复制销钉视图 2 至装配图俯视图，使其与阀体 4 左侧半圆头结构中心轴线重合，销钉头部右端面与阀体 4 半圆头结构外侧重合；

步骤 7　按装配位置、标准件标记及画法要求绘制开口销在装配图俯、左视图上的投影。

球头 9、销钉 10、开口销 11 装配后手压阀装配完成，如图 12-11 所示。

12.1.6　填充各零件的剖面及断面

各零件的剖面及断面的标注应注意分零件逐一进行，确保同一零件所有视图剖面线一致，不同零件剖面线不一致。

步骤 1　填充阀体 4，主视图全剖（注意旋合后剩余的内螺纹部分），左视图局部剖。

步骤 2　填充调节螺母 1、螺套 6、阀杆 7，主视图局部剖（前二者注意旋合螺纹部分）。

步骤 3　填充弹簧 3，主视图簧丝断面，也可全部涂黑。

步骤 4　填充手柄 8，主视图局部剖，左视图全剖。

步骤 5　填充球头 9，全剖，非金属材料，注意与填料、垫片区分，注意螺纹旋合螺纹部分。

步骤 6　填充销钉 10，主视图断面，左视图局部剖。

填充完成后装配图如图 12-12 所示。

12.1.7　标注尺寸

手压阀装配图的尺寸标注主要有如下几类：

（1）总体尺寸，如总长 118、总宽 56、总高 196（参考尺寸）；

（2）配合尺寸，如 $\phi10H8/f8$，18H9/f9；

（3）定位尺寸，120，60；

（4）安装、连接尺寸，G3/8。

尺寸标注后，装配图如图 12-1 所示。

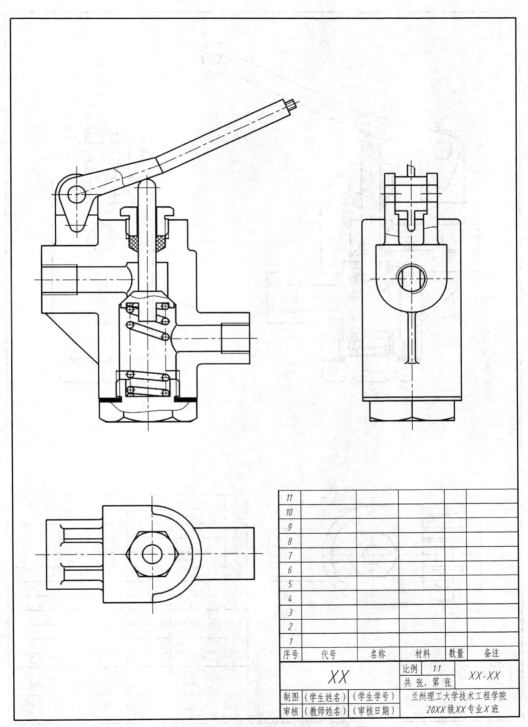

11					
10					
9					
8					
7					
6					
5					
4					
3					
2					
1					
序号	代号	名称	材料	数量	备注

XX	比例　1:1	XX-XX
	共　张, 第　张	
制图 (学生姓名) (学生学号)	兰州理工大学技术工程学院	
审核 (教师姓名) (审核日期)	20XX 级 XX 专业 X 班	

图 12-10　手压阀装配图绘制过程—装配手柄

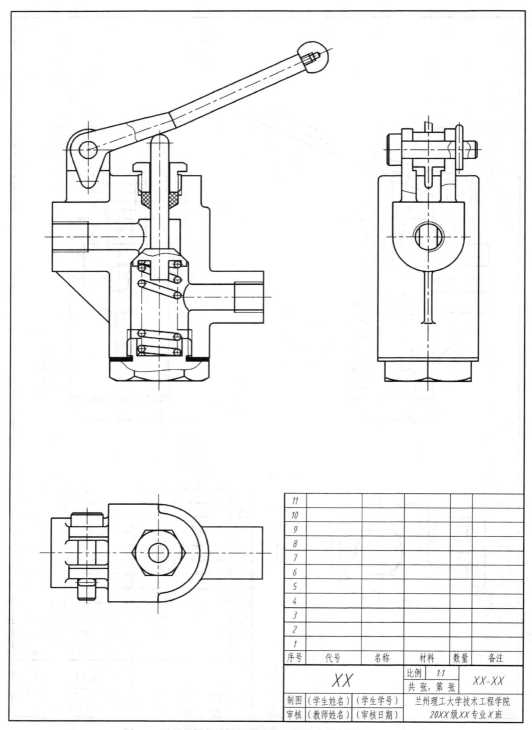

序号	代号	名称	材料	数量	备注
11					
10					
9					
8					
7					
6					
5					
4					
3					
2					
1					

图 12-11　手压阀装配图绘制过程—装配球头、销钉、开口销

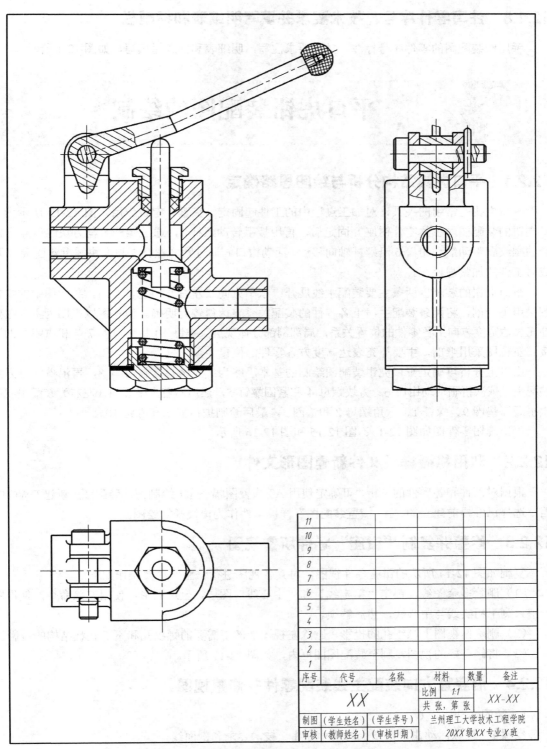

图 12-12 手压阀装配图绘制过程—剖面与断面填充

序号	代号	名称	材料	数量	备注
11					
10					
9					
8					
7					
6					
5					
4					
3					
2					
1					

XX	比例	1:1	XX-XX
	共 张,第 张		

制图	(学生姓名)	(学生学号)	兰州理工大学技术工程学院
审核	(教师姓名)	(审核日期)	20XX级XX专业X班

12.1.8　注写零件序号、技术要求并填写明细表和标题栏

手压阀装配图的零件序号标注、技术要求注写，明细表和标题栏填写，如图 12-1 所示。

12.2　平口虎钳装配图的绘制

12.2.1　平口虎钳结构分析与绘图思路确定

平口虎钳是常用的夹具，对加工过程中的工件起固定、夹紧、定位作用。图 12-13 所示为平口虎钳的装配图，主体零件钳座 8 固定后，再用扳手转动螺杆 1，通过螺杆 1 与方块螺母 4 上旋合的螺纹副带动活动钳口 6 沿螺杆轴向移动（活动钳口 6 通过紧固螺钉 5 与方块螺母 4 连接），形成对工件的加紧与松开。

平口虎钳的装配以两条主要装配主线展开：水平方向（左右）和竖直方向。装配图中的主视图采用了全剖，将两条装配主线上各零件的装配关系表达得较为明确。俯视图以视图为主，主要补充表达宽度方向上各零件的位置关系，局部剖部分体现沉头螺钉 10 将护口板 7 与和钳座 8 的连接。左视图采用半剖，主要补充表达高度方各零件的位置关系。

由以上分析可确定平口虎钳装配图绘制的基本思路为：先修整复制钳座 8，再沿着竖直方向装配主线依次拼画活动钳口 6、方块螺母 4 和紧固螺钉 5，然后沿着水平方向（左右）装配主线依次拼画厚垫圈 9、螺杆 1、六角螺母 2 和垫圈 3，最后绘制护口板 7 和螺钉 10。

平口虎钳零件图如图 12-14、图 12-15 和图 12-16 所示。

12.2.2　利用机械样板文件新建图形文件

根据对部件和各零件的分析，可确定使用 A3 横置图幅按 1:1 绘制部件装配图。新建 DWG 文档，选择已经提前建立的"A3 横置装配图"样板文件作为模板开始绘图。

12.2.3　修整并复制"钳座"零件所需视图

复制如图 12-14 所示的钳座零件视图，对其各视图进行修整，主要操作如下。

（1）删除多余图线，锁定"粗实线"和"中心线"图层，全选图形，使用删除命令，使得图形中只剩下粗实线与中心线，然后解锁。

（2）删除俯视图上螺纹孔的投影，删除左视图上部不需要的螺纹孔和下部孔状结构的投影。

（3）将修整好的视图复制至装配图图框内，如图 12-17 所示。

12.2.4　沿竖直方向装配主线装配零件并修整视图

1．装配活动钳口 6

步骤 1　删除活动钳口视图上的尺寸标注、技术要求和剖面线。

步骤 2　镜像主视图，删除原来视图，镜像后的主视图与装配图表达要求一致。

步骤 3　将俯视图旋转 180°，旋转后的俯视图与装配图表达要求一致。

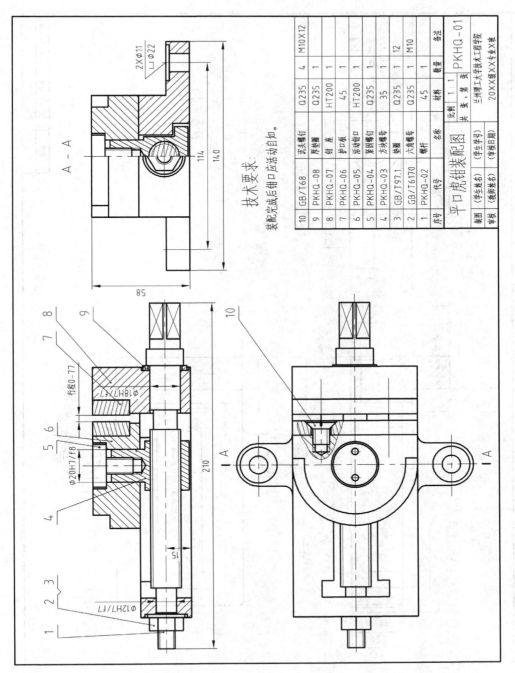

图12-13 平口虎钳装配图

序号	代号	名称	数量	材料	备注
10	GB/T68	沉头螺钉	4	Q235	M10X12
9	PKHQ-08	厚垫圈	1	Q235	
8	PKHQ-07	钳座	1	HT200	
7	PKHQ-06	护口板	1	45	
6	PKHQ-05	活动钳口	1	HT200	
5	PKHQ-04	紧固螺钉	1	Q235	
4	PKHQ-03	方块螺母	1	35	
3	GB/T97.1	垫圈	1	Q235	12
2	GB/T6170	六角螺母	1	Q235	M10
1	PKHQ-02	螺杆	1	45	

平口虎钳装配图		比例	1:1	共　张，第　张	兰州理工大学技术工程学院
制图	(学生姓名)	(学生学号)			
审核	(教师姓名)	(审核日期)			20XX级XX专业X班

PKHQ-01

技术要求：

装配完成后钳口应活动自如。

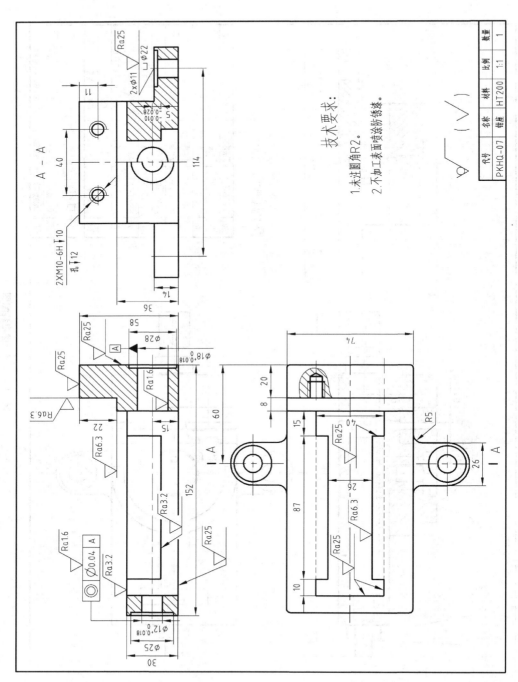

图 12-14　钳座零件图

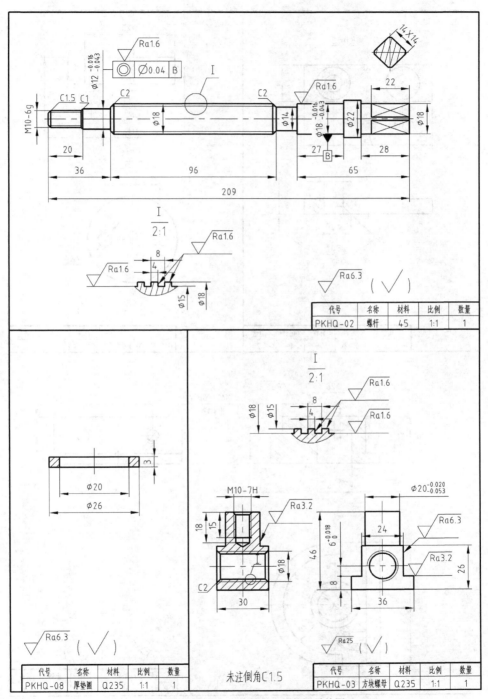

图 12-15 螺杆、方块螺母、厚垫圈零件图

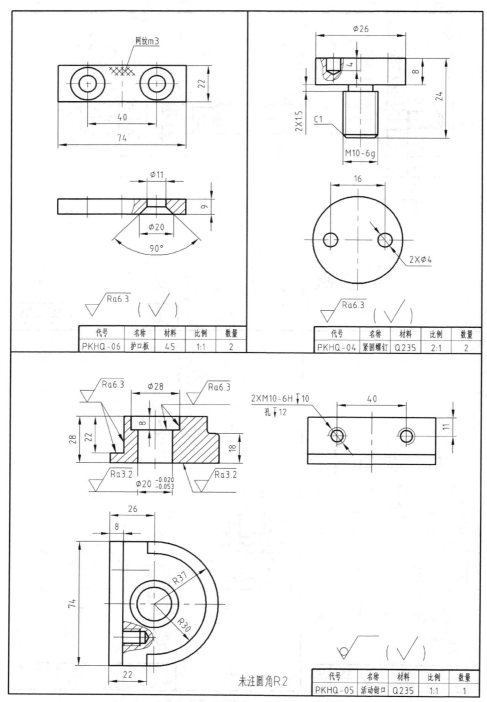

图 12-16　护口板、紧固螺钉、活动钳口零件图

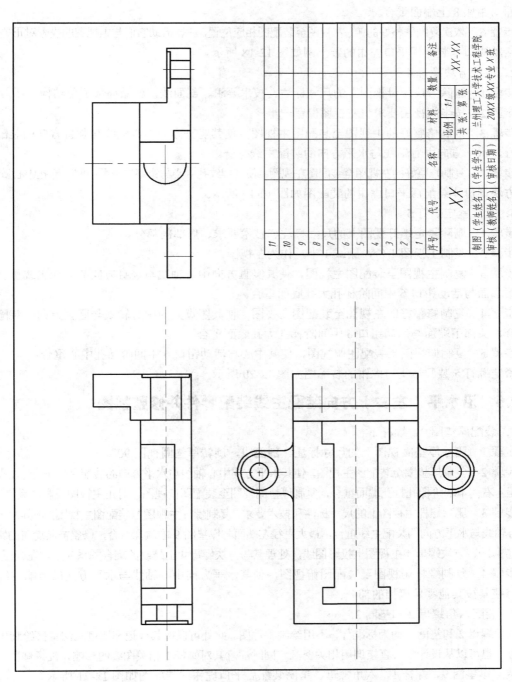

序号	代号	名称	材料	数量	备注
11					
10					
9					
8					
7					
6					
5					
4					
3					
2					
1	XX				XX-XX

制图	(学生姓名)	(学生学号)	比例 1:1	兰州理工大学技术工程学院
审核	(教师姓名)	(审核日期)	共 张，第 张	20XX级XX专业X班

图 12-17 平口虎钳装配图绘制过程—主体零件钳座

步骤 4　按半剖视图要求在原左视图基础上绘制与装配图表达要求一致的投影。

步骤 5　复制修整好的主视图至装配图主视图，使其中心轴线与竖直方向的装配主线重合，下端面与钳座 8 上端面重合。

步骤 6　依次复制修整好的俯、左视图至装配图相应位置，注意借助它们与主视图的投影对正关系。

活动钳口 6 装配后平口虎钳的装配图如图 12-18 所示。

2．装配方块螺母 4

步骤 1　删除方块螺母视图上的尺寸标注、技术要求、剖面线，删减局部倒角结构。

步骤 2　按半剖视图要求将左视图保留一半。

步骤 3　复制修整好的主视图至装配图主视图，使其竖直方向中心轴线与竖直方向的装配主线重合，水平方向中心轴线与水平方向的装配主线重合。

步骤 4　复制修整好的左视图至装配图左视图，使其螺纹孔中心与钳座左视图中间阶梯孔中心重合。

方块螺母 4 装配后平口虎钳的装配图如图 12-19 所示。

3．装配紧定螺钉 5

步骤 1　删除紧定螺钉视图上的尺寸标注、技术要求、局部剖部分。

步骤 2　复制主视图 1 份，删减 1 半，作为左视图。

步骤 3　复制主视图至装配图主视图，使其竖直方向中心轴线与竖直方向的装配主线重合，头部下端面与活动钳口 6 中间阶梯孔大孔底面重合。

步骤 4　复制修整好的左视图至装配图左视图，使其竖直方向中心轴线与竖直方向的装配主线重合，头部下端面与活动钳口 6 中间阶梯孔大孔底面重合；

步骤 5　复制俯视图至装配图俯视图，使其中心与活动钳口 6 中间阶梯孔中心重合；

紧定螺钉 5 装配后平口虎钳的装配图如图 12-20 所示。

12.2.5　沿水平（左右）方向装配主线装配零件并修整视图

1．装配厚垫圈 9、螺杆 1

步骤 1　删除厚垫圈视图上的尺寸标注、剖面线，旋转厚垫圈视图 90°。

步骤 2　复制厚垫圈至装配图主视图，使其水平方向中心轴线与水平方向的装配主线重合，左端面与钳座 4 右侧下端阶梯孔打孔端面重合，复制厚垫圈视图至装配图俯视图，对正主视图投影关系修整。

步骤 3　删除螺杆主视图上的尺寸标注和技术要求，复制螺杆主视图至装配图主视图，使其水平方向中心轴线与水平方向的装配主线重合，最大直径左端面与厚垫圈 9 右端面重合，修整被其遮盖的钳座 4、厚垫圈 9、方块螺母 4 主视图上投影图线，处理其与方块螺母 4 上螺纹的旋合关系（主、左视图）。

步骤 4　复制螺杆俯视图至装配图俯视图，使其水平方向中心轴线与水平方向的装配主线重合，修整其被其他零件遮挡的部分；

2．装配六角螺母 2 和垫圈 3

六角螺母 2 和垫圈 3 均为标准件，不用绘制零件图。此处可以按其标记和比例画法直接绘制出所需投影，也可以从设计中心直接调用相关资源。同时注意其对螺杆 1 相关图线的影响，注意修整。

装配厚垫圈 9、螺杆 1、六角螺母、垫圈装配后平口虎钳的装配图如图 12-21 所示。

12.2.6　装配其他零件并修整视图

其他零件为护口板 7 和螺钉 10。

（1）删除护口板 7 俯视图上的尺寸标注、剖面线和波浪线，逆时针旋转 90°，复制至装配图俯视图，使其左端面和下端面分别与活动钳口 6 右侧 L 型部分完全重合。

（2）依据护口板装配好的俯视图直接绘制其装配图上主视图部分的投影。

（3）螺钉 10 为标准件，此处可以按其标记和比例画法直接绘制出所需投影，也可以从设计中心直接调用相关资源。

此时平口虎钳上的各零件均已装配完成，其装配图如图 12-22 所示。

12.2.7　填充各零件的剖面及断面

各零件的剖面及断面的标注应注意分零件逐一进行，确保同一零件所有视图剖面线一致，不同零件剖面线不一致。

步骤 1　填充钳座 8，主视图全剖，左视图半剖。

步骤 2　填充活动钳口 6，主视图全剖，左视图半剖，俯视图局部剖。

步骤 3　填充方块螺母 4，主视图全剖，左视图半剖。

步骤 4　填充厚垫圈 9 主视图、螺杆 1 左视图断面。

步骤 5　填充护口板 7，主视图全剖两处，俯视图局部剖。

注意轴类零件与标准件轴向按不剖处理，填充完成后装配图如图 12-23 所示。

12.2.8　标注尺寸

平口虎钳装配图的尺寸标注主要有如下几类：

（1）总体尺寸，总长 210、总宽 140、总高 58；

（2）配合尺寸，ϕ12H7/f7、ϕ18H7/f7、ϕ20H7/f8；

（3）定位尺寸，15；

（4）安装、连接尺寸，144、2×ϕ11、ϕ22；

（5）其他重要尺寸，如 0-77。

尺寸标注后装配图如图 12-24 所示。

12.2.9　注写零件序号、技术要求并填写明细表和标题栏

平口虎钳装配图零件序号标注、技术要求注写，明细表和标题栏填写完成后，如图 12-13 所示。

12.3　思考练习

如图 12-25 所示为虎钳装配示意图，按图 12-26、图 12-27、图 12-28 所示零件图进行分析，在 AutoCAD 中拼画出虎钳装配图。

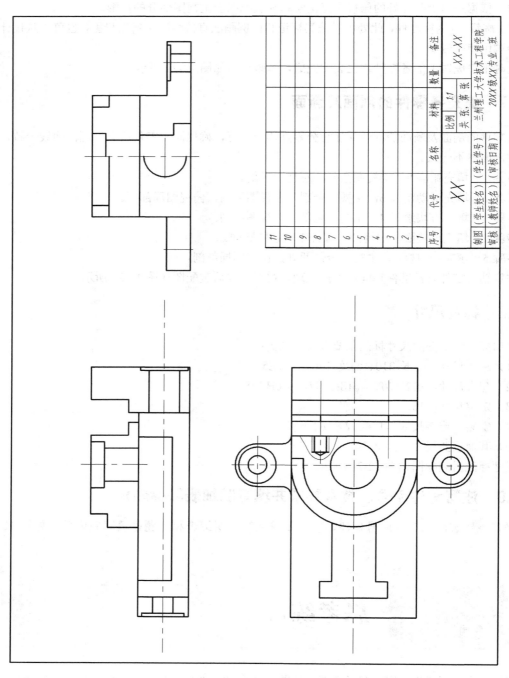

图 12-18　平口虎钳装配图绘制过程—装配活动钳口

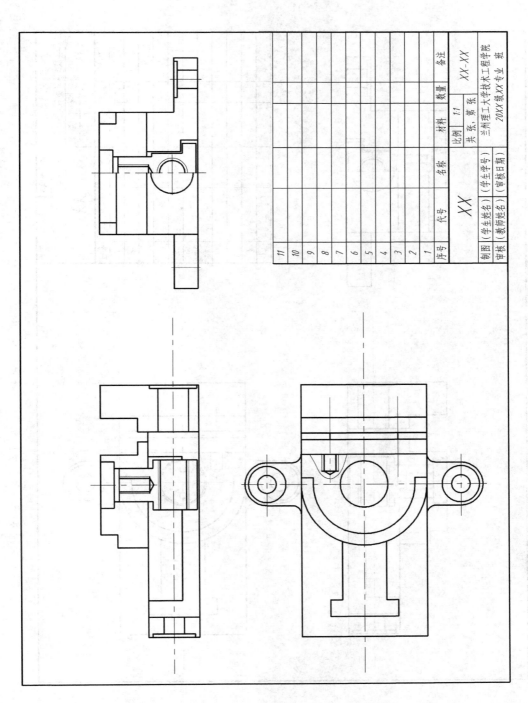

图 12-19 平口虎钳装配图绘制过程—装配方块螺母

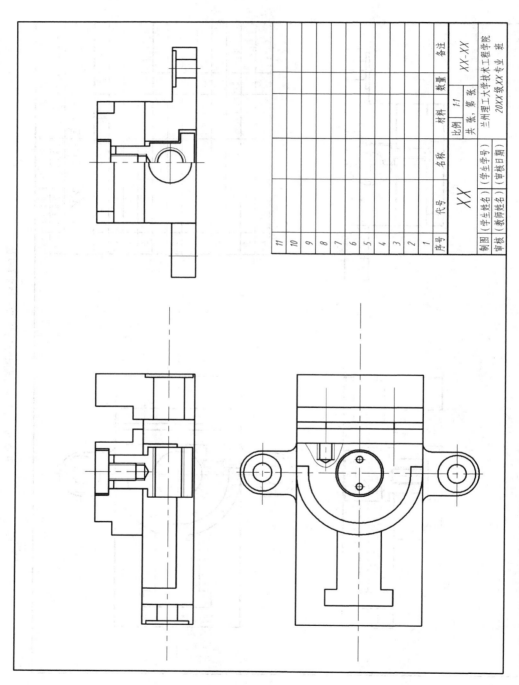

图 12-20　平口虎钳装配图绘制过程—装配紧定螺钉

序号	代号	名称	材料	数量	备注
11					
10					
9					
8					
7					
6					
5					
4					
3					
2					
1					

制图	(学生姓名)	(学生学号)	比例	1:1	兰州理工大学技术工程学院
审核	(教师姓名)	(审核日期)	共　张，第　张		20XX 级 XX 专业　班

XX　XX-XX

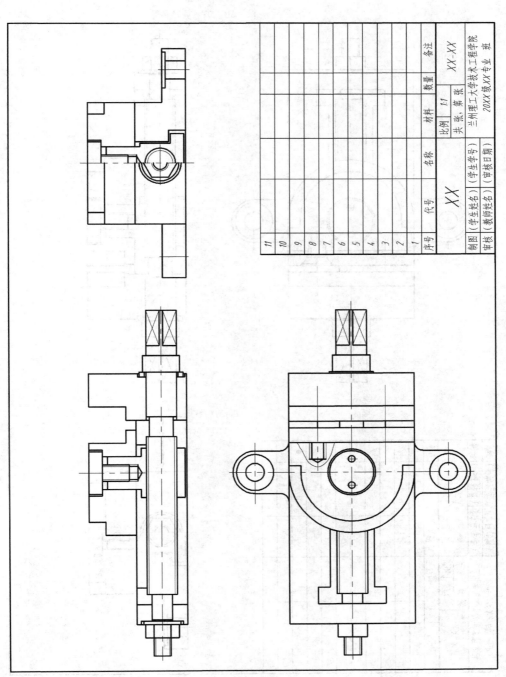

图 12-21 平口虎钳装配图图绘制过程—装配厚垫圈、螺杆、六角螺母、垫圈

序号	代号	名称	材料	数量	备注
11					
10					
9					
8					
7					
6					
5					
4					
3					
2					
1					

		比例	1:1		
	XX				XX-XX
		共 张，第 张			
制图	（学生姓名）	（学生学号）		兰州理工大学技术工程学院	
审核	（教师姓名）	（审核日期）		20XX级XX专业 班	

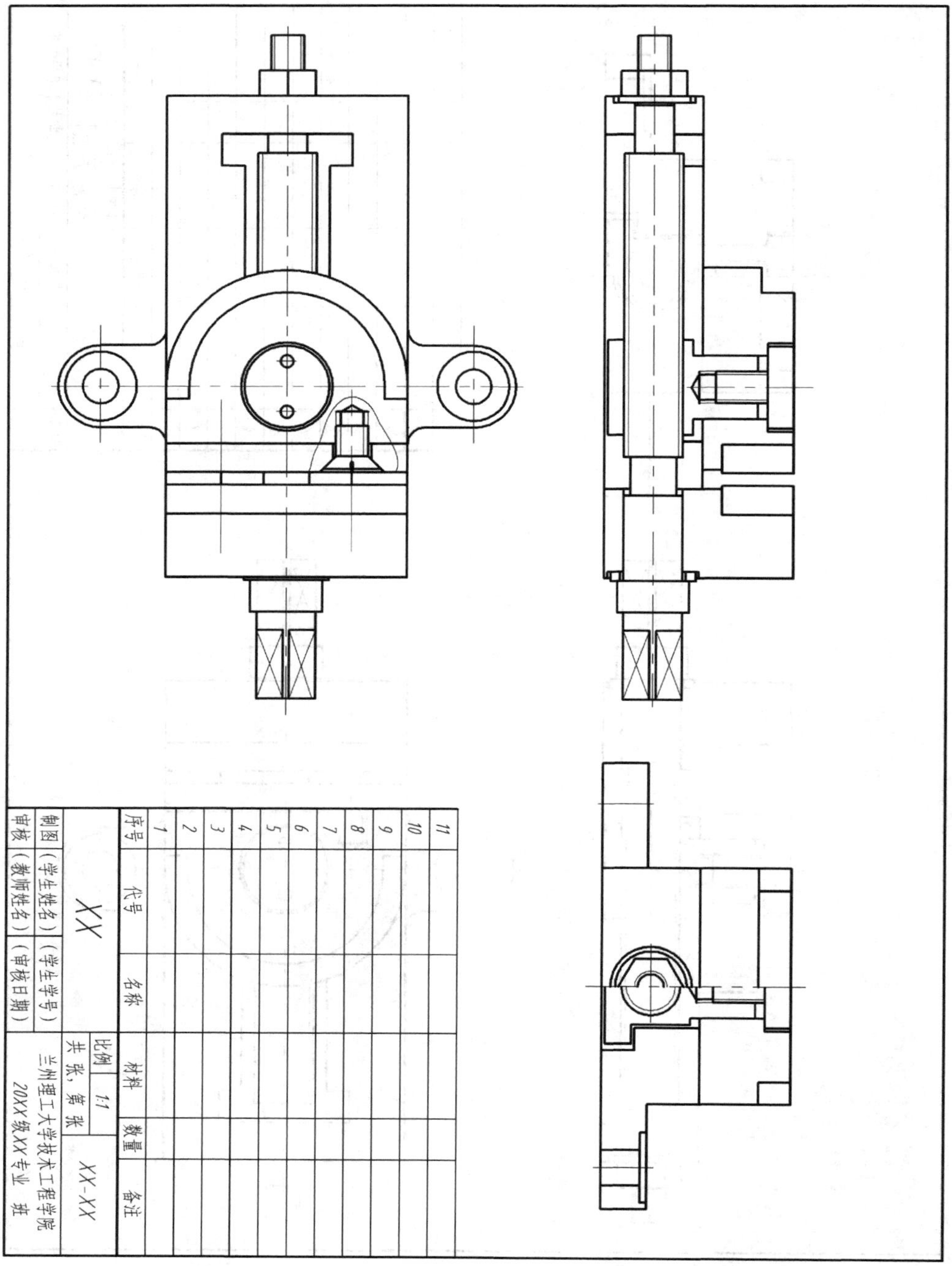

图 12-22　平口虎钳装配图绘制过程—装配护口板、螺钉

序号	代号	名称	材料	数量	备注
11					
10					
9					
8					
7					
6					
5					
4					
3					
2					
1					

| 制图 | （学生姓名） | （学生学号） | 比例 | 1:1 | XX-XX |
| 审核 | （教师姓名） | （审核日期） | 共　张　第　张 | | |

XX

兰州理工大学技术工程学院
20XX级XX专业　班

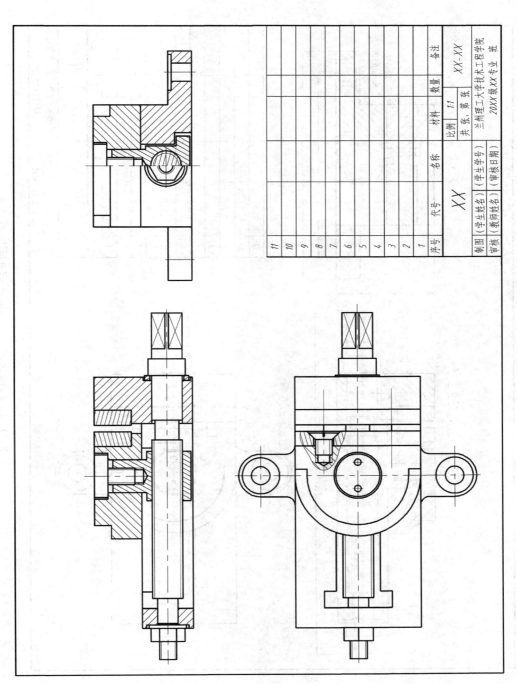

序号	代号	名称	材料	数量	备注
11					
10					
9					
8					
7					
6					
5					
4					
3					
2					
1					

	XX		比例	1:1	XX-XX
			共 张，第 张		
制图	(学生姓名)	(学生学号)		兰州理工大学技术工程学院	
审核	(教师姓名)	(审核日期)		20XX级XX专业XX班	

图 12-23 平口虎钳装配图绘制过程—剖面及断面填充

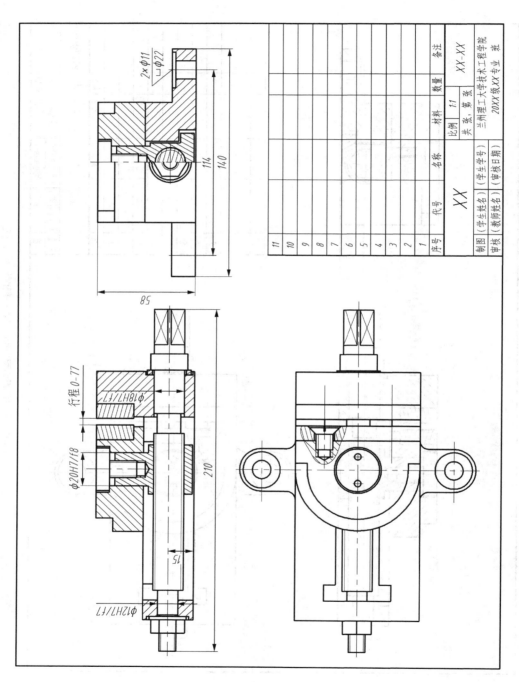

序号	代号	名称	数量	材料	备注
11					
10					
9					
8					
7					
6					
5					
4					
3					
2					
1					

	XX		比例	1:1	XX-XX
制图	(学生姓名)	(学生学号)	共　张，第　张		兰州理工大学技术工程学院
审核	(教师姓名)	(审核日期)			20XX 级XX专业XX班

图 12-24　平口虎钳装配图绘制过程—尺寸标注

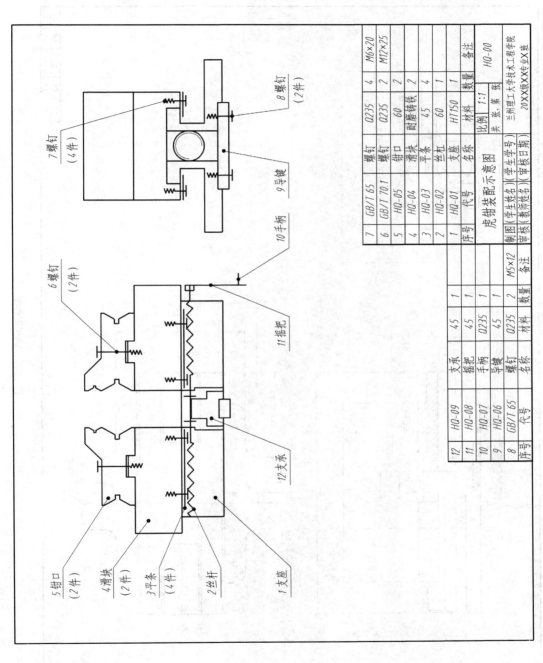

图 12-25 虎钳装配图示意

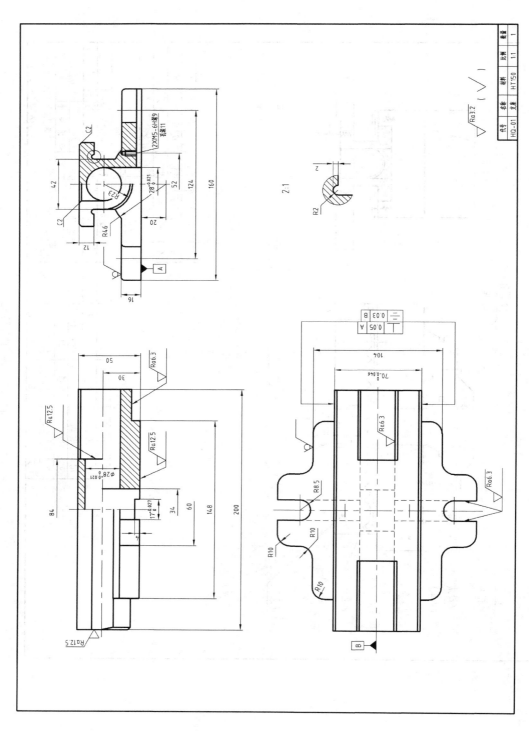

图 12-26　虎钳零件图-1

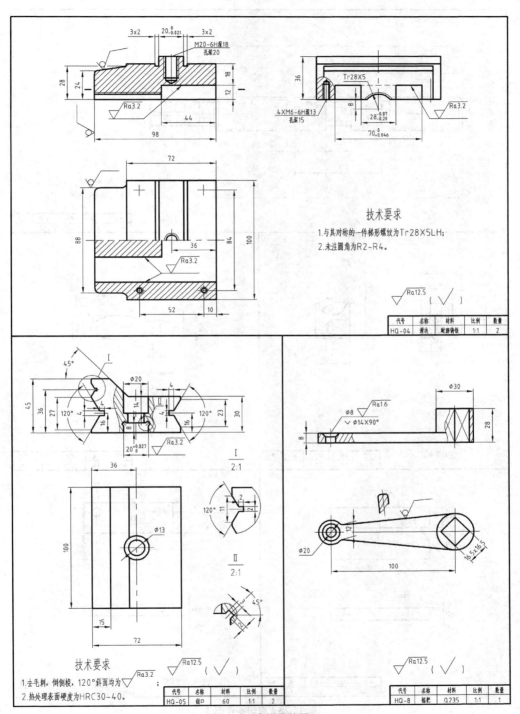

图 12-27 虎钳零件图-2

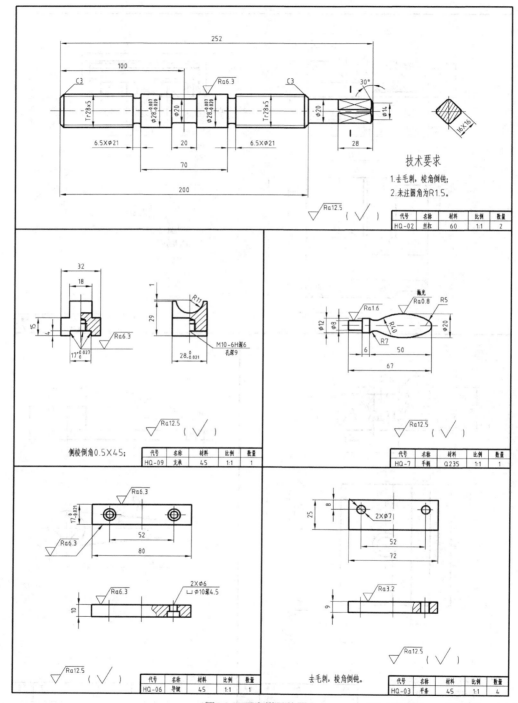

图 12-28　虎钳零件图-3

第 13 章 绘制轴测图

多面正投影视图中，无论是零件图还是装配图，其中的每个视图都不能同时反映物体长、宽、高 3 个方向的尺度和形状，缺乏立体感。具备一定看图能力的技术人员才能想象出物体的形状。因此，在工程设计中，经常使用轴测图作为帮助看图的辅助图样。

轴测投影图（简称轴测图）是二维图形，用于表达三维对象沿特定视点产生的三维平行投影视图。

13.1 轴测图的基础知识

13.1.1 轴测图的形成

将物体连同其参考直角坐标系，沿不平行任一坐标面的方向，用平行投影法投射在单一投影面上所得到的图形称为轴测投影或轴测图。

轴测投影中的单一投影面称为轴测投影面，用 P 表示。空间直角坐标 OX、OY、OZ 在 P 面上的投影称为轴测轴，分别用 O_1X_1、O_1Y_1、O_1Z_1 表示，如图 13-1 所示。

用正投影法形成的轴测图形称为正轴测图，如图 13-1（a）所示，投射方向 S 垂直于轴测投影面 P；用斜投影法形成的轴测图称为斜轴测图，如图 13-1（b）所示，投射方向 S 倾斜于轴测投影面 P。

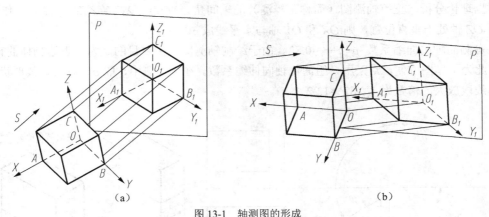

图 13-1　轴测图的形成

13.1.2 轴间角与轴向伸缩系数

图 13-1 中，轴测轴之间的夹角 $\angle X_1O_1Y_1$、$\angle X_1O_1Z_1$、$\angle Y_1O_1Z_1$ 称为轴间角。

坐标轴轴向线段的投影长度与实际长度的比值称为轴向伸缩系数。OX、OY、OZ 轴的轴向伸缩系数分别用 p、q、r 表示，其定义如下：

$$p = \frac{O_1A_1}{OA} : q = \frac{O_1B_1}{OB} : r = \frac{O_1C_1}{OC} 。$$

13.1.3　轴测图的分类

如前所述，按照投射方向不同，分为正轴测图和斜轴测图两类。每类再根据轴向伸缩系数的不同，又可分为三种。

为了作图方便，实际中常使用正等轴测图和斜二轴测图。本章将以正等轴测图为主，讲述 AutoCAD 绘制轴测图的方法。

$$
\text{轴测图}
\begin{cases}
\text{正轴测图}
\begin{cases}
\text{正等轴测图}\,(p = q = r)\\
\text{正二轴测图}\,(p = r \neq q)\\
\text{正三轴测图}\,(p \neq r \neq q)
\end{cases}\\
\text{斜轴测图}
\begin{cases}
\text{斜等轴测图}\,(p = q = r)\\
\text{斜二轴测图}\,(p = r \neq q)\\
\text{斜三轴测图}\,(p \neq r \neq q)
\end{cases}
\end{cases}
$$

13.2　绘制正等轴测图

13.2.1　正等轴测图的基本参数

根据理论分析，正等轴测图（简称正等测）的轴间角 $\angle XOY = \angle XOZ = \angle ZOY = 120°$，作图时，一般使 OZ 轴处于垂直位置，则 OX 和 OY 轴与水平线成 $30°$。

正等测的轴向伸缩系数 $p=q=r \approx 0.82$。由于绘制轴测图的主要目的是为了表达物体的直观形状，因此为了作图方便，常采用一组简化轴向伸缩系数。在正等测中，取 $p=q=r=1$，其形状不变，图上的线段放大的倍数为 $1/0.82 \approx 1.22$。

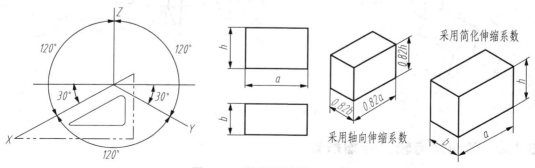

图 13-2　正等轴测图的基本知识

13.2.2 正等轴测面

在轴测投影视图中，正方体仅有 3 个面是可见的，如图 13-3 所示，因此，在绘图过程中，将以这 3 个面作为图形的轴测投影面，分别被称为左视等轴测面（平行 *YOZ* 平面）、右视等轴测面（平行 *XOZ* 平面）和俯视等轴测面（平行 *XOY* 平面）。使用 ISOPLANE 命令、按 F5 键或按 Ctrl+E 快捷键，可以在轴测面之间进行切换。当切换到轴测面时，AutoCAD 会自动改变光标的十字，如图 13-4 所示。

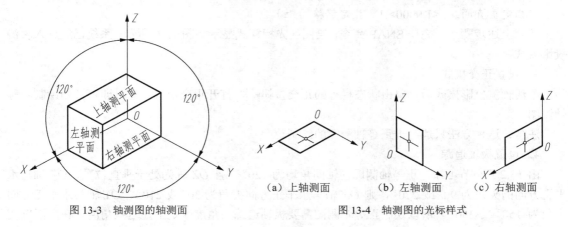

图 13-3　轴测图的轴测面

（a）上轴测面　　（b）左轴测面　　（c）右轴测面

图 13-4　轴测图的光标样式

13.2.3 设置正等轴测投影模式

使用 AutoCAD 的轴测投影模式是绘制轴测投影视图的最容易的方法。当轴测投影模式被激活时，捕捉和网格被调整到轴测投影视图的 X、Y、Z 轴方向。用户可以用多个命令激活轴测投影模式。

1. 使用"草图设置"对话框设置等轴测投影模式

要激活轴测投影模式，可选择"工具"|"绘制设置（F）"菜单，打开"草图设置"对话框。打开"捕捉和栅格"选择卡，在"捕捉类型"设置区中选择"栅格捕捉"与"等轴测捕捉"单选按钮，如图 13-5 所示。

单击"确定"按钮后，绘图区光标样式显示如图 13-6 所示，系统已成功激活轴测投影模式。

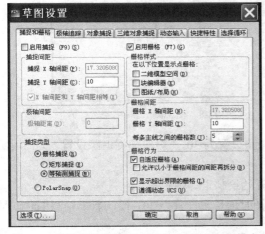

图 13-5　使用"草图设置"对话框设置轴测投影模式

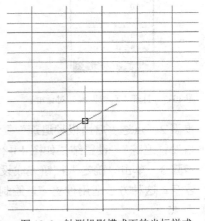

图 13-6　轴测投影模式下的光标样式

2．使用 SNAP 命令激活等轴测投影模式

使用 SNAP（规定光标按指定的间距移动）命令中的"样式（S）"选项，可以在轴测投影模式和标准模式之间进行切换。当执行 SNAP 命令后，系统将出现如下提示信息：

　　命令：SNAP↙（输入"捕捉"命令）

　　指定捕捉间距或 [开(ON)/关(OFF)/样式(S)/类型(T)] <1.0000>: S (选择"样式")

　　输入捕捉栅格类型 [标准(S)/等轴测(I)] <I>:I（选择"等轴测"绘图模式）

　　指定垂直间距 <1.0000>:1（指定栅格间距）

按照上述步骤运行完毕 SNAP 命令，绘图区光标样式显示如图 13-6 所示，系统已经进入轴测投影模式。

3．设置正交模式

激活轴测投影模式后，单击状态栏上的正交按钮![icon]，打开正交模式，此时即可开始绘制正等轴测图。

注意：这种方法只适用于正等轴测图的绘制。

4．设置极轴追踪

由 13.2.1 小节可知，正等轴测图的轴间角均为 120°，且 *OZ* 轴为处于垂直位置，*OZ* 轴与水平正方向的夹角为 90°或 270°，则 *OX* 轴与水平正方向夹角为 30°或 210°，*OY* 轴与水平正方向夹角为 150°或 330°。所以绘制正等轴测图需要极轴追踪的角度就是上述这些角度。在激活轴测投影模式之后，也可按以下步骤进行设置。

步骤 1　右击绘图区下方的![icon]，单击"设置"按钮，如图 13-7 所示，打开"草图设置"|"极轴追踪"设置，如图 13-8 所示。

图 13-7　打开"草图设置"对话框

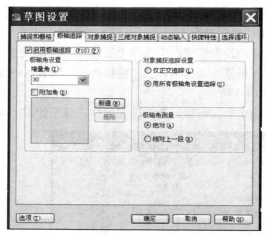

图 13-8　设置极轴追踪

步骤 2　点选"启用极轴追踪"复选框，增量角设置为 30，"对象捕捉追踪设置"为"用所有极轴角设置追踪"，设置结果如图 13-8 所示。

步骤 3　单击"确定"按钮完成设置，即可开始绘制正等轴测图。

注意：这种方法适用性更广，绘制正等轴测图时增量角设置为 30，绘制斜二轴测图时增量角设置为 45。

13.2.4 平面立体的正等测画法

1. 平面基本立体

轴测图是按照"轴测"原理绘制的。其基本方法有坐标法和切割法。坐标法即根据平面立体表面上各顶点的坐标值，画出立体上各顶点的轴测图，连接各顶点，完成立体的轴侧图。

【例 13-1】 作出如图 13-9 所示的四棱柱的正等测。

步骤 1 打开 AutoCAD，新建文件。

步骤 2 按照 13.3.3 小节中的 1 或 2，激活等轴测投影模式。

步骤 3 按照 13.3.3 小节中的 3 或 4，设置正等轴测角度控制方法。

步骤 4 单击☑按钮运行直线命令，在绘图区任意位置确定第一点，然后向右上方移动鼠标，追踪 30° 直线，如图 13-10 所示，保持追踪状态（绿色虚线存在），键盘输入 150 回车，结果如图 13-11 所示。

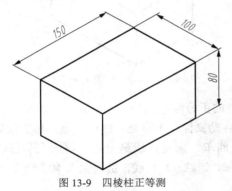

图 13-9 四棱柱正等测　　　　　　　　　图 13-10 绘制四棱柱正等测一

步骤 5 同上步，向右下方移动鼠标，追踪 330° 直线，如图 13-11 所示，键盘输入 100 回车，结果如图 13-12 所示。

图 13-11 绘制四棱柱正等测二　　　　　　图 13-12 绘制四棱柱正等测三

步骤 6 同理，追踪 210° 和 150° 直线，完成如图 13-13 所示的绘制。

步骤 7 单击☑按钮运行直线命令，捕捉交点为直线第一点，向下移动鼠标，追踪 270° 直线，键盘输入 80 回车，如图 13-14 所示；再追踪 330° 直线，键盘输入 100 回车，最后追踪 90° 直线，键盘输入 80 回车，并结束直线命令，结果如图 13-15 所示。

步骤 8 参考步骤 7，完成图形绘制，如图 13-16 所示。

2. 平面组合体

切割法适用于以切割方式构成的平面立体，它以坐标法为基础，先用坐标法画出未切割的平面立体的轴测图，然后用截切的方法逐一画出各个切割部分。

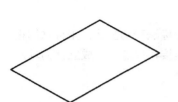

图 13-13　绘制四棱柱正等测四

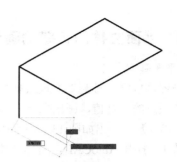

图 13-14　绘制四棱柱正等测五

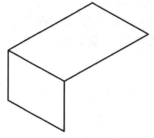

图 13-15　绘制四棱柱正等测六

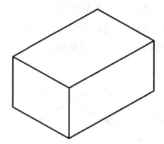

图 13-16　绘制四棱柱正等测七

【例 13-2】　作出如图 13-17 所示的被切割四棱柱的正等测。

步骤 1　接例 13-1，单击 ✏ 按钮运行直线命令，移动鼠标至 1 点处，捕捉 1 点，然后鼠标上移，追踪 90° 直线，如图 13-18 所示，键盘输入 40 回车，确定直线第一点，再向左后移动鼠标，追踪 150° 直线，键盘输入 50 回车，最后上移鼠标，追踪 90° 直线，键盘输入 40 回车，结果见图 13-19。

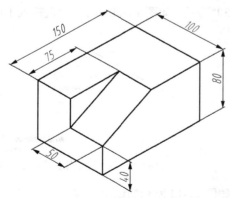

图 13-17　切割四棱柱正等测

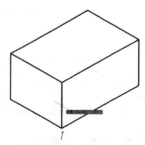

图 13-18　绘制切割四棱柱正等测一

步骤 2　单击 ✏ 按钮运行直线命令，移动鼠标至 2 点处，捕捉 2 点，然后鼠标左前方移动，追踪 210° 直线，如图 13-20 所示，键盘输入 75 回车，确定直线第一点，再向左后移动鼠标，追踪 150° 直线，键盘输入 50 回车，最后鼠标左前方移动，追踪 210° 直线，键盘输入 75 回车，结果见图 13-21。

步骤 3　单击 ✏ 按钮运行直线命令，分别连接 3 点和 5 点、4 点和 6 点，如图 13-22 所示。

步骤 4　单击 ✂ 按钮运行修剪命令，对多余线条进行修剪，最终结果如图 13-23 所示。

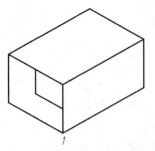
图 13-19 绘制切割四棱柱正等测二

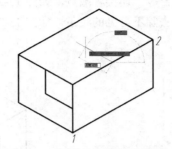
图 13-20 绘制切割四棱柱正等测三

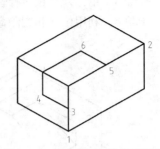
图 13-21 绘制切割四棱柱正等测四

说明：本题也可以用轴测图投影的平行性，通过直线的复制、偏移实现（可参考例 13-3）。

叠加法适用于以叠加方式构成的平面立体。它以坐标法为基础，像"摆积木"一样，叠加组合体，作图方法与切割法类似。

【**例 13-3**】 作出如图 13-24 所示的平面组合体的正等测。

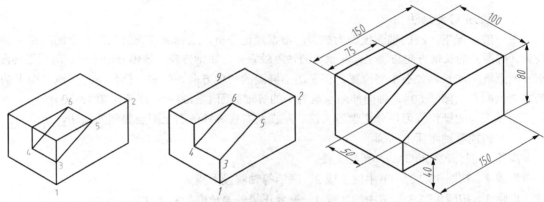
图 13-22 绘制切割四棱柱正等测五　　图 13-23 绘制切割四棱柱正等测六　　　图 13-24 平面组合体

步骤 1 接例 13-2，单击 按钮，运行复制命令，选择直线 27，指定 2 点为基准点，向左前方移动鼠标，追踪 210° 直线，如图 13-25 所示，键盘输入 40 回车，结果如图 13-26 所示。

步骤 2 同上步操作，单击 按钮，运行复制命令，选择直线 27、79、98 和直线 82，选择 2 点为基准点，向上移动鼠标，追踪 90° 直线，键盘输入 30 回车，修剪多余线条，最后结果见图 13-27。

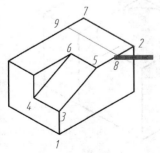
图 13-25 绘制平面组合体一

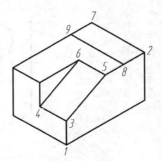
图 13-26 绘制平面组合体二

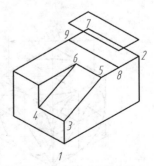
图 13-27 绘制平面组合体三

步骤 3 单击█按钮运行直线命令，连接各端点，如图 13-28 所示。

步骤 4 利用修剪和删除命令去除不可见的线条，如图 13-29 所示。

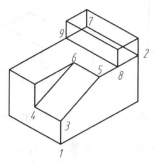

图 13-28 绘制平面组合体四

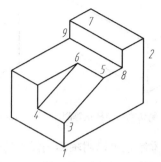

图 13-29 绘制平面组合体五

13.2.5 曲面立体的正等测画法

1．圆的正等测画法

在一般情况下，圆的轴测投影为椭圆。根据理论分析，坐标面（正等测面）上圆的正等轴测投影（椭圆）的长轴方向与该坐标面垂直的轴测轴垂直，短轴方向与该轴测轴平行。对于正等测，水平面上椭圆的长轴处在水平位置，正平面上椭圆的长轴方向为向右上倾斜 60°，侧平面上的长轴方向为向左上倾斜 60°，轴向伸缩系数为 1 的等轴测面上圆的正等测图如图 13-30 所示。

通过下面的操作练习，分别学习俯视、左视及右视等轴测面上圆正等测的画法。

（1）俯视等轴测面上的圆

步骤 1 打开 AutoCAD，新建文件。

步骤 2 按照 13.3.3 小节中的 1 或 2，激活等轴测投影模式。

步骤 3 按照 13.3.3 小节中的 3 或 4，设置正等轴测角度控制方法。

步骤 4 循环按 F5 键或 Ctrl+E 快捷键，切换至"等轴测面 俯视"（从命令行观察）。

步骤 5 单击█运行椭圆命令，输入 I 选择"等轴测圆"，在绘图区单击鼠标左键确定圆心，键盘输入圆半径 100 回车，系统提示信息如下，结果如图 13-31 所示。

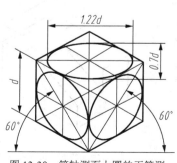

图 13-30 等轴测面上圆的正等测

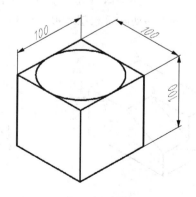

图 13-31 圆的正等测一

ELLIPSE

命令：

指定椭圆轴的端点或 [圆弧(A)/中心点(C)/等轴测圆(I)]: I（选择等轴测圆）

　指定等轴测圆的圆心:（鼠标右键单击确定圆心）

　指定等轴测圆的半径或 [半径(D)]:100（输入半径）

※左视等轴测面上的圆

步骤 6　循环按 F5 键或 Ctrl+E 快捷键，切换至"等轴测面 左视"（从命令行观察）。

步骤 7　单击⊘运行椭圆命令，输入 I 选择"等轴测圆"，在绘图区单击鼠标左键确定圆心，键盘输入圆半径 100 回车，结果如图 13-32 所示。

※右视等轴测面上的圆

步骤 8　循环按 F5 键或 Ctrl+E 快捷键，切换至"等轴测面 右视"（从命令行观察）。

步骤 9　单击⊘运行椭圆命令，输入 I 选择"等轴测圆"，在绘图区单击鼠标左键确定圆心，键盘输入圆半径 100，回车结果如图 13-33 所示。

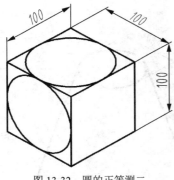 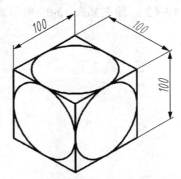

图 13-32　圆的正等测二　　　　　　　　　　　　图 13-33　圆的正等测三

2．圆角正等测画法

圆角是机械中常见的结构。AutoCAD 中，圆弧在轴测图中以椭圆弧的形式出现，绘制圆弧时，可首先绘制一个整圆，然后利用修剪命令 TRIM 或打断命令 BREAK，去掉不需要的部分。

步骤 1　单击╱按钮运行直线命令，如图 13-34 所示，捕捉 1 点，向左上方移动鼠标，追踪 150°直线，键盘输入 20 回车，确定直线第一点 2 点，继续向右上方移动鼠标，追踪 30°直线，键盘输入 20，确定 3 点。

步骤 2　同上步，结果如图 13-35 所示。

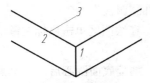 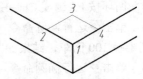

图 13-34　绘制圆角一　　　　　　　　　　　　图 13-35　绘制圆角二

步骤 3　循环按 F5 键或 Ctrl+E 快捷键，切换至"等轴测面 俯视"。

步骤 4　单击⊘运行椭圆命令，输入 I 选择"等轴测圆"，捕捉 3 点为圆心，键盘输入圆半径

20✓，结果如图 13-36 所示。

步骤 5 单击 运行复制命令，选择椭圆，基点为 1 点，第二点为 5 点，结果如图 13-37 所示。

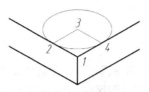

图 13-36 绘制圆角二

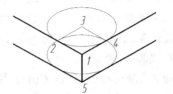

图 13-37 绘制圆角三

步骤 6 利用修剪和删除命令，修整图形如图 13-38 所示。

3．曲面立体的正等测画法

在学习了正等轴测图中直线、圆和圆角的绘制之后，曲面立体的绘制问题已全部解决。现举一例来说明。

【例 13-4】 绘制如图 13-39 所示圆台的正等测。

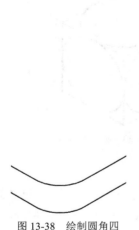

图 13-38 绘制圆角四

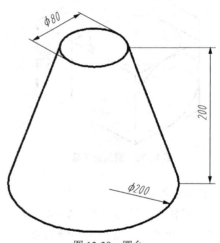

图 13-39 圆台

步骤 1 打开 AutoCAD，新建文件。

步骤 2 按照 13.3.3 小节中的 1 或 2，激活等轴测投影模式。

步骤 3 按照 13.3.3 小节中的 3 或 4，设置正等轴测角度控制方法。

步骤 4 循环按 F5 键或 Ctrl+E 快捷键，切换至"等轴测面 俯视"。

步骤 5 单击 运行椭圆命令，输入 I 选择"等轴测圆"，在绘图区单击鼠标左键确定圆心，键盘输入圆半径 100 回车，结果如图 13-40 所示。

步骤 6 单击 运行椭圆命令，输入 I 选择"等轴测圆"，捕捉底面圆心后，上移鼠标，追踪 270°直线，键盘输入 200 确定顶面圆心，键盘输入圆半径 40 回车，结果如图 13-41 所示。

步骤 7 单击 按钮运行直线命令，作两个椭圆的公切线，如图 13-42 所示。

步骤 8 单击 按钮运行修剪命令，修整图形，如图 13-43 所示。

图 13-40　绘制圆台一

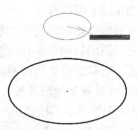

图 13-41　绘制圆台二

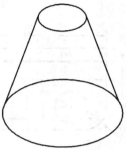

图 13-42　绘制圆台三

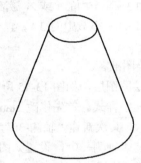

图 13-43　绘制圆台四

13.2.6　正等轴测图的尺寸标注

在正等轴测图中，为了使尺寸标注与轴测面相协调，需要将尺寸线、尺寸界线倾斜一定角度，使其与相对应的轴测轴平行。同样，尺寸文字也需要与轴测面相匹配，其特点如下。

（1）在右视等轴测面中，若标注的尺寸与 X 轴平行，则尺寸文字的倾斜角度为 30°。

（2）在左视等轴测面中，若标注的尺寸与 Z 轴平行，则尺寸文字的倾斜角度为 30°。

（3）在俯视等轴测面中，若标注的尺寸与 Y 轴平行，则尺寸文字的倾斜角度为 30°。

（4）在右视等轴测面中，若标注的尺寸与 Z 轴平行，则尺寸文字的倾斜角度为-30°。

（5）在左视等轴测面中，若标注的尺寸与 Y 轴平行，则尺寸文字的倾斜角度为-30°。

（6）在俯视等轴测面中，若标注的尺寸与 X 轴平行，则尺寸文字的倾斜角度为-30°。

标注正等轴测图的一般步骤标如下。

步骤 1　创建两种文字类型，其倾斜角分别为 30°和-30°。

步骤 2　如果沿 X 或 Y 轴测投影轴画尺寸线，则可用"对齐标注"命令画出最初的尺寸标注。如果用户沿 Z 投影轴画尺寸线，这时既可以用"对齐标注"，又可以用"线性标注"命令进行最初的标注。

步骤 3　最初标注完成后，可使用"编辑标注"命令（DIMEDIT）的"倾斜(O)"选项改变尺寸标注的倾斜角度。

步骤 4　如果尺寸数字没有垂直或平行于尺寸线，则双击尺寸数字，打开多行文字编辑，选择文字样式为 30°或-30°。

13.2.7　正等轴测图综合实例

【例 13-5】　根据图 13-43 给出的组合体主、俯视图，绘制其正等轴测图并完成尺寸标注。

分析：从图 13-44 可以看出，该组合体是以叠加为主的组合体，由底板、拱形结构和肋板三大部分组成，所以该组合体正等测的绘制以叠加法为主，而底板和拱形结构上有通孔，这些结构采用切割法实现。

1. 正等测模式设置及绘图准备

步骤 1 设置正等测绘图模式。

（1）打开 AutoCAD，新建文件。

（2）按照 13.3.3 小节中的 1 或 2，激活等轴测投影模式。

（3）按照 13.3.3 小节中的 3 或 4，设置正等轴测角度控制方法。

步骤 2 绘图准备。

（1）准备绘图图层，如图 13-45 所示。

（2）准备文字样式。首先修改 standard 样式，设置如图 13-46 所示。其次新建"轴测-30"，设置如图 13-47 所示。最后新建"轴测+30"，设置如图 13-48 所示。

（3）准备标注样式。修改 ISO-25 标注样式，箭头大小设置为 10，文字高度设置为 10，小数分隔符"."句点。

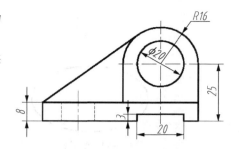
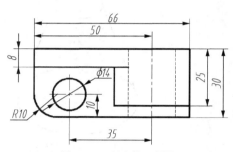

图 13-44 组合体工程图

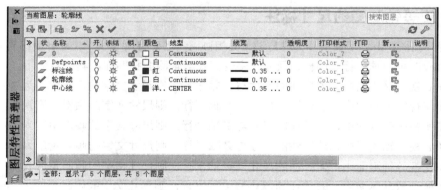

图 13-45 创建图层

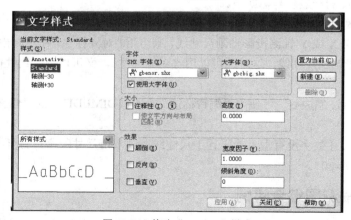

图 13-46 修改"standard"样式

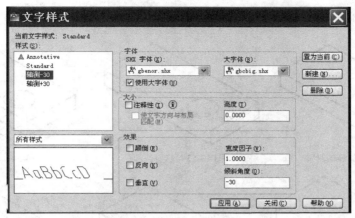

图 13-47 创建"轴测-30"样式

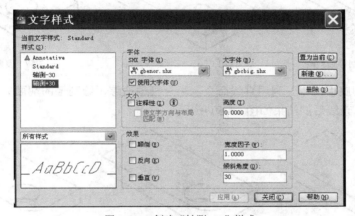

图 13-48 创建"轴测+30"样式

2．绘制底板

步骤 1 绘制底板主体。利用直线命令，配合极轴追踪和捕捉，完成如图 13-49 所示的底板主体绘制。

步骤 2 绘制底板圆孔。利用直线命令，配合极轴追踪，完成圆孔中心的定位如图 13-50 所示。循环按 F5 键或 Ctrl+E 快捷键，切换至"等轴测面 俯视"，单击 ⬭ 运行椭圆命令，绘制等轴测圆，如图 13-51 所示。垂直向下复制等轴测圆，如图 13-52 所示。最后修剪整理，如图 13-53 所示。

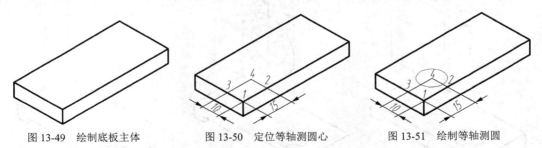

图 13-49 绘制底板主体　　　图 13-50 定位等轴测圆心　　　图 13-51 绘制等轴测圆

步骤 3 绘制底板圆角。利用直线命令，配合极轴追踪，完成圆角中心的定位如图 13-54 所示。单击 ⬭ 按钮运行椭圆命令，绘制等轴测圆，如图 13-55 所示。修剪删除后，如图 13-56 所示。

垂直向下复制等轴测圆弧，如图 13-57 所示。最后修剪整理，如图 13-58 所示。

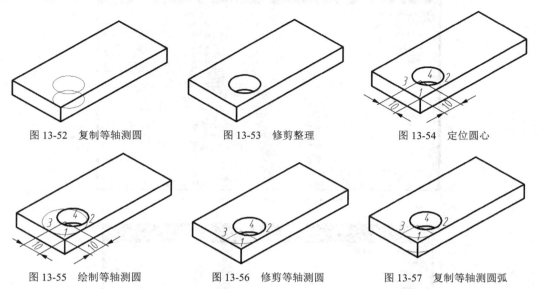

图 13-52　复制等轴测圆　　　　　图 13-53　修剪整理　　　　　图 13-54　定位圆心

图 13-55　绘制等轴测圆　　　　　图 13-56　修剪等轴测圆　　　　图 13-57　复制等轴测圆弧

步骤 4　绘制底板通槽。利用直线命令，配合极轴追踪，绘制槽的端面完成结果如图 13-59 所示。修剪和补充直线后的结果如图 13-60 所示。

图 13-58　修整圆角　　　　　图 13-59　绘制槽的端面　　　　　图 13-60　通槽绘制完成

3．绘制拱形结构

步骤 1　绘制拱形结构端面。利用直线命令，配合极轴追踪，绘制定位线完成结果如图 13-61 所示。确定中心线与边界线，运行椭圆命令，在右视等轴测面上，绘制两个直径分别为 $\phi20$、$\phi32$ 的等轴测圆如图 13-62 所示，进行修剪后结果如图 13-63 所示。

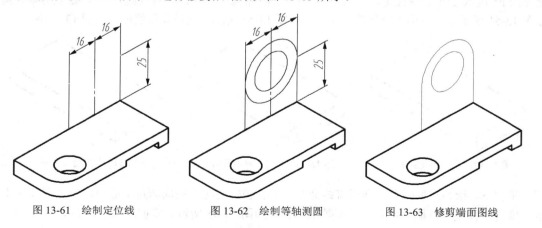

图 13-61　绘制定位线　　　　　图 13-62　绘制等轴测圆　　　　　图 13-63　修剪端面图线

步骤 2　偏移另一端面。利用复制命令将图 13-63 所示的端面复制到距当前位置前 25 处，结果如图 13-64 所示。

步骤 3　修整拱形结构。利用直线命令完成如图 13-65 所示的轮廓线补充，其中要注意圆柱部分的轮廓线必须与两个 ϕ32 等轴测圆相切。之后，利用修剪和删除命令对拱形结构进行处理（消隐），结果如图 13-66 所示。

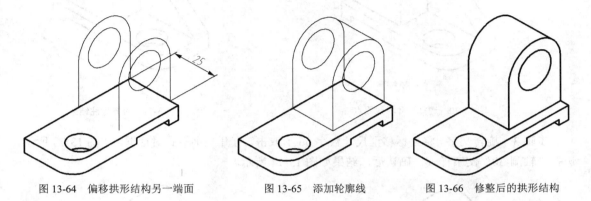

图 13-64　偏移拱形结构另一端面　　　图 13-65　添加轮廓线　　　图 13-66　修整后的拱形结构

4．绘制肋板

步骤 1　绘制肋板端面。利用直线命令完成如图 13-67 所示的轮廓线补充，注意轮廓线必须与 ϕ32 右视等轴测圆相切。

步骤 2　偏移肋板另一端面。利用复制命令完成如图 13-68 所示图形，两端面距离为 8。

步骤 3　修整肋板结构。利用直线命令完成轮廓线补充，之后，用修剪和删除命令对肋板结构进行处理（消隐），结果如图 13-69 所示。

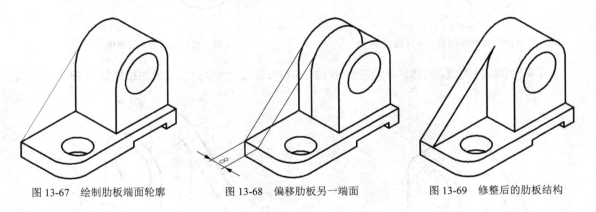

图 13-67　绘制肋板端面轮廓　　　图 13-68　偏移肋板另一端面　　　图 13-69　修整后的肋板结构

5．标注尺寸

以底板长度 66 为例，演示正等轴测图中的尺寸标注步骤。

步骤 1　初始标注。单击 按钮，运行对齐标注命令，指定两个尺寸界线原点，此处注意，这两个点必须在一条平行于 X 轴的直线上，如图 13-70 所示。标注结果如图 13-71 所示。

步骤 2　编辑标注。单击 按钮，运行编辑标注（DIMEDIT）命令，选择倾斜（O）选项，选择步骤 1 中的 66 尺寸为编辑对象，单击右键确认，输入倾斜角度-30，结果如图 13-72 所示。

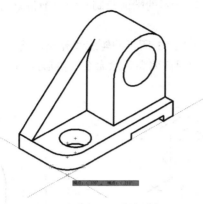

图 13-70 选择尺寸界线原点

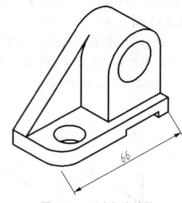

图 13-71 对齐标注结果

步骤 3 旋转文字。将鼠标移至尺寸数字 66 上双击，打开文字格式对话框，如图 13-73 所示，选择"轴测-30"文字样式，确认后，结果如图 13-74 所示。

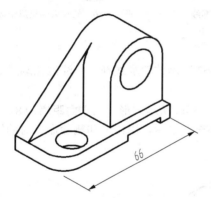

图 13-72 编辑标注后结果（倾斜-30°）

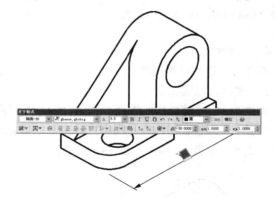

图 13-73 打开文字格式对话框

其余尺寸标注类似，具体倾斜角度参考 13.2.6 小节设置，尺寸标注完成的结果如图 13-75 所示。

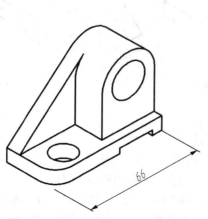

图 13-74 选择"轴测-30"后的标注结果

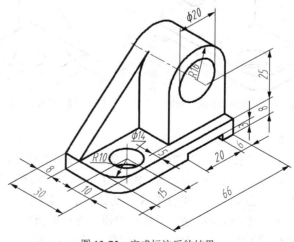

图 13-75 完成标注后的结果

13.3 绘制斜二轴测图

13.3.1 斜二轴测图的基本参数

在斜轴测投影中通常将物体放正，使 *XOZ* 坐标平面平行于轴测投影面 *P*，因而 *XOZ* 坐标面或其平行面上的任何图形在 *P* 面上的投影都反映实形，这种投影方式称为正面斜轴测投影。其中最常用的一种为正面斜二测（简称斜二测），其轴间角 $\angle XOZ=90°$，$\angle XOY=\angle YOZ=135°$，轴向伸缩系数 $p=r=1$，$q=0.5$。作图时，一般使 *OZ* 轴处于垂直位置，则 *OX* 轴为水平线，*OY* 轴与水平线成 45°，如图 13-76 所示。

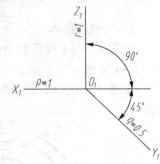

图 13-76 斜二测的轴间角及轴向伸缩系数

绘制斜二测时，只要采用上述轴间角和轴向伸缩系数，其作图步骤和正等测相似。以下给出斜二轴测图绘图实例（见例 13-6），供读者学习。

13.3.2 斜二轴测图绘制实例

【例 13-6】 根据图 13-77 给出的组合体主、左视图，绘制其斜二轴测图。

1. 绘制开槽圆底板

步骤 1 绘制斜二轴测图轴测轴 O_1X_1、O_1Y_1 和 O_1Z_1 轴（绘图参数参见 13.3.1 小节），结果如图 13-78 所示。

步骤 2 绘制绘制开槽圆底板后端面，如图 13-79 所示。

步骤 3 沿 O_1Y_1 轴复制后端面（注意 $q=0.5$，此处距离为实际距离的一半），如图 13-80 所示。

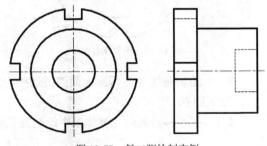

图 13-77 斜二测绘制实例

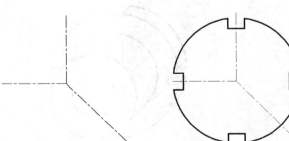

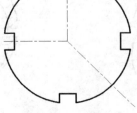

图 13-78 绘制斜二测轴测轴　　图 13-79 绘制后端面（原形）　　图 13-80 复制端面

步骤 4 利用修剪和删除命令处理（消隐），结果如图 13-81 所示。
步骤 5 作两圆公切线并修剪，结果如图 13-82 所示。

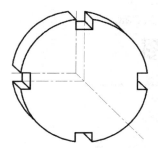

图 13-81　修整图线开槽圆底板

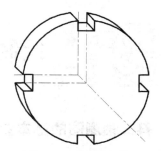

图 13-82　绘制公切线

2．绘制圆柱体

步骤 1　在平移后的斜二测体系中绘制圆柱体后端面（原形），圆心位于坐标原点，结果如图 13-83 所示。

步骤 2　沿 O_1Y_1 轴复制圆柱端面（注意 $q=0.5$，此处距离为实际距离的一半），如图 13-84 所示。

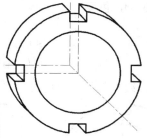

图 13-83　绘制圆柱端面

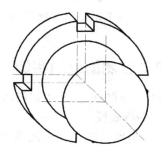

图 13-84　复制圆柱端面

步骤 3　绘制圆柱前、后两端面圆公切线，并修剪，结果如图 13-85 所示。

3．绘制圆孔

步骤 1　在平移后的斜二测体系中绘制圆孔端面（原形），圆心位于坐标原点，结果如图 13-86 所示。

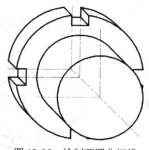

图 13-85　绘制两圆公切线

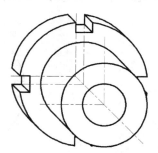

图 13-86　绘制圆孔端面

步骤 2　沿 O_1Y_1 轴复制圆孔端面（注意 $q=0.5$，此处距离为实际距离的一半），如图 13-87 所示。

步骤 3　清除绘图辅助线，如图 13-88 所示。

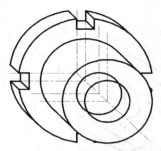

图 13-87 复制圆孔端面

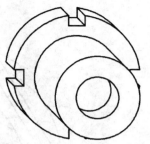

图 13-88 清除辅助线

13.4 思考练习

1. 根据图 13-89，绘制组合体（一）的正等轴测图。

2. 抄画图 13-90 所示的组合体（二）正等轴测图。

3. 根据图 13-91，绘制组合体（三）的斜二轴测图。

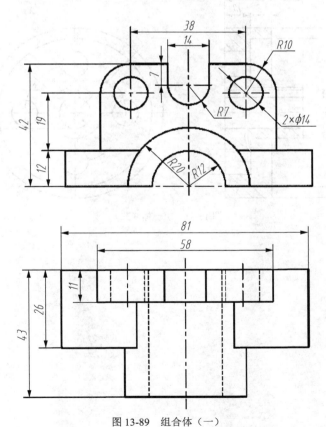

图 13-89 组合体（一）

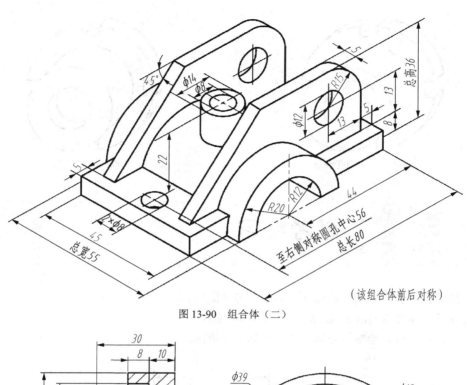

（该组合体前后对称）

图 13-90 组合体（二）

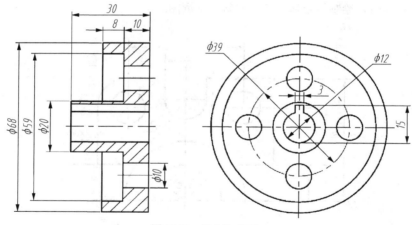

图 13-91 组合体（三）